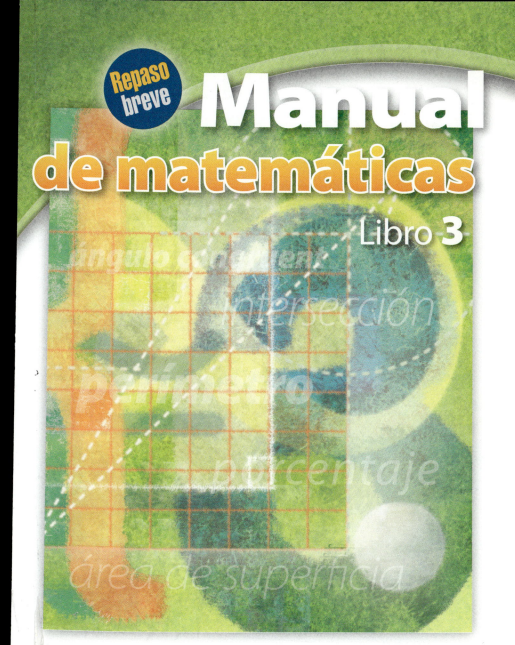

**Repaso breve**

# Manual de matemáticas

## Libro 3

Mc Graw Hill **Glencoe**

The **McGraw·Hill** Companies

**Macmillan
McGraw-Hill**

Copyright © 2010 por The McGraw-Hill Companies, Inc. Todos los derechos reservados. No se permite reproducir ninguna parte del material aquí incluido, ni distribuirlo en forma alguna, ni almacenarlo en bases o sistemas de recuperación de datos, sin el consentimiento escrito de The McGraw-Hill Companies, Inc. Entre estos sistemas, mas no únicamente, se incluye el almacenamiento y la transmisión en redes o la difusión para el aprendizaje a distancia.

Favor enviar todas las preguntas a:
Macmillan/McGraw-Hill
8787 Orion Place
Columbus, OH 43240-4027

ISBN: 978-0-07-891673-1
MHID: 0-07-891673-9

Impreso en Estados Unidos de América.

? 4 5 6 7 8 9 10  071  17 16 15 14 13 12 11 10 09 08

# Manual en un vistazo

Introducción .................................................. xvi

**PRIMERA PARTE 1**

**PalabrasClave** ............................................... 2

Glosario ...................................................... 4
Fórmulas ..................................................... 64
Símbolos ..................................................... 66
Patrones ..................................................... 67

**SEGUNDA PARTE 2**

**TemasClave** ................................................ 70

1 Números y cómputo ....................................... 72
2 Números racionales ....................................... 92
3 Potencias y raíces ........................................ 144
4 Datos, estadística y probabilidad ......................... 174
5 Lógica ................................................... 234
6 Álgebra .................................................. 250
7 Geometría ............................................... 316
8 Medición ................................................ 372
9 Herramientas ............................................ 394

**TERCERA PARTE 3**

**SolucionesClave e Índice** .................................. 416

# Contenido del manual

Introducción .................................................... xvi
Se describen las características del manual para saber cómo usarlo

## PRIMERA PARTE

### PalabrasClave .................................................... 2

**Glosario** .................................................... 4
Definiciones de las palabras en negrita y otros términos matemáticos clave en la sección de **TemasClave**

**Fórmulas** .................................................... 64
Explicaciones de las fórmulas que se usan comúnmente

**Símbolos** .................................................... 66
Símbolos matemáticos y sus significados

**Patrones** .................................................... 67
Colección de patrones comunes e importantes que se entrelazan en las matemáticas

**SEGUNDA PARTE**

**TemasClave** .................................................. **70**
Referencia a los temas clave que se presentan en nueve áreas de las matemáticas

# 1 Números y cómputo

**¿Qué sabes?** ................................................. **72**

### 1•1 Orden de las operaciones
Entender el orden de las operaciones .................. 74
    Ejercicios ................................................. 75

### 1•2 Factores y múltiplos
Factores ..................................................... 76
Reglas de divisibilidad ................................... 78
Números primos y compuestos ......................... 79
Múltiplos y mínimos comunes múltiplos ............. 81
    Ejercicios ................................................. 83

### 1•3 Operaciones de enteros
Enteros positivos y enteros negativos ................ 84
Opuestos de enteros y valor absoluto ................. 84
Comparar y ordenar enteros ............................ 85
Sumar y restar enteros ................................... 86
Multiplicar y dividir enteros ............................ 88
    Ejercicios ................................................. 89

**¿Qué has aprendido?** ..................................... **90**

# 2 Números racionales

**¿Qué sabes?** ................................................. **92**

### 2•1 Fracciones
Fracciones equivalentes ................................. 94
Escribir fracciones en forma reducida ................ 96
Escribir fracciones impropias y números mixtos ... 97
    Ejercicios ................................................. 99

## 2•2 Operaciones con fracciones

Sumar y restar fracciones con denominadores semejantes ................ 100
Sumar y restar fracciones con denominadores distintos ................ 101
Sumar y restar números mixtos ................ 102
Multiplicar fracciones ................ 106
Dividir fracciones ................ 108
  *Ejercicios* ................ 109

## 2•3 Operaciones con decimales

Sumar y restar decimales ................ 110
Multiplicar decimales ................ 111
Dividir decimales ................ 112
  *Ejercicios* ................ 115

## 2•4 Fracciones y decimales

Escribir fracciones como decimales ................ 116
Escribir decimales como fracciones ................ 117
Comparar y ordenar números racionales ................ 119
  *Ejercicios* ................ 120

## 2•5 El sistema de números reales

Números irracionales ................ 121
Graficar números reales ................ 122
  *Ejercicios* ................ 122

## 2•6 Porcentajes

El significado de los porcentajes ................ 123
Porcentajes y fracciones ................ 125
Porcentajes y decimales ................ 127
  *Ejercicios* ................ 129

## 2•7 Usar y hallar porcentajes

Encontrar el porcentaje de un número ................ 130
La proporción porcentual ................ 132
Encontrar el porcentaje y el entero ................ 133
Porcentaje de aumento o porcentaje de disminución ................ 135
Descuentos y precios de venta ................ 136
Encontrar el interés simple ................ 139
  *Ejercicios* ................ 141

**¿Qué has aprendido?** ................ **142**

# 3 Potencias y raíces

**¿Qué sabes?** ............................................................ **144**

### 3•1 Potencias y exponentes

Exponentes .................................................................. 146
Evaluar el cuadrado de un número ............................... 147
Evaluar el cubo de un número ...................................... 149
Evaluar potencias más altas ......................................... 150
Exponentes de cero y exponentes negativos ................ 151
Potencias de diez ......................................................... 152
Usar una calculadora para evaluar potencias ............... 153
    *Ejercicios* ............................................................. 155

### 3•2 Raíces cuadradas y cúbicas

Raíces cuadradas ......................................................... 156
Raíces cúbicas ............................................................. 159
    *Ejercicios* ............................................................. 160

### 3•3 Notación científica

Usar la notación científica ............................................ 161
Convertir de notación científica a forma estándar ........ 164
    *Ejercicios* ............................................................. 166

### 3•4 Leyes de exponentes

Revisar el orden de las operaciones ............................. 167
Leyes de los productos ................................................ 168
Leyes de los cocientes ................................................. 169
Ley de potencias de una potencia ................................ 170
    *Ejercicios* ............................................................. 171

**¿Qué has aprendido?** ............................................ **172**

# 4 Datos, estadística y probabilidad

¿Qué sabes? .................................................. 174

## 4•1 Recolectar datos
Encuestas ..................................................... 176
Muestras aleatorias ........................................ 177
Muestras sesgadas ......................................... 178
Cuestionarios ................................................ 179
Recolectar datos ........................................... 180
    *Ejercicios* ................................................. 181

## 4•2 Mostrar datos
Interpretar y crear una tabla ........................... 182
Interpretar un diagrama de caja ...................... 183
Interpretar y crear una gráfica circular ............. 184
Interpretar y crear un diagrama lineal .............. 185
Interpretar una gráfica lineal .......................... 186
Interpretar un diagrama de tallo y hojas .......... 187
Interpretar y crear una gráfica de barras .......... 188
Interpretar una gráfica de barras dobles .......... 189
Interpretar y crear un histograma ................... 190
    *Ejercicios* ................................................. 191

## 4•3 Analizar datos
Diagramas de dispersión ................................ 193
Correlación ................................................... 194
Línea de ajuste óptimo .................................. 197
Distribución de datos .................................... 198
    *Ejercicios* ................................................. 200

## 4•4 Estadística
Media .......................................................... 201
Mediana ....................................................... 202
Moda ........................................................... 204
Promedios ponderados .................................. 206
Medidas de variación .................................... 207
    *Ejercicios* ................................................. 212

### 4•5 Combinaciones y permutaciones

Diagramas de árbol .................................................. 213
Permutaciones ........................................................ 216
Combinaciones ........................................................ 217
   *Ejercicios* ....................................................... 220

### 4•6 Probabilidad

Probabilidad experimental ........................................... 221
Probabilidad teórica ................................................ 222
Cuadrículas de resultados ........................................... 226
Línea de probabilidad ............................................... 227
Eventos dependientes y eventos independientes ....................... 229
Muestreo con y sin reemplazo muestral ............................... 230
   *Ejercicios* ....................................................... 231

**¿Qué has aprendido?** ............................................. **232**

# 5 Lógica

**¿Qué sabes?** ..................................................... **234**

### 5•1 Enunciados de Si…, entonces

Enunciados condicionales ............................................ 236
Opuesto de un condicional ........................................... 237
Negaciones y el inverso de un condicional ........................... 238
Contrapositivo de un condicional .................................... 239
   *Ejercicios* ....................................................... 240

### 5•2 Contraejemplos

Contraejemplos ...................................................... 241
   *Ejercicios* ....................................................... 243

### 5•3 Conjuntos

Conjuntos y subconjuntos ............................................ 244
Unión de conjuntos .................................................. 244
Intersección de conjuntos ........................................... 245
Diagramas de Venn ................................................... 245
   *Ejercicios* ....................................................... 247

**¿Qué has aprendido?** ............................................. **248**

# 6 Álgebra

**¿Qué sabes?** ..... 250

### 6•1 Escribir expresiones y ecuaciones
Expresiones ..... 252
Escribir expresiones de suma ..... 253
Escribir expresiones de resta ..... 253
Escribir expresiones de multiplicación ..... 254
Escribir expresiones de división ..... 255
Escribir expresiones de dos operaciones ..... 256
Escribir ecuaciones ..... 257
    *Ejercicios* ..... 258

### 6•2 Simplificar expresiones
Términos ..... 259
La propiedad conmutativa de la suma y la multiplicación ..... 259
La propiedad asociativa de la suma y la multiplicación ..... 260
La propiedad distributiva ..... 260
Propiedades de cero y uno ..... 261
Expresiones equivalentes ..... 262
La propiedad distributiva con factores comunes ..... 263
Términos semejantes ..... 264
Simplificar expresiones ..... 265
    *Ejercicios* ..... 266

### 6•3 Evaluar expresiones y fórmulas
Evaluar expresiones ..... 267
Evaluar fórmulas ..... 268
    *Ejercicios* ..... 270

### 6•4 Resolver ecuaciones lineales
Inversos aditivos ..... 271
Resolver ecuaciones de suma o resta ..... 271
Resolver ecuaciones por multiplicación o división ..... 272
Resolver ecuaciones de dos pasos ..... 274
Resolver ecuaciones con la variable a cada lado ..... 275
Ecuaciones de la propiedad distributiva ..... 276
Resolver una variable en una fórmula ..... 277
    *Ejercicios* ..... 278

## 6•5 Razón y proporción

Razón ... 279
Tasa ... 279
Proporciones ... 280
Resolver problemas con proporciones ... 281
*Ejercicios* ... 282

## 6•6 Desigualdades

Graficar desigualdades ... 283
Escribir desigualdades ... 284
Resolver desigualdades por medio de la suma y resta ... 284
Resolver desigualdades por medio de la multiplicación y división ... 286
*Ejercicios* ... 287

## 6•7 Graficar en el plano coordenado

Ejes y cuadrantes ... 288
Escribir un par ordenado ... 289
Localizar puntos en el plano coordenado ... 290
Secuencias aritméticas ... 291
Funciones lineales ... 292
*Ejercicios* ... 294

## 6•8 Pendiente e intersección

Pendiente ... 295
Calcular la pendiente de una recta ... 296
Pendientes de rectas horizontales y verticales ... 297
La intersección $y$ ... 298
Graficar una recta con la pendiente e intersección $y$ ... 299
Forma pendiente-intersección ... 300
Escribir ecuaciones en forma de pendiente-intersección ... 300
Escribir la ecuación de una recta ... 302
*Ejercicios* ... 305

## 6•9 Variación directa

Variación directa ... 306
*Ejercicios* ... 308

## 6•10 Sistemas de ecuaciones

Resolver un sistema de ecuaciones con una solución ... 309
Resolver un sistema de ecuaciones sin solución ... 310
Resolver un sistema de ecuaciones con una solución infinita ... 311
  *Ejercicios* ... 313

**¿Qué has aprendido?** ... **314**

# 7 Geometría

**¿Qué sabes?** ... **316**

## 7•1 Clasificar ángulos y triángulos

Clasificar ángulos ... 318
Pares especiales de ángulos ... 319
Relaciones entre recta y ángulo ... 320
Triángulos ... 322
Clasificar triángulos ... 322
  *Ejercicios* ... 324

## 7•2 Nombrar y clasificar polígonos y poliedros

Cuadriláteros ... 325
Ángulos de un cuadrilátero ... 325
Tipos de cuadriláteros ... 326
Polígonos ... 328
Ángulos de un polígono ... 329
Poliedros ... 330
  *Ejercicios* ... 332

## 7•3 Simetría y transformaciones

Reflexiones ... 334
Simetría de reflexión ... 335
Rotaciones ... 336
Traslaciones ... 337
  *Ejercicios* ... 338

## 7·4 Perímetro

Perímetro de un polígono .......................................... 339
Perímetro de un triángulo rectángulo ............................ 341
*Ejercicios* ........................................................... 342

## 7·5 Área

¿Qué es el área? .................................................... 344
Área de un paralelogramo ......................................... 345
Área de un triángulo ............................................... 346
Área de un trapecio ................................................ 347
*Ejercicios* ........................................................... 348

## 7·6 Área de superficie

Área de superficie de un prisma rectangular ..................... 349
Área de superficie de otros sólidos geométricos ................. 350
*Ejercicios* ........................................................... 352

## 7·7 Volumen

¿Qué es el volumen? ............................................... 353
Volumen de un prisma .............................................. 354
Volumen de un cilindro ............................................. 355
Volumen de una pirámide y de un cono ........................... 355
*Ejercicios* ........................................................... 358

## 7·8 Círculos

Partes de un círculo ................................................ 359
Circunferencia ...................................................... 360
Ángulos centrales .................................................. 362
Área de un círculo .................................................. 363
*Ejercicios* ........................................................... 364

## 7·9 Teorema de Pitágoras

Triángulos rectángulos ............................................. 365
El teorema de Pitágoras ............................................ 366
Triples de Pitágoras ................................................ 367
Distancia y el teorema de Pitágoras .............................. 368
*Ejercicios* ........................................................... 369

# ¿Qué has aprendido? .............................................. 370

# 8 Medición

**¿Qué sabes?** ... **372**

### 8•1 Sistemas de medición
Los sistemas métrico y usual ... 374
    *Ejercicios* ... 375

### 8•2 Longitud y distancia
Unidades métricas y unidades usuales ... 376
Conversiones entre sistemas ... 377
    *Ejercicios* ... 378

### 8•3 Área, volumen y capacidad
Área ... 379
Volumen ... 380
Capacidad ... 381
    *Ejercicios* ... 383

### 8•4 Masa y peso
Masa y peso ... 384
    *Ejercicios* ... 385

### 8•5 Tamaño y escala
Figuras semejantes ... 386
Factores de escala ... 387
Factores de escala y área ... 388
Factores de escala y volumen ... 389
    *Ejercicios* ... 391

**¿Qué has aprendido?** ... **392**

# 9 Herramientas

¿Qué sabes? .................................................................... **394**

### 9•1 Calculadora científica
Funciones de uso frecuente ............................................. 397
    *Ejercicios* ................................................................. 400

### 9•2 Herramientas de geometría
El transportador ............................................................. 401
El compás ...................................................................... 402
Problema de construcción ............................................. 403
    *Ejercicios* ................................................................. 405

### 9•3 Hojas de cálculos
¿Qué es una hoja de cálculo? ......................................... 407
Fórmulas de hojas de cálculo ......................................... 408
Rellenar hacia arriba y rellenar a la derecha .................. 409
Gráficas de hoja de cálculo ............................................ 412
    *Ejercicios* ................................................................. 413

¿Qué has aprendido? ..................................................... **414**

**TERCERA PARTE 3**

**Soluciones Clave e Índice** ........................................... **416**

# Introducción del manual

## El porqué de este manual
Este manual te servirá para refrescar tu memoria sobre los conceptos y destrezas matemáticas aprendidas.

## ¿Qué son las PalabrasClave y cómo las encuentras?
Las **PalabrasClave** son términos matemáticos importantes. En la sección de **PalabrasClave** se incluye un glosario de términos, una colección de patrones matemáticos comunes o significativos, y listas alfabetizadas de símbolos y fórmulas. Muchas entradas del glosario te referirán a capítulos y temas en la sección **TemasClave** para hallar información más detallada.

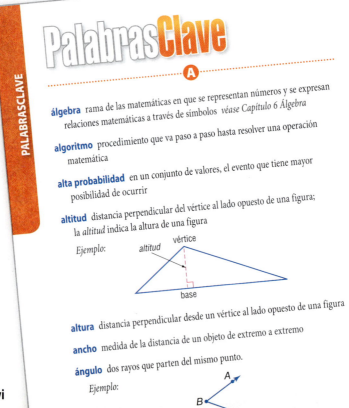

## ¿Qué son los TemasClave y cómo los empleas?

Los **TemasClave** son conceptos cruciales que debes conocer. La sección de **TemasClave** consiste de ocho capítulos. Cada capítulo tiene varios temas con explicaciones precisas de conceptos matemáticos clave. En cada tema hay uno o más conceptos. Y en cada sección, hay ejercicios de Revísalo para que compruebes tu entendimiento. También encontrarás un conjunto de ejercicios al final de cada tema.

Verás que hay problemas y una lista de vocabulario al comienzo y al final de cada capítulo. Esto es para que anticipes lo que ya sabes y luego repases lo aprendido.

## ¿Qué son las SolucionesClave?

En la sección de **SolucionesClave** hay respuestas fáciles de localizar para los problemas de Revísalo y ¿Qué sabes? La sección de **SolucionesClave** está al final del manual.

## 1·2 Factores y múltip...

### Factores

Dos números que multiplicados producen 12 se considera... Entonces, los factores de 12 son 1, 2, 3, 4, 6 y 12.

Para decidir si un número es factor de otro, divide. Si hay... el número es un factor.

| EJEMPLO | Encontrar los factores de un número |
|---|---|
| ¿Cuáles son los factores de 18? | |
| $1 \cdot 18 = 18$ | |
| $2 \cdot 9 = 18$ | • Halla los pares de números c... |
| $3 \cdot 6 = 18$ | dar el producto. |
| 1, 2, 3, 6, 9, 18 | • Lista los factores en orden; cor... |
| Entonces, los factores de 18 son 1, 2, 3, 6, 9 y 18. | |

### Revísalo

Halla los factores de cada número.

 8
 48

### Factores (o divisores) comunes

Los factores que son los mismos para dos o más números se conoce... como **factores (o divisores) comunes**.

---

## SolucionesClave

### Capítulo 1 Números y cómputo

p. 72
1. $(4 + 7) \cdot 3 = 33$  2. $(30 + 15) \div 5 + 5 =$
3. no  4. no  5. sí  6. no  7. $2^3 \cdot 5$  8. 2
9. $2 \cdot 5 \cdot 23$  10. 4  11. 5  12. 9  13. 60
15. 90  16. 60

p. 73
17. 7, 7  18. 15, −15  19. 12, 12  20. 10, −
21. >;
22. <;
23. >;
24. >;
25. 2  26. −4  27. −11  28. 16  29.

# Primera parte 1

# Palabras Clave

En la sección **PalabrasClave** hay un glosario de términos, una lista de fórmulas y símbolos y una colección de patrones matemáticos comunes o significativos. Muchos términos del glosario están relacionados con los capítulos y temas de la sección **TemasClave**.

**Glosario** .................................................. 4
**Fórmulas** ................................................ 64
**Símbolos** ............................................... 66
**Patrones** ............................................... 67

# PalabrasClave

**álgebra** rama de las matemáticas en que se representan números y se expresan relaciones matemáticas a través de símbolos  *véase Capítulo 6 Álgebra*

**algoritmo** procedimiento que va paso a paso hasta resolver una operación matemática

**alta probabilidad** en un conjunto de valores, el evento que tiene mayor posibilidad de ocurrir

**altitud** distancia perpendicular del vértice al lado opuesto de una figura; la *altitud* indica la altura de una figura

*Ejemplo:*

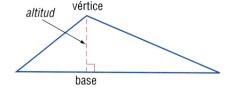

**altura** distancia perpendicular desde un vértice al lado opuesto de una figura

**ancho** medida de la distancia de un objeto de extremo a extremo

**ángulo** dos rayos que parten del mismo punto.

*Ejemplo:*

∠*ABC* está formado por $\overrightarrow{BA}$ y $\overrightarrow{BC}$.

**ángulo agudo** cualquier ángulo que mida menos de 90°

*Ejemplo:*

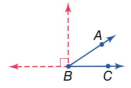

∠ABC es un *ángulo agudo*.
0° < m∠ABC < 90°

**ángulo de elevación** ángulo formado por una recta horizontal y un campo visual ascendente

*Ejemplo:*

**ángulo de la pendiente** el ángulo que forma una recta con el eje $x$ u otra horizontal

**ángulo llano** ángulo que mide 180°; una línea recta

**ángulo obtuso** cualquier ángulo que mida más de 90° pero menos de 180°

*Ejemplo:*

ángulo obtuso

**ángulo opuesto** en un triángulo, se dice que un lado y un ángulo son opuestos si el lado no forma el ángulo

*Ejemplo:*

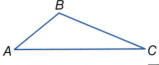

En △ABC, ∠A es el opuesto de $\overline{BC}$.

**ángulo recto** ángulo que mide 90°

Ejemplo:

∠A es un *ángulo recto*.

**ángulo reflejo** cualquier ángulo con una medida mayor que 180° pero menor que 360°

Ejemplo:

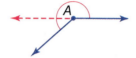

∠A es un *ángulo reflejo*.

**ángulos alternos externos** en la figura siguiente, la transversal *t* interseca las rectas *l* y *m*; ∠1 y ∠7, y ∠2 y ∠8 son ángulos alternos externos; si las rectas *l* y *m* son paralelas, entonces estos pares de ángulos son congruentes
véase 7·1 Clasificar ángulos y triángulos

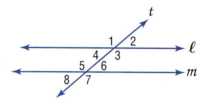

**ángulos alternos internos** en la figura siguiente, la transversal *t* interseca las rectas *l* y *m*; ∠3 y ∠5, y ∠4 y ∠6 son ángulos alternos internos; si las rectas *l* y *m* son paralelas, entonces estos pares de ángulos son congruentes
véase 7·1 Clasificar ángulos y triángulos

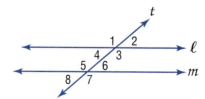

**ángulos complementarios** dos ángulos son complementarios si la suma de sus medidas es 90° *véase 7·1 Clasificar ángulos y triángulos*

∠1 y ∠2 son *ángulos complementarios*.

**ángulos congruentes** ángulos que tienen la misma medida

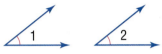

∠1 y ∠2 son *ángulos congruentes*.

**ángulos correspondientes** en la siguiente figura, la transversal *t* interseca las rectas *l* y *m*; ∠1 y ∠5, ∠2 y ∠6, ∠4 y ∠8, y ∠3 y ∠7 son *ángulos correspondientes*; si las rectas *l* y *m* son paralelas, entonces estos pares de ángulos son congruentes *véase 7·1 Clasificar ángulos y triángulos*

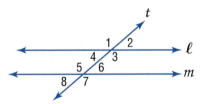

**ángulos iguales** ángulos que miden el mismo número de grados

**ángulos suplementarios** dos ángulos que tienen medidas cuya suma es 180° *véase 7·1 Clasificar ángulos y triángulos*

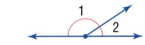

∠1 y ∠2 son *ángulos suplementarios*.

**ángulos verticales**  ángulos opuestos formados por la intersección de dos rectas; los ángulos verticales son congruentes; en la figura, los ángulos verticales son ∠1 y ∠3, y ∠2 y ∠4  *véase 7·1 Clasificar ángulos y triángulos*

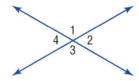

**apotema**  segmento de recta perpendicular que parte del centro de un polígono regular a uno de sus lados

*Ejemplo:*

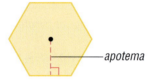

**aproximación**  estimación de un valor matemático

**arco**  sección de un círculo  *véase 7·8 Círculos*

*Ejemplo:*

$\overset{\frown}{QR}$ es un *arco*.

**área**  medida de la región interior de una figura bidimensional o la superficie de una figura tridimensional, expresada en unidades cuadradas  *véase Fórmulas página 64, 7·5 Área, 7·6 Área de superficie, 7·8 Círculos, 8·3 Área, volumen y capacidad*

*Ejemplo:*

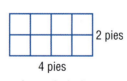

*área* = 8 pies²

**área de superficie**  suma de las áreas de todas las caras de un sólido geométrico, medidas en unidades cuadradas  *véase 7·6 Área de superficie*

*Ejemplo:*

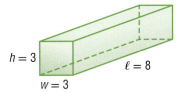

El *área de superficie* de este prisma rectangular es
2(3 • 3) + 4(3 • 8) = 114 unidades cuadradas.

**arista**  segmento de recta que une dos planos de un poliedro

**base**  [1] número que se emplea como factor en una expresión exponencial; [2] las dos caras paralelas congruentes de un prisma o la cara opuesta al ápice de una pirámide o cono; [3] número de caracteres en un sistema numérico  *véase 3·1 Potencias y exponentes, 7·5 Área, 7·7 Volumen*

**bidimensional**  tener dos cualidades que se pueden medir: longitud y ancho

**binomio**  expresión algebraica que tiene dos términos

*Ejemplos:* $x^2 + y; x + 1; a - 2b$

**capacidad**  cantidad que puede caber en un recipiente

**cara**  lado bidimensional de una figura tridimensional  *véase 7·2 Nombrar y clasificar polígonos y poliedros, 7·6 Área de superficie*

**categoría**  posición en una lista de datos de una muestra estadística basada en un criterio

**categorizar**  ordenar los datos de una muestra estadística con base en un criterio, por ejemplo, en orden numérico ascendente o descendente

**catetos de un triángulo** los lados adyacentes al ángulo recto de un triángulo rectángulo

*Ejemplo:*

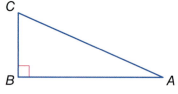

$\overline{AB}$ y $\overline{BC}$ son los *catetos de* $\triangle ABC$.

**celda** pequeño rectángulo en una hoja de cálculo que almacena información; cada celda puede almacenar una inscripción, un número o una fórmula *véase 9·3 Hojas de cálculo*

**centímetro cuadrado** unidad que se emplea para medir el área de una superficie; el área de un cuadrado que mide un centímetro de cada lado *véase 8·3 Área, volumen y capacidad*

**centímetro cúbico** volumen de un cubo con aristas que tienen 1 centímetro de longitud

**centro del círculo** punto desde donde todos los puntos de un círculo son equidistantes *véase 7·8 Círculos*

**cilindro** sólido geométrico con bases paralelas circulares

*Ejemplo:*

*cilindro*

**círculo** conjunto de todos los puntos en un plano que son equidistantes con respecto a un punto fijo llamado centro

*Ejemplo:*

*círculo*

**circunferencia** distancia alrededor (perímetro) de un círculo *véase Fórmulas página 65, 7·8 Círculos*

**clasificación** agrupación de elementos en clases o conjuntos separados

**cociente** resultados obtenidos de dividir un número o variable (divisor) entre otro número o variable (dividendo) *véase 6·1 Escribir expresiones y ecuaciones*

*Ejemplo:*

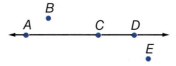

**coeficiente** multiplicador numérico en un término algebraico que contiene una variable *véase 6·2 Simplificar expresiones*

**colineales** conjunto de puntos que están sobre la misma recta

*Ejemplo:*

Los puntos *A*, *C* y *D* son *colineales*.

**columnas** listas verticales de números o términos

**combinación** selección de elementos de un conjunto más grande en el cual el orden no importa  *véase 4·5 Combinaciones y permutaciones*

*Ejemplo:* 456, 564 y 654 son una *combinación* de tres dígitos de 4567.

**condicional** enunciado que afirma que algo es o será verdadero, siempre y cuando algo más también sea cierto  *véase 5·1 Enunciados de Si..., entonces...*

*Ejemplo:* si un polígono tiene tres lados, entonces es un triángulo.

**congruente** que tiene el mismo tamaño y forma; el símbolo ≅ se usa para indicar congruencia  *véase 7·1 Clasificar ángulos y triángulos*

*Ejemplo:*

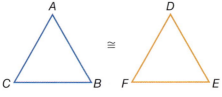

△ABC y △DEF son *congruentes*.

**conjunto** colección de elementos u objetos distintos  *véase 5·3 Conjuntos*

**cono** figura tridimensional que consiste en una base circular y un vértice

*Ejemplo:*

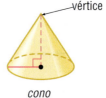

cono

**constante de variación** razón constante en una variación directa  *véase 6·9 Variación directa*

**contraejemplo** enunciado o ejemplo que desmiente una conjetura  *véase 5·2 Contraejemplos*

**contrapositivo** equivalente lógico de un enunciado condicional determinado, suele expresarse en términos negativos  *véase 5·1 Enunciados de Si..., entonces...*

*Ejemplo:* "Si $x$, entonces $y$" es un enunciado condicional; "si no $y$, entonces no $x$", es un enunciado *contrapositivo*.

**coordenada** cualquier número dentro de un conjunto de números que se emplea para definir la ubicación de un punto en una recta, superficie o espacio  *véase 1·3 Operaciones de enteros*

**coplanares** puntos o líneas que están en el mismo plano

**correlación** forma en la que el cambio en una variable corresponde a un cambio en otra  *véase 4·3 Analizar datos*

**correlación directa** relación entre dos o más elementos que aumentan o disminuyen juntos  *véase 4·3 Analizar datos*

*Ejemplo:* a una tasa de pago por hora, un aumento en el número de horas trabajadas significa un aumento en la cantidad pagada, mientras que una disminución en el número de horas trabajadas significa una disminución en la cantidad pagada.

**corte transversal** figura formada por la intersección de un sólido geométrico y un plano

*Ejemplo:*

*corte transversal* de un prisma triangular

**costo** cantidad pagada o requerida como pago

**costo estimado** cantidad aproximada que se debe pagar o que se requiere como pago

**PALABRASCLAVE**

**cuadrado** [1] rectángulo con lados congruentes [2] el producto de dos términos iguales  *véase 7·2 Nombrar y clasificar polígonos y poliedros, 3·1 Potencias y exponentes*

*Ejemplo:* [1]

$AB = CD = AC = BD$

cuadrado

[2] $4^2 = 4 \cdot 4 = 16$

**cuadrado mágico**  *véase Patrones página 68*

**cuadrado perfecto**  número que es el cuadrado de un entero  *véase 3·2 Raíces cuadradas y cúbicas*

*Ejemplo:* 25 es un *cuadrado perfecto* dado que $25 = 5^2$.

**cuadrante** [1] un cuarto de circunferencia del círculo; [2] sobre una gráfica de coordenadas, una de las cuatro regiones creadas por la intersección del eje $x$ y del eje $y$  *véase 6·7 Graficar en el plano coordenado*

**cuadrícula de resultados**  modelo visual para analizar y representar las probabilidades teóricas y para mostrar todos los resultados posibles de dos eventos independientes  *véase 4·6 Probabilidad*

*Ejemplo:*

Cuadrícula empleada para hallar el espacio muestral al lanzar un par de dados. Los resultados se escriben en pares ordenados.

|   | 1 | 2 | 3 | 4 | 5 | 6 |
|---|---|---|---|---|---|---|
| 1 | (1, 1) | (2, 1) | (3, 1) | (4, 1) | (5, 1) | (6, 1) |
| 2 | (1, 2) | (2, 2) | (3, 2) | (4, 2) | (5, 2) | (6, 2) |
| 3 | (1, 3) | (2, 3) | (3, 3) | (4, 3) | (5, 3) | (6, 3) |
| 4 | (1, 4) | (2, 4) | (3, 4) | (4, 4) | (5, 4) | (6, 4) |
| 5 | (1, 5) | (2, 5) | (3, 5) | (4, 5) | (5, 5) | (6, 5) |
| 6 | (1, 6) | (2, 6) | (3, 6) | (4, 6) | (5, 6) | (6, 6) |

Hay 36 resultados posibles.

**cuadrilátero** polígono que tiene cuatro lados *véase 7·2 Nombrar y clasificar polígonos y poliedros*

Ejemplos:

cuadrílateros

**cuartil inferior** la mediana de la mitad inferior de un conjunto de datos representada por CI *véase 4·4 Estadística*

**cuartil superior** la mediana de la mitad superior de un conjunto de datos representados por CS *véase 4·4 Estadística*

**cuartiles** valores con que se divide un conjunto de datos en cuatro partes iguales *véase 4·2 Mostrar datos*

**cubo** [1] sólido geométrico con seis caras cuadradas congruentes *véase 7·2 Nombrar y clasificar polígonos y poliedros* [2] producto de tres términos iguales *véase 3·1 Potencias y exponentes*

Ejemplos: [1]

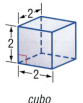

cubo

[2] $2^3 = 2 \cdot 2 \cdot 2 = 8$

**cubo perfecto** número que es el cubo de un entero

Ejemplo: 27 es un *cubo perfecto* dado que $27 = 3^3$.

**datos continuos** rango completo de valores en una recta numérica

Ejemplo: los posibles tamaños de las manzanas son *datos continuos*.

**datos del mundo real** información procesada por personas en situaciones cotidianas

**datos discretos** sólo es posible un número finito de valores

Ejemplo: el número de partes dañadas en un embarque son los *datos discretos*.

**decágono**  polígono con diez ángulos y diez lados

**decimal finito**  decimal con un número finito de dígitos  *véase Fracciones y decimales*

**decimal no terminal, no periódico**  números irracionales, como $\pi$ y $\sqrt{2}$, que son decimales con dígitos que continúan indefinidamente pero que no se repiten

**decimal periódico**  decimal en el cual un dígito o conjunto de dígitos se repiten infinitamente  *véase 2·4 Fracciones y decimales*

*Ejemplo:*  0.121212... es un *decimal periódico*.

**denominador**  el número de la parte inferior en una fracción que representa el número total de partes iguales en el todo  *véase 2·1 Fracciones*

*Ejemplo:*  en la fracción $\frac{a}{b}$, *b* es el *denominador*.

**denominador común**  múltiplo común de los denominadores de un grupo de fracciones  *véase 2·2 Operaciones con fracciones*

*Ejemplo:*  las fracciones $\frac{3}{4}$ y $\frac{7}{8}$ tienen un *denominador común* de 8.

**descuento**  deducción aplicada al precio regular de un producto o servicio  *véase 2·7 Usar y encontrar porcentajes*

**desigualdad**  enunciado con los símbolos > (mayor que), < (menor que), ≥ (mayor o igual que) y ≤ (menor o igual que) para comparar cantidades  *véase 6·6 Desigualdades*

*Ejemplos:*  $5 > 3; \frac{4}{5} < \frac{5}{4}; 2(5 - x) > 3 + 1$

**deslizar**  mover una figura a otra posición sin rotarla o reflejarla; también se denomina traslación  *véase 7·3 Simetría y transformaciones*

*Ejemplo:*

el *deslizamiento* de un trapecio

**diagonal** segmento de recta que conecta dos vértices no adyacentes de un polígono  *véase 7·2 Nombrar y clasificar polígonos y poliedros*

*Ejemplo:*

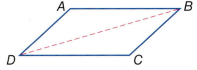

$\overline{BD}$ es una *diagonal* del paralelogramo *ABCD*.

**diagrama de árbol** gráfica conectada y ramificada que se emplea para diagramar probabilidades o factores  *véase 1·2 Factores y múltiplos, 4·5 Combinaciones y permutaciones*

*Ejemplo:*

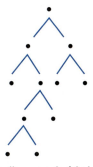

diagrama de árbol

**diagrama de caja** diagrama que resume los datos numéricos a través de la mediana, los cuartiles superior e inferior y los valores máximos y mínimos  *véase 4·2 Mostrar datos*

**diagrama de dispersión** presentación de los datos en la cual los puntos correspondientes a dos factores relacionados se grafican y observan para correlacionarlos *véase 4•3 Analizar datos*

*Ejemplo:*

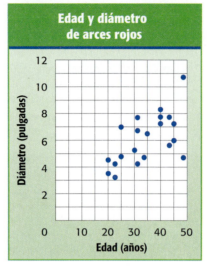

*diagrama de dispersión*

**diagrama de tallo y hojas** método para presentar datos numéricos entre 1 y 99, el cual consiste en separar cada número en sus dígitos de decenas (tallo) y su dígito de unidades (hojas) y después, ordenar los datos en el orden ascendente de los dígitos de las decenas *véase 4•2 Mostrar datos*

*Ejemplo:*

**Promedio de puntos por juego**

| Tallo | Hoja |
|---|---|
| 0 | 6 |
| 1 | 1 8 2 2 5 |
| 2 | 6 1 |
| 3 | 7 |
| 4 | 3 |
| 5 | 8 |

2 | 6 = 26 puntos

*diagrama de tallo y hojas* para el conjunto de datos
11, 26, 18, 12, 12, 15, 43, 37, 58, 6 y 21

**diagrama de Venn** medio pictórico de representar las relaciones entre conjuntos  *véase 5·3 Conjuntos*

*Ejemplo:*

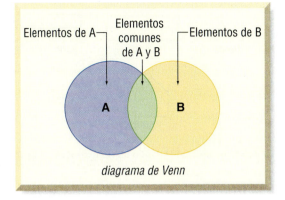

diagrama de Venn

**diámetro** segmento de recta que conecta el centro de un círculo con dos puntos de su perímetro  *véase 7·8 Círculos*

*Ejemplo:*

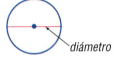

**dibujo a escala** dibujo proporcionalmente correcto de un objeto o área a un tamaño real, aumentado o reducido

**dibujo isométrico** representación bidimensional de un objeto tridimensional en la cual las aristas paralelas se dibujan como rectas paralelas

*Ejemplo:*

**dibujo ortogonal** siempre muestra tres perspectivas de un objeto: la parte superior, lado y frente; las perspectivas se dibujan frontalmente

*Ejemplo:*

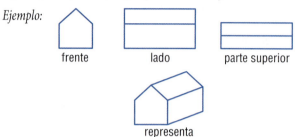

**diferencia** resultado obtenido cuando un número se resta de otro  *véase 6•1 Escribir expresiones y ecuaciones*

**diferencia común** diferencia entre dos términos consecutivos cualesquiera en una secuencia aritmética

**dígito significante** el número de dígitos en un valor que indica su precisión y exactitud

*Ejemplo:*  297,624 redondeado a tres dígitos significantes es 298,000; 2.97624 redondeado a tres dígitos significantes es 2.98.

**dimensión** número de medidas necesarias para describir geométricamente una figura

*Ejemplos:*  Un punto tiene 0 *dimensiones.*
Una recta o curva tiene 1 *dimensión.*
Una figura plana tiene 2 *dimensiones.*
Un sólido geométrico tiene 3 *dimensiones.*

**distancia** la longitud del segmento de recta más corto entre dos puntos, rectas, rectas o planos

**distancia total** cantidad de espacio entre un punto de inicio y un punto de término, se representa por la *d* en la ecuación
$d = v$ (velocidad) $\cdot\ t$ (tiempo)

**distribución** patrón de frecuencia de un conjunto de datos  *véase 4•3 Analizar datos*

**distribución bimodal** modelo estadístico que tiene dos picos diferentes de distribución de frecuencia  *véase 4•3 Analizar datos*

**distribución normal** representada por una curva de campana; es la distribución más común de la mayoría de las cualidades en una población dada  *véase 4•3 Analizar datos*

*Ejemplo:*

*distribución normal*

**distribución plana** gráfica de frecuencias que muestra poca diferencia entre las respuestas  *véase 4•3 Analizar datos*

*Ejemplo:*

**distribución polarizada** curva de distribución asimétrica que representa datos estadísticos que no están equilibrados en torno a la media  *véase 4•3 Analizar datos*

*Ejemplo:*

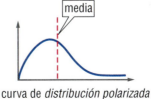

curva de *distribución polarizada*

**PALABRASCLAVE**

**divisible**  un número es divisible entre otro número si su cociente no tiene residuo  *véase 1·2 Factores y múltiplos*

**división**  operación en la cual un dividendo se divide entre un divisor para obtener un cociente

Ejemplo:     $12 \div 3 = 4$

dividendo | cociente
divisor

**dominio**  conjunto de entradas permitidas para una función  *véase 6·7 Graficar en el plano coordenado*

---

## E

**ecuación**  expresión matemática que establece que dos expresiones son iguales  *véase 6·1 Escribir expresiones y ecuaciones, 6·8 Pendiente e intersección*

Ejemplo:  $3 \cdot (7 + 8) = 9 \cdot 5$

**ecuación cuadrática**  ecuación polinomial de segundo grado que se expresa como $ax^2 + bx + c = 0$, donde $a$, $b$ y $c$ son números reales y $a$ no es igual a cero

**ecuación lineal**  ecuación con dos variables ($x$ y $y$) que toma la forma general de $y = mx + b$, donde $m$ es la pendiente de la recta y $b$ es la intersección $y$

**eje**  [1] recta de referencia para localizar un punto en una gráfica de coordenadas; [2] recta imaginaria con respecto a la cual se sabe que un objeto es simétrico (*eje* de simetría); [3] recta sobre la cual gira un objeto (*eje* de rotación)  *véase 6·7 Graficar en el plano coordenado*

**eje de simetría** línea sobre la que una figura se puede doblar para que las dos mitades resultantes sean iguales

*Ejemplo:*

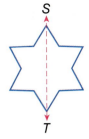

$\overline{ST}$ es el *eje de simetría*.

**eje x** recta horizontal de referencia en la gráfica de coordenadas  *véase 6·7 Graficar en el plano coordenado*

**eje y** recta vertical de referencia en la gráfica de coordenadas  *véase 6·7 Graficar en el plano coordenado*

**elevación** distancia vertical entre dos puntos  *véase 6·8 Pendiente e intersección*

**encuesta** método para reunir datos estadísticos donde se pide a la gente que responda preguntas  *véase 4·1 Recolectar datos*

**enteros** el conjunto de todos los números enteros y sus inversos aditivos {..., −5, −4, −3, −2, −1, 0, 1, 2, 3, 4, 5, ...}

**enteros negativos** conjunto de todos los enteros menores que cero {−1, −2, −3, −4, −5,...}  *véase 1·3 Operaciones de enteros*

**enteros positivos** conjunto de todos los enteros mayores que cero {1, 2, 3, 4, 5,...}  *véase 1·3 Operaciones de enteros*

**equiangular** propiedad de un polígono en el cual todos los ángulos son congruentes

**equilátero** propiedad de un polígono en el cual todos sus lados son congruentes

**equiprobables** describe resultados o eventos que tienen la misma probabilidad de ocurrir

**equivalente** de igual valor  *véase 6·1 Escribir expresiones y ecuaciones*

**escala** razón entre el tamaño real de un objeto y una representación proporcional  *véase 8·5 Tamaño y escala*

**esfera** sólido geométrico perfectamente redondo, que consiste en un conjunto de puntos equidistantes a partir de un punto central

*Ejemplo:*

esfera

**espacio muestral** conjunto de todos los resultados posibles en un experimento de probabilidad  *véase 5·4 Combinaciones y permutaciones*

**espiral**  *véase Patrones página 68*

**esquema lineal** presentación de datos que muestra la frecuencia de los datos sobre una recta numérica  *véase 4·2 Mostrar datos*

**estadística** rama de las matemáticas que investiga el conjunto y análisis de datos  *véase 4·4 Estadística*

**estimación** aproximación o cálculo aproximado  *véase 2·6 Porcentajes*

**evento** cualquier ocurrencia cuya probabilidad se pueda asignar  *véase 4·5 Combinaciones y permutaciones*

**evento simple** resultado o conjunto de resultados

**eventos dependientes** dos eventos en los cuales el resultado de un evento se ve afectado por el resultado del otro evento  *véase 4·6 Probabilidad*

**eventos independientes** dos eventos en los que el resultado de un evento no afecta el resultado de otro evento  *véase 4·6 Probabilidad*

**exponente** numeral que indica cuántas veces se emplea un número o variable como factor  *véase 3·1 Potencias y exponentes, 3·3 Notación científica, 3·4 Leyes de exponentes*

*Ejemplo:* en la ecuación $2^3 = 8$, el *exponente* es 3.

**expresión** combinación matemática de números, variables y operaciones *véase 6·1 Escribir expresiones y ecuaciones, 6·2 Simplificar expresiones, 6·3 Evaluar expresiones y fórmulas*

*Ejemplo:* $6x + y^2$

**expresión aritmética** relación matemática expresada como uno, dos o más números con símbolos de operación *véase expresión*

**expresiones equivalentes** expresiones que siempre dan como resultado el mismo número, o que tienen el mismo significado matemático para todos los valores con que se reemplazan las variables *véase 6·2 Simplificar expresiones*

*Ejemplos:* $\frac{9}{3} + 2 = 10 - 5$
$2x + 3x = 5x$

**factor** número o expresión que se multiplica por otro para generar un producto *véase 1·2 Factores y múltiplos, 2·2 Operaciones con fracciones, 3·1 Potencias y exponentes*

*Ejemplo:* 3 y 11 son *factores* de 33

**factor común** número entero que es factor de todos los números en un conjunto *véase 1·2 Factores y múltiplos*

*Ejemplo:* 5 es *factor común* de 10, 15, 25 y 100.

**factor de escala** factor mediante el cual todos los componentes de un objeto se multiplican con el fin de crear un aumento o reducción proporcional *véase 8·5 Tamaño y escala*

**factorial** se representa con el símbolo ! y es el producto de todos los números enteros entre 1 y un número entero positivo determinado *véase 4·5 Combinaciones y permutaciones*

*Ejemplo:* $5! = 1 \cdot 2 \cdot 3 \cdot 4 \cdot 5 = 120$

**factorización prima** expresión de un número compuesto como producto de sus factores primos *véase 1·2 Factores y múltiplos*

*Ejemplos:* $504 = 2^3 \cdot 3^2 \cdot 7$
$30 = 2 \cdot 3 \cdot 5$

**figura inscrita** figura encerrada por otra figura como se muestra a continuación

*Ejemplos:*

un triángulo *inscrito* en un círculo

un círculo *inscrito* en un triángulo

**figuras semejantes** figuras que tienen la misma forma pero que no necesariamente tienen el mismo tamaño  *véase 8·5 Tamaño y escala*

*Ejemplo:*

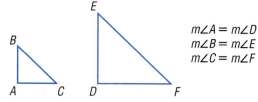

$m\angle A = m\angle D$
$m\angle B = m\angle E$
$m\angle C = m\angle F$

△ABC y △DEF son *figuras semejantes*.

**forma desarrollada** método de escribir números en que se resalta el valor de posición de cada dígito

*Ejemplo:* $867 = (8 \cdot 100) + (6 \cdot 10) + (7 \cdot 1)$

**fórmula** ecuación que muestra la relación entre dos o más cantidades; cálculo que se realiza a través de una hoja de cálculo  *véase Fórmulas páginas 64-65, 9·3 Hojas de cálculo*

*Ejemplo:* $A = \pi r^2$ es la *fórmula* para calcular el área de un círculo; A2 * B2 es una *fórmula* de hoja de cálculo.

**fracción** número que representa parte de un todo; cociente en la forma $\frac{a}{b}$  *véase 2·1 Fracciones*

**fracción impropia** fracción en la cual el numerador es mayor que el denominador  *véase 2·1 Fracciones*

*Ejemplos:* $\frac{21}{4}, \frac{4}{3}, \frac{2}{1}$

**fracciones equivalentes** fracciones que representan el mismo cociente pero que tienen diferentes numeradores y denominadores  *véase 2·1 Fracciones*

*Ejemplo:* $\frac{5}{6} = \frac{15}{18}$

**función** la asignación de exactamente un valor de salida a cada valor de entrada  *véase 6·7 Graficar en el plano coordenado*

*Ejemplo:* conduces a 50 millas por hora. Hay una relación entre la cantidad de tiempo que conduces y la distancia que viajas. Se dice que la distancia está en *función* del tiempo.

**gasto** cantidad pagada de dinero; costo

**geometría** rama de las matemáticas que investiga las relaciones, propiedades y medidas de los sólidos geométricos, superficies, rectas y ángulos  *véase Capítulo 7 Geometría, 9·2 Herramientas de geometría*

**girar** mover una figura al rotarla sobre un punto  *véase 7·3 Simetría y transformaciones*

*Ejemplo:*

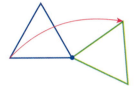

el *giro* de un triángulo

**grado** [1] (algebraico) el exponente de una sola variable en un simple término algebraico; [2] (algebraico) la suma de los exponentes de todas las variables en un término algebraico más complejo; [3] (algebraico) el grado más alto de cualquier término en un polinomio; [4] (geométrico) unidad de medida de un ángulo o arco, representada con el símbolo °

*Ejemplos:* [1] en el término $2x^4y^3z^2$, $x$ tiene un *grado* de 4, $y$ tiene un *grado* de 3 y $z$ tiene un *grado* de 2.

[2] El término $2x^4y^3z^2$ en total tiene un *grado* de $4 + 3 + 2 = 9$.

[3] La ecuación $x^3 = 3x^2 + x$ es una ecuación de tercer *grado*.

[4] Un ángulo agudo es un ángulo que mide menos que 90°.

**PALABRASCLAVE**

**grado porcentual** razón de la elevación del trayecto de una colina, rampa o inclinación expresada como un porcentaje

*Ejemplo:*

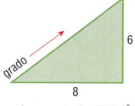

grado porcentual = 75% ($\frac{6}{8}$)

**gráfica circular** (gráfica de pastel) presentación de datos estadísticos mediante un círculo dividido en "rebanadas" de tamaño proporcional  *véase 4·2 Mostrar datos*

*Ejemplo:*

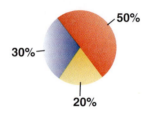

**gráfica de barras** representación de datos en forma de barras verticales u horizontales para comparar cantidades  *véase 4·2 Mostrar datos*

**gráfica de barras dobles** presentación de datos que emplea pares de barras horizontales o verticales para comparar cantidades  *véase 4·2 Mostrar datos*

*Ejemplo:*

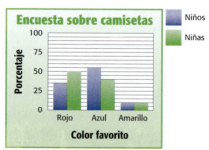

**gráfica de la distancia total** gráfica de coordenadas que muestra la distancia acumulativa viajada en función del tiempo

**gráfica de tira** gráfica que indica la secuencia de los resultados; una *gráfica de tira* permite resaltar las diferencias entre resultados individuales y ofrece una representación visual sólida del concepto de aleatoriedad

*Ejemplo:* Resultados de lanzar una moneda
H = Cara
T = Cruz

*gráfica de tira*

**gráfica lineal** presentación de datos que muestra los cambios a través del tiempo  *véase 4·2 Mostrar datos*

*Ejemplo:*

**gráfica velocidad-tiempo** gráfica que se emplea para representar cómo cambia la velocidad de un objeto a través del tiempo

**gráficas cualitativas** gráfica con palabras que describe cosas como la tendencia general de las utilidades, el ingreso y los gastos con el paso del tiempo; no tiene números específicos

**gráficas cuantitativas** gráfica que, a diferencia de una gráfica cualitativa, tiene números específicos

**gramo** unidad de masa del sistema métrico  *véase 8·1 Sistemas de medida*

**PALABRASCLAVE**

**heptágono** polígono con siete ángulos y siete lados

*Ejemplo:*

heptágono

**hexaedro** poliedro que tiene seis caras

*Ejemplo:*

Un cubo es un *hexaedro*.

**hexágono** polígono con seis ángulos y seis lados

*Ejemplo:*

hexágono

**hipérbola** curva de una función de variación inversa, como $y = \frac{1}{x}$, es una *hipérbola*

*Ejemplo:*

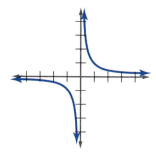

**hipotenusa** lado opuesto al ángulo recto en un triángulo rectángulo  *véase 7·9 Teorema de Pitágoras*

*Ejemplo:*

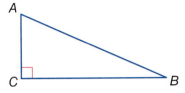

El lado  es la *hipotenusa* de su triángulo rectángulo.

**histograma** tipo especial de gráfica de barras que presenta la frecuencia de datos que se han organizado en intervalos iguales  *véase 4·2 Mostrar datos*

**hoja** dígito de unidades en una entrada de datos numéricos entre 1 y 99  *véase diagrama de tallo y hojas, 4·2 Mostrar datos*

**hoja de cálculo** herramienta computacional donde la información se ordena en las celdas de una cuadrícula y los cálculos se realizan dentro de ellas; cuando cambia una celda, todas las demás celdas que dependen de ella cambian automáticamente  *véase 9·3 Hojas de cálculo*

**horizontal** paralelo o en el plano del horizonte  *véase 6·7 Graficar en el plano coordenado*

---

## I

**igualmente improbables** describe los resultados o eventos que tienen la misma probabilidad de no ocurrir

**inclinación** forma de describir la pronunciación (o pendiente) de una rampa, colina, o recta

**ingreso** cantidad de dinero recibida por trabajo, servicios o la venta de bienes o propiedades

**injusto** cuando la probabilidad de cada resultado no es igual

**intersecar** [1] corte de una recta, curva o superficie por otra recta, curva o superficie; [2] el punto en el cual una recta o curva corta transversalmente un eje coordenado  *véase 6·8 Pendiente e intersección*

**intersección** conjunto de elementos comunes a dos o más conjuntos véase 5·3 Sets

Ejemplo:

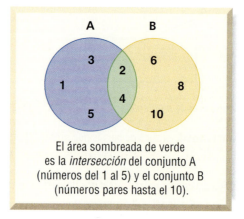

El área sombreada de verde es la *intersección* del conjunto A (números del 1 al 5) y el conjunto B (números pares hasta el 10).

**intersección x** punto en el cual una recta o curva cruzan el eje *x* véase 6·8 Pendiente e intersección

**intersección y** punto al cual una recta o curva cruza el eje *y* véase 6·8 Pendiente e intersección

**inversión** transformación que produce la imagen especular de una figura véase 7·3 Simetría y transformaciones

Ejemplo:

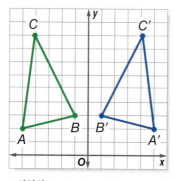

△A'B'C' es una *inversión* de △ABC.

**inverso** negación de la idea de *si* y la idea de *entonces* de un enunciado condicional véase 5·1 Enunciados de Si..., entonces...

Ejemplo: "si *x*, entonces *y*" es un enunciado condicional;
"si no *x*, entonces no *y*" es el enunciado inverso

**inverso aditivo** dos enteros que son uno el opuesto del otro; la suma de cualquier número y su *inverso aditivo* es cero  *véase 6·4 Resolver ecuaciones lineales*

Ejemplo: $(+3) + (-3) = 0$
$(-3)$ es el *inverso aditivo* de 3.

**inverso multiplicativo** dos números son inversos multiplicativos si su producto es 1  *véase 2·2 Operaciones con fracciones*

Ejemplo: $10 \cdot \frac{1}{10} = 1$
$\frac{1}{10}$ es el *inverso multiplicativo* de 10.

## J

**justo** describe una situación en la que la probabilidad teórica de cada resultado es igual

## L

**lado** segmento de recta que forma un ángulo o une los vértices de un polígono

**línea** conjunto de puntos conectados que se extienden para siempre hacia ambas direcciones

**línea de ajuste óptimo** en un diagrama de dispersión, la línea dibujada lo más cerca posible de los diferentes puntos, de manera que represente mejor la tendencia en los datos  *véase 4·3 Analizar datos*

Ejemplo:

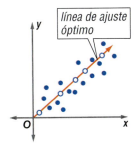

**litro** unidad métrica de capacidad  *véase 8·3 Área, volumen y capacidad*

**lógica** principios matemáticos que emplean los teoremas existentes para demostrar nuevos teoremas  *véase Lógica en el Capítulo 5*

**longitud** medida de distancia de un objeto de extremo a extremo

**marcas de conteo** marcas realizadas para llevar la cuenta de cierto número de objetos

*Ejemplo:* ||||  ||| = 8

**máximo común divisor (MCD)** el mayor número que es factor de dos o más números  *véase 1·2 Factores y múltiplos, 2·1 Fracciones*

*Ejemplo:* 30, 60, 75
El *máximo común divisor* es 15.

**media** cociente obtenido cuando la suma de los números en un conjunto se divide entre el número de sumandos  *véase promedio, 4·4 Estadística*

*Ejemplo:* la *media* de 3, 4, 7 y 10 es
$(3 + 4 + 7 + 10) \div 4 = 6$.

**mediana** número intermedio en un conjunto ordenado de números  *véase 4·4 Estadística*

*Ejemplo:* 1, 3, 9, 16, 22, 25, 27
16 es la *mediana*.

**medida estándar** medidas usadas más comúnmente, como el metro que se usa para medir longitudes, el kilogramo que se usa para medir masa y el segundo que se usa para medir el tiempo

**medida lineal** medida de la distancia entre dos puntos de una recta

**medidas de variación** números usados para describir la distribución de la dispersión en un conjunto de datos  *véase 4·4 Estadística*

**metro** unidad métrica de longitud

**metro cuadrado** unidad que se emplea para medir el área de una superficie; el área de un cuadrado que mide un metro de cada lado *véase 8·3 Área, volumen y capacidad*

**metro cúbico** volumen de un cubo con aristas que miden 1 metro de longitud *véase 7·7 Volumen*

**mínimo común denominador (MCD)** el mínimo común múltiplo de los denominadores de dos o más fracciones

*Ejemplo:* el *mínimo común denominador* de $\frac{1}{3}$, $\frac{2}{4}$ y $\frac{3}{6}$ es 12.

**mínimo común múltiplo (MCM)** el número entero más pequeño diferente de cero que es múltiplo de dos o más números enteros *véase 1·2 Factores y múltiplos*

*Ejemplo:* el *mínimo común múltiplo* de 3, 9 y 12 es 36.

**moda** número o elemento que ocurre con más frecuencia en un conjunto de datos *véase 4·4 Estadística*

*Ejemplo:* 1, 1, 2, 2, 3, 5, 5, 6, 6, 6, 8
6 es la *moda*.

**monomio** expresión algebraica que consiste en un sólo término

*Ejemplo:* $5x^3y$, $xy$ y $2y$ son tres *monomios*.

**muestra** subconjunto finito de una población, se emplea para análisis estadísticos *véase 4·1 Recolectar datos*

**muestra aleatoria** muestra poblacional elegida de tal manera que cada miembro tenga la misma probabilidad de salir seleccionado *véase 4·1 Recolectar dato*

**muestra no sesgada** muestra representativa de toda la población

**muestra sesgada** muestra obtenida de tal forma que una o más partes de la población están favorecidas sobre las otras *véase 4·1 Recolectar datos*

**PALABRAS CLAVE**

**muestreo con reemplazo muestral** muestra elegida para que cada elemento tenga la oportunidad de ser seleccionado más de una vez  *véase 4·6 Probabilidad*

*Ejemplo:* se saca una carta de una baraja, se regresa a la baraja y se saca una segunda carta. Dado que se reemplazó la primera carta, el número de cartas permanece constante.

**muestreo de conveniencia** muestra obtenida cuando sólo se encuesta a las personas a las que es más fácil llegar; el *muestreo de conveniencia* no representa a toda la población, por lo tanto se considera sesgado

**multiplicación** una de las cuatro operaciones aritméticas básicas, que implica la suma repetida de números

**múltiplo** producto de un número determinado y un entero  *véase 1·2 Factores y múltiplos*

*Ejemplos:* 8 es *múltiplo* de 4.
3.6 es *múltiplo* de 1.2.

**no colineales** puntos que no están sobre la misma recta

**no coplanares** puntos o rectas que no están sobre el mismo plano

**nonágono** polígono con nueve ángulos y nueve lados

*Ejemplo:*

*nonágono*

**notación científica** método de escritura numérica mediante exponentes y potencias de diez; un número en notación científica se escribe como un número entre 1 y 10 multiplicado por una potencia de diez  *véase 3·3 Notación científica*

*Ejemplos:*  $9{,}572 = 9.572 \cdot 10^3$  y  $0.00042 = 4.2 \cdot 10^{-4}$

**numerador** número de la parte de arriba de una fracción que representa el número de partes iguales que se están considerando *véase 2·1 Fracciones*

*Ejemplo:* en la fracción $\frac{a}{b}$, *a* es el *numerador*.

**número compuesto** número entero mayor que 1 con más de 2 factores *véase 1·2 Factores and múltiplos*

**número con signo** número precedido por un signo negativo o positivo

**número de crecimiento por multiplicación** número por el que se multiplica otro un determinado número de veces y da como resultado el número deseado

*Ejemplo:* haz crecer 10 a 40 en dos pasos mediante la multiplicación
(10 · 2 · 2 = 40)
2 es el *número de crecimiento por multiplicación*.

**número elevado al cuadrado** *véase Patrones página 69*

**número mixto** número compuesto por un número entero y una fracción *véase 2·1 Fracciones*

*Ejemplo:* $5\frac{1}{4}$ es un *número mixto*.

**número par** cualquier entero que sea múltiplo de 2 {0, 2, 4, 6, 8, 10, 12...}

**número perfecto** entero que es igual a la suma de todos sus números enteros positivos divisores, salvo el número mismo

*Ejemplo:* 1 · 2 · 3 = 6 y 1 + 2 + 3 = 6
6 es un *número perfecto*.

**número primo** número entero mayor que 1 cuyos únicos factores son 1 y el mismo número *véase 1·2 Factores y múltiplos*

*Ejemplos:* 2, 3, 5, 7, 11

**números arábigos** (o números indo-arábigos) símbolos numéricos que se emplean actualmente en nuestro sistema numérico de base diez {0, 1, 2, 3, 4, 5, 6, 7, 8, 9}

**números compatibles** dos números que son fáciles de sumar, restar, multiplicar o dividir mentalmente

**números de conteo** conjunto de números enteros positivos {1, 2, 3, 4...} *véase enteros positivos*

**números de Fibonacci** *véase Patrones página 67*

**números de Lucas** *véase Patrones página 68*

**números enteros** conjunto de todos los números de conteo más cero {0, 1, 2, 3, 4, 5...}

**números impares** conjunto de todos los enteros que no son múltiplos de 2

**números irracionales** conjunto de todos los números que no se pueden expresar como decimales terminales o periódicos *véase 2·5 El sistema de números reales*

Ejemplo: $\sqrt{2}$ (1.414214...) y $\pi$ (3.141592...) son *números irracionales*.

**números negativos** conjunto de todos los números reales que son menores que cero {−1, −1.36, −$\sqrt{2}$, −$\pi$}

**números positivos** conjunto de todos los números reales mayores que cero {1, 1.36, $\sqrt{2}$, $\pi$}

**números racionales** conjunto de números que se pueden escribir en la forma $\frac{a}{b}$, donde *a* y *b* son enteros y *b* no es igual a cero *véase 2·1 Fracciones*

Ejemplos: $1 = \frac{1}{1}, \frac{2}{9}, 3\frac{2}{7} = \frac{23}{7}, -0.333 = -\frac{1}{3}$

**números reales** conjunto que incluye al cero, a todos los números positivos y a todos los números negativos; los *números reales* incluyen a todos los números racionales e irracionales

**números romanos** sistema numérico que consiste en los símbolos I (1), V (5), X (10), L (50), C (100), D (500) y M (1,000); cuando un símbolo romano es precedido por un símbolo de igual o mayor valor, los valores se suman (XVI = 16); cuando un símbolo es precedido por un símbolo de menor valor, los valores se restan (IV = 4)

**números triangulares** *véase Patrones página 69*

**octágono**  polígono con ocho ángulos y ocho lados

*Ejemplo:*

*octágono*

**operación inversa**  la operación que revierte el efecto de otra operación

*Ejemplos:* la resta es la *operación inversa* de la suma.
La división es la *operación inversa* de la multiplicación.

**operaciones**  acciones aritméticas realizadas en números, matrices o vectores

**opuesto**  enunciado condicional en el cual los términos se expresan en orden inverso  *véase 5·1 Enunciados de Si..., entonces...*

*Ejemplo:* "si *x*, entonces *y*" es un enunciado condicional:
"si *y*, entonces *x*" es un enunciado *inverso.*

**orden de las operaciones**  para simplificar una expresión, sigue este procedimiento de cuatro pasos: 1) resuelve todas las operaciones entre paréntesis; 2) simplifica todos los números con exponentes; 3) multiplica y divide de izquierda a derecha  *véase 1·1 Orden de las operaciones, 3·4 Leyes de exponentes*

**origen**  el punto (0,0) en una gráfica de coordenadas donde el eje *x* y el eje *y* se encuentran  *véase 6·7 Graficar en el plano coordenado*

**par cero**  cubo positivo y cubo negativo que sirven para modelar la aritmética de números con signo

**par de factores**  dos números únicos que se multiplican para generar un producto

**par ordenado** dos números que expresan la coordenada x y la coordenada y de un punto  *véase 6·7 Graficar en el plano coordenado*

*Ejemplo:* las coordenadas (3, 4) son un par ordenado. La coordenada x es 3 y la coordenada y es 4.

**parábola** curva formada por una ecuación cuadrática como $y = x^2$

*Ejemplo:*

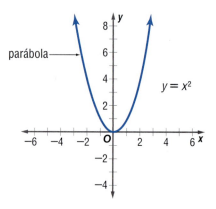

**paralelas** líneas rectas o planos que se mantienen a una distancia constante y nunca se encuentran; se representan por el símbolo ∥

*Ejemplo:*

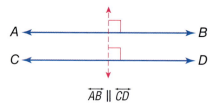

$\overrightarrow{AB} \parallel \overrightarrow{CD}$

**paralelogramo** cuadrilátero con dos pares de lados paralelos  *véase 7·2 Nombrar y clasificar polígonos y poliedros*

*Ejemplo:*

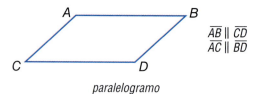

$\overline{AB} \parallel \overline{CD}$
$\overline{AC} \parallel \overline{BD}$

paralelogramo

**paréntesis** símbolos de inclusión ( ), que indican que los términos dentro de ellos son una unidad

*Ejemplo:* $(2 + 4) \div 2 = 3$

**patrón** diseño o secuencia regular y repetitiva de figuras o números  *véase Patrones páginas 67–69*

**PEMDAS** acrónimo para el orden da las operaciones: 1) resolver todas las operaciones dentro de los **p**aréntesis; 2) simplificar todos los números con **e**xponentes; 3) **m**ultiplicar y **d**ividir de izquierda a derecha; 4) **s**umar y re**s**tar de izquierda a derecha  *véase Orden de las operaciones*

**pendiente** [1] forma de describir la inclinación de una recta, rampa, colina, etcétera; [2] la razón de la elevación de un trayecto  *véase 6·8 Pendiente e intersección*

**pentágono** polígono con cinco ángulos y cinco lados

*Ejemplo:*

*pentágono*

**percepción** medición donde la persona alinea un instrumento de medida con su campo visual para saber la longitud o el ángulo de un objeto inaccesible

**perímetro** distancia alrededor de una figura cerrada  *véase Fórmulas página 64*

*Ejemplo:*

$AB + BC + CD + DA =$ perímetro

**permutación** arreglo posible de un grupo de objetos; el número de arreglos posibles de $n$ objetos se expresa con el término $n!$  *véase factorial, 4·5 Combinaciones y permutaciones*

**perpendicular** dos líneas rectas o planos que se intersecan para formar un ángulo recto

*Ejemplo:*

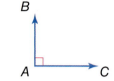

$\overline{AB}$ y $\overline{AC}$ son *perpendiculares*.

**pi** razón de la circunferencia de un círculo con respecto a su diámetro; *pi* se expresa mediante el símbolo π, y es aproximadamente igual a 3.14
*véase 7•7 Volumen*

**pictografía** presentación de datos con dibujos o símbolos para representar números

**pie cuadrado** unidad que se emplea para medir el área de una superficie; el área de un cuadrado que mide un pie de cada lado *véase 8•3 Área, volumen y capacidad*

**pie cúbico** volumen de un cubo con aristas que tienen 1 pie de longitud

**pirámide** sólido geométrico que tiene base poligonal y caras triangulares que convergen en un vértice común *véase 7•2 Nombrar y clasificar polígonos y poliedros*

*Ejemplos:*

*pirámides*

**pirámide cuadrangular** pirámide con base cuadrada

**plano coordenado** plano en el que una recta numérica horizontal y una recta numérica vertical se intersecan en sus puntos cero  *véase 6·7 Graficar en el plano coordenado*

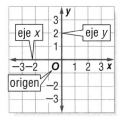

**población** conjunto universal del que se seleccionan los datos estadísticos de una muestra  *véase 4·1 Recolectar datos*

**poliedro** sólido geométrico que tiene cuatro o más caras planas  *véase 7·2 Nombrar y clasificar polígonos y poliedros*

Ejemplos:

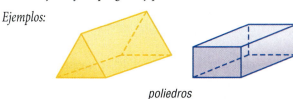

*poliedros*

**polígono** figura plana simple y cerrada que tiene tres o más segmentos de recta como lados  *véase 7·1 Clasificar ángulos y triángulos*

Ejemplos:

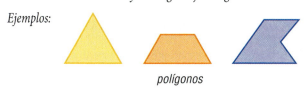

*polígonos*

**polígono cóncavo** polígono que tiene un ángulo interior mayor que 180°

Ejemplo:

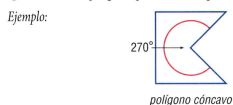

*polígono cóncavo*

**polígono convexo** polígono en el que todos los ángulos internos miden menos que 180°

*Ejemplo:*

Un hexágono regular es un *polígono convexo*.

**polígono regular** polígono en el cual todos los lados son iguales y todos los ángulos congruentes  *véase 7•2 Nombrar y clasificar polígonos y poliedros*

*polígono regular*

**porcentaje** número expresado en relación con el 100, se representa mediante el símbolo %  *véase 2•6 Porcentajes*

*Ejemplo:* 76 de 100 estudiantes usan computadoras.
76 *porciento* o 76% de los estudiantes usa computadoras.

**posibilidad** chance de que ocurra un evento particular, suele expresarse en forma de fracción, decimal, porcentaje o razón  *véase 4•6 Probabilidad*

**potencia** se representa mediante el exponente *n*, con respecto a la cual un número se emplea *n* veces como factor  *véase 3•1 Potencias y exponentes*

*Ejemplo:* 7 elevado a la cuarta *potencia*.
$7^4 = 7 \cdot 7 \cdot 7 \cdot 7 = 2{,}401$

**precio unitario** precio de un solo artículo o cantidad

**precisión** exactitud de un número

*Ejemplos:* Redondear 62.42812 a tres lugares decimales es más preciso que redondear 62.42812 a dos lugares decimales (62.43).

Redondear 62.42812 a dos lugares decimales (62.43) es más preciso que redondear 62.42812 a un lugar decimal (62.4).

Redondear 62.42812 a un lugar decimal (62.4) es más preciso que redondear 62.42812 al número entero más cercano (62).

**predicción** prever una tendencia con el estudio de datos estadísticos

**presupuesto** plan de gastos basado en una estimación del ingreso y los gastos

**prisma** sólido geométrico que tiene dos caras paralelas, congruentes y poligonales (llamadas bases) *véase 7·2 Nombrar y clasificar polígonos y poliedros*

*Ejemplos:*

*prismas*

**prisma hexagonal** prisma que tiene dos bases hexagonales y seis lados rectangulares

*Ejemplo:*

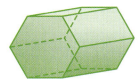

*prisma hexagonal*

**prisma octagonal** prisma que tiene dos bases octagonales y ocho caras rectangulares

*Ejemplo:*

*prisma octagonal*

**prisma rectangular** prisma que tiene bases rectangulares y cuatro caras rectangulares *véase 7·2 Nombrar y clasificar polígonos y poliedros*

**prisma triangular** prisma con dos bases triangulares y tres lados rectangulares *véase 7·6 Área de superficie*

**probabilidad** estudio de las probabilidades que describe la posibilidad de que un evento ocurra *véase 4·6 Probabilidad*

**probabilidad a favor** razón del número de resultados favorables con respecto al número de resultados desfavorables

**probabilidad de eventos** probabilidad o posibilidad de que ocurran los eventos

**probabilidad en contra** razón del número de resultados desfavorables con respecto al número de resultados favorables

**probabilidad experimental** razón del número total de veces que ocurre un resultado favorable con respecto al número total de veces que se completó el experimento *véase 4·6 Probabilidad*

**probabilidad teórica** razón del número de resultados favorables con respecto al número total de resultados posibles *véase 4·6 Probabilidad*

**probabilidades desiguales** diferentes posibilidades de ocurrencia; dos eventos tienen *probabilidades desiguales* si uno tiene más posibilidad de ocurrir que el otro

**producto** resultado obtenido mediante la multiplicación de dos números o variables  *véase 6·1 Escribir expresiones y ecuaciones*

**producto cruzado** método empleado para resolver proporciones y verificar si las razones son iguales  *véase 2·1 Fracciones, 6·5 Razón y proporción*

Ejemplo: $\frac{a}{b} = \frac{c}{d}$ si $a \cdot d = b \cdot c$

**promedio** suma de un conjunto de valores divididos entre el número de valores  *véase 4·4 Estadística*

Ejemplo: el *promedio* de 3, 4, 7 y 10 es
$(3 + 4 + 7 + 10) \div 4 = 6$.

**promedio ponderado** promedio estadístico en el cual a cada elemento de la muestra se le ha dado cierta importancia relativa, o peso  *véase 4·4 Estadística*

Ejemplo: Para hallar el promedio porcentual exacto de personas con autos en tres ciudades con poblaciones diferentes, el porcentaje de la ciudad más grande tendría que ser *ponderado*.

**propiedad asociativa** regla matemática que establece que la forma en que los números se agrupan cuando se suman o multiplican no cambia su suma o producto  *véase 6·2 Simplificar expresiones*

Ejemplos: $(x + y) + z = x + (y + z)$
$x \cdot (y \cdot z) = (x \cdot y) \cdot z$

**propiedad conmutativa** regla matemática que establece que el orden en que se suman o multiplican los números no cambia su suma o producto  *véase 6·2 Simplificar expresiones*

Ejemplos: $x + y = y + x$
$x \cdot y = y \cdot x$

**propiedad de igualdad de la división** regla matemática que establece que si cada lado de una ecuación se divide entre el mismo número diferente de cero, los dos lados permanecen iguales  *véase 6·4 Resolver ecuaciones lineales*

Ejemplo: si $a = b$, entonces $\frac{a}{c} = \frac{b}{c}$.

**PALABRASCLAVE**

**propiedad de igualdad de la resta** regla matemática que establece que si el mismo número se resta de cada lado de una ecuación, entonces los dos lados permanecen iguales  *véase 6·4 Resolver ecuaciones lineales*

Ejemplo:  Si $a = b$, entonces $a - c = b - c$.

**propiedad de igualdad de la suma** regla matemática que establece que si el mismo número se suma a cada lado de una ecuación, las expresiones permanecen iguales  *véase 6·4 Resolver ecuaciones lineales*

Ejemplo:  si $a = b$, entonces $a + c = b + c$.

**propiedad de la igualdad de la multiplicación** regla matemática que establece que si cada lado de una ecuación se multiplica por el mismo número, los dos lados permanecen iguales  *véase 6·4 Resolver ecuaciones lineales*

Ejemplo:  Si $a = b$, entonces $a \cdot c = b \cdot c$.

**propiedad distributiva** regla matemática que establece que multiplicar una suma por un número da el mismo resultado que multiplicar cada sumando por el número y después sumar los productos  *véase 6·2 Simplificar expresiones*

Ejemplo:  $a(b + c) = a \cdot b + a \cdot c$

**proporción** enunciado que expresa que dos razones son iguales  *véase 6·5 Razón y proporción*

**proporción porcentual** compara una cantidad con la cantidad total mediante un porcentaje  *véase 2·7 Usar y encontrar porcentajes*

$$\frac{parte}{todo} = \frac{porcentaje}{100}$$

**proyectar** extender un modelo numérico hacia valores mayores o menores, con el fin de predecir las cantidades probables en una situación desconocida

**pulgada cuadrada** unidad que se emplea para medir el área de una superficie; el área de un cuadrado que mide una pulgada de cada lado  *véase 8·3 Área, volumen y capacidad*

**pulgada cúbica** volumen de un cubo con aristas que tienen 1 pulgada de longitud  *véase 7·7 Volumen*

**punto** uno de cuatro términos indefinidos en geometría que se emplea para definir todos los demás términos; un *punto* no tiene tamaño  *véase 6·7 Graficar en el plano coordenado*

**punto de referencia** punto de comparación con respecto al cual se pueden estimar medidas y porcentajes  *véase 2·6 Porcentajes*

**punto medio** punto en un segmento de recta que la divide en dos segmentos iguales

*Ejemplo:*

$AM = MB$

*M* es el *punto medio* de $\overline{AB}$.

# R

**radical** raíz indicada de una cantidad

*Ejemplos:* $\sqrt{3}, \sqrt[4]{14}, \sqrt[12]{23}$

**radio** segmento de recta desde el centro un círculo hasta cualquier punto en su perímetro  *véase 7·8 Círculos*

**raíz** [1] lo inverso de un exponente; [2] el signo radical $\sqrt{\phantom{x}}$ indica la raíz cuadrada  *véase 3·2 Raíces cuadradas y cúbicas*

**raíz cuadrada** número que cuando se multiplica por sí mismo es igual a un número determinado  *véase 3·2 Raíces cuadradas y cúbicas*

*Ejemplo:* 3 es la *raíz cuadrada* de 9.
$\sqrt{9} = 3$

**raíz cúbica** número que elevado a la tercera potencia es igual a un número dado  *véase 3·2 Raíces cuadradas y cúbicas*

*Ejemplo:* $\sqrt[3]{8} = 2$
2 es la *raíz cúbica* de 8

**rango** en estadística, la diferencia entre los valores máximo y mínimo en una muestra  *véase 4·4 Estadística*

**rango intercuartil** rango de la mitad intermedia de un conjunto de datos; es la diferencia entre el cuartil superior y el inferior  *véase 4·4 Estadística*

**rayo** parte de una línea recta que se extiende infinitamente hacia una dirección desde un punto fijo

*Ejemplo:*

⎯⎯⎯⎯⎯⟶
rayo

**razón** comparación de dos números  *véase 6·5 Razón y proporción*

*Ejemplo:* La *razón* de consonantes a vocales en el alfabeto es 21:5.

**razón común** razón de cualquier término en una secuencia geométrica con respecto al término que lo precede.

**razón de la pendiente** pendiente de la recta como una razón de la elevación del trayecto

**razón de la tangente** la razón de la longitud del lado opuesto a un ángulo agudo del triángulo con respecto a la longitud del lado adyacente a él

*Ejemplo:*

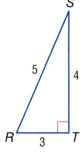

∠S es una *razón de la tangente* de $\frac{3}{4}$.

**razones equivalentes** razones que son iguales

Ejemplo: $\frac{5}{4} = \frac{10}{8}$; 5:4 = 10:8

**recíproco** dos números son recíprocos si su producto es 1  *véase 2·2 Operaciones con fracciones*

Ejemplos: el *recíproco* de 2 es $\frac{1}{2}$; de $\frac{3}{4}$ es $\frac{4}{3}$; de $x$ es $\frac{1}{x}$.

**recta de probabilidad** recta usada para ordenar la probabilidad de los eventos del menos probable al más probable  *véase 4·6 Probabilidad*

**recta numérica** recta que muestra números a intervalos regulares y sobre la que se puede indicar cualquier número real

Ejemplo:

$$-5 \quad -4 \quad -3 \quad -2 \quad -1 \quad 0 \quad 1 \quad 2 \quad 3 \quad 4 \quad 5$$

recta numérica

**rectángulo** paralelogramo con cuatro ángulos rectos  *véase 7·2 Nombrar y clasificar polígonos y poliedros*

Ejemplo:

rectángulo

**red** plano bidimensional que se puede doblar para hacer un modelo tridimensional de un sólido geométrico  *véase 7·6 Área de superficie*

Ejemplo:

*red* de un cubo

**redondear** aproximar el valor de un número a un lugar decimal determinado

*Ejemplos:* 2.56 redondeado a la decena más cercana es 2.6;
2.54 redondeado a la decena más cercana es 2.5;
365 redondeado a la centena más cercana es 400.

**reflexión** transformación que produce la imagen especular de una figura *véase 7·3 Simetría y transformaciones*

*Ejemplo:*

la *reflexión* de un trapecio

**regla** enunciado que describe una relación entre números u objetos

**relación** conexión entre dos o más objetos, números o conjuntos; una relación matemática se puede expresar en palabras o con números y letras

**renglón** lista horizontal de números o términos

**resta** una de las cuatro operaciones aritméticas básicas que quita un número o cantidad de otra

**resultado** consecuencia posible en un experimento de probabilidad *véase 4·5 Combinaciones y permutaciones, 4·6 Probabilidad*

**rombo** paralelogramo con todos los lados de igual longitud *véase 7·2 Nombrar y clasificar polígonos y poliedros*

*Ejemplo:*

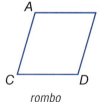

$AB = CD = AC = BD$

rombo

**rotación** transformación en la cual una figura gira cierto número de grados con respecto a un punto o recta fijos *véase 7·3 Simetría y transformaciones*

*Ejemplo:*

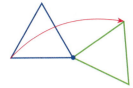

el *giro* de un triángulo

**ruleta** dispositivo para determinar resultados en un experimento de probabilidad

*Ejemplo:*

ruleta

**sección cónica** forma curva que se produce cuando un plano interseca una superficie cónica

*Ejemplo:*  Esta elipse es una *sección cónica*.

**secuencia aritmética** *véase Patrones página 67, 6·7 Graficar en el plano coordenado*

**secuencia armónica** *véase Patrones página 67*

**secuencia geométrica** *véase Patrones, página 67*

**segmento** dos puntos y todos los puntos en la recta entre ellos  *véase 7·2 Nombrar y clasificar polígonos y poliedros*

**segmento de recta**  sección de recta entre dos puntos

Ejemplo:     A•————————•B

$\overline{AB}$ es un *segmento de recta*.

**serie**  *véase Patrones, página 68*

**signo radical**  símbolo de la raíz  $\sqrt{\phantom{x}}$

**símbolo de raíz cuadrada**  símbolo matemático $\sqrt{\phantom{x}}$; indica que se debe calcular la raíz cuadrada de un número determinado  *véase 3·2 Raíces cuadradas y cúbicas*

**símbolos numéricos**  símbolos que se emplean para contar y medir

Ejemplos: $1, -\frac{1}{4}, 5, \sqrt{2}, -\pi$

**simetría**  *véase eje de simetría, 7·3 Simetría y transformaciones*

Ejemplo:

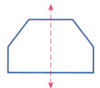

Este hexágono tiene *simetría* alrededor de la línea punteada.

**simulación**  experimento matemático que se aproxima a los procesos del mundo real

**sistema aditivo**  sistema matemático en el cual los valores de los símbolos individuales se suman para determinar el valor de una secuencia de símbolos

Ejemplo:  el sistema numérico romano, que tiene símbolos como I, V, D y M, es un conocido *sistema aditivo*.

*Éste es otro ejemplo de un sistema aditivo:*

▽▽□

Si □ es igual a 1 y ▽ es igual a 7,
entonces, ▽▽□ es igual a $7 + 7 + 1 = 15$.

**sistema binario** sistema numérico de base dos, donde las combinaciones de los dígitos 1 y 0 representan números o valores diferentes

**sistema de base diez** sistema numérico que contiene diez símbolos de dígitos individuales {0, 1, 2, 3, 4, 5, 6, 7, 8 y 9}, en el que el número 10 representa la cantidad de diez

**sistema de base dos** sistema numérico que contiene dos símbolos de dígitos individuales {0 y 1}, en el que el 10 representa la cantidad de dos
*véase sistema binario*

**sistema de valor de posición** sistema numérico en el cual las posiciones que ocupan los dígitos en un numeral reciben un valor; en el sistema decimal, el valor de cada posición es 10 veces el valor del lugar a su derecha

**sistema decimal** sistema numérico más comúnmente usado, en el cual los números enteros y las fracciones se representan mediante la base diez
*Ejemplo:* entre los números decimales están 1230, 1.23, 0.23 y −13.

**sistema inglés** unidades de medida que se usan en Estados Unidos y que miden la longitud en pulgadas, pies, yardas y millas; la capacidad en tazas, pintas, cuartos y galones; el peso en onzas, libras y toneladas; y la temperatura en grados Fahrenheit *véase sistema tradicional*

**sistema métrico** sistema decimal de pesos y medidas basado en el metro como unidad de longitud, el kilogramo como unidad de masa y el litro como unidad de capacidad *véase 8·1 Sistemas de medición*

**sistema tradicional** sistema de medias que se usa en Estados Unidos para medir la longitud en pulgadas, pies, yardas y millas; la capacidad en tazas, pintas, cuartos y galones; el peso en onzas, libras y toneladas; y la temperatura en grados Fahrenheit *véase sistema inglés, 8·1 Sistemas de medida*

**sistemas de ecuaciones** conjunto de dos o más ecuaciones con las mismas variables *véase 6·10 Sistemas de ecuaciones*

**sólido geométrico** figura tridimensional

**solución** respuesta a un problema matemático; en álgebra, una solución suele consistir en el valor o conjunto de valores de una variable

**sucesión** *véase Patrones, página 68*

**suma** el resultado de sumar dos números o cantidades *véase 6·1 Escribir expresiones y ecuaciones*

Ejemplo: $6 + 4 = 10$
10 es la *suma* de los dos sumandos, 6 y 4.

**tabla** conjunto de datos ordenados de tal manera que la información se vea fácilmente

**tallo** dígito de las decenas de un elemento de datos numéricos entre 1 y 99 *véase diagrama de tallo y hojas, 4·2 Mostrar datos*

**tamaño a escala** tamaño proporcional de una representación aumentada o reducida de un objeto o área *véase 8·5 Tamaño y escala*

**tamaño real** tamaño verdadero de un objeto representado por un modelo a escala o un dibujo

**tangente** [1] recta que interseca un círculo en exactamente un punto; [2] la *tangente* de un ángulo agudo en un triángulo rectángulo es la razón de la longitud del lado opuesto con respecto a la longitud de un lado adyacente

Ejemplo:

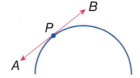

$\overleftrightarrow{AB}$ es *tangente* a la curva en el punto *P*.

**tasa** [1] razón fija entre dos cosas; [2] comparación entre dos tipos de unidades, por ejemplo, miles por hora o dólares por hora  *véase 6·5 Razón y proporción*

**tasa unitaria** la tasa en su forma reducida  *véase 6·5 Razón y proporción*

*Ejemplo:* 120 millas en dos horas es equivalente a una tasa unitaria de 60 millas por hora.

**tendencia** cambio consistente a través del tiempo en los datos estadísticos que representan a una población particular

**teorema de Pitágoras** idea matemática que establece que la suma de las longitudes cuadradas de los dos catetos de un triángulo rectángulo es igual a la longitud elevada al cuadrado de la hipotenusa  *véase 7·9 Teorema de Pitágoras*

*Ejemplo:*

Para un triángulo rectángulo, $a^2 + b^2 = c^2$.

**término** producto de números y variables  *véase 6·1 Escribir expresiones y ecuaciones*

*Ejemplo:* $x$, $ax^2$, $2x^4y^2$ y $-4ab$ son todos los términos.

**términos semejantes** términos que tienen las mismas variables elevadas a las mismas potencias; los *términos semejantes* pueden combinarse  *véase 6·2 Simplificar expresiones*

*Ejemplo:* $5x^2$ y $6x^2$ son *términos semejantes*; $3xy$ y $3zy$ no son términos semejantes.

**teselado** *véase Patrones página 69*

**teselar** cubrir por completo un plano con figuras geométricas *véase teselados*

**tetraedro** sólido geométrico que tiene cuatro caras triangulares *véase 7·2 Nombrar y clasificar polígonos y poliedros*

Ejemplo:

tetraedro

**tiempo** en matemáticas, el elemento de duración, que se representa con la variable *t*

**tiempo total** duración de un evento, representada por *t* en la ecuación $t = \dfrac{d \text{ (distancia)}}{v \text{ (velocidad)}}$

**transformación** proceso matemático que cambia la forma o posición de una figura geométrica *véase 7·3 Simetría y transformaciones*

**transversal** recta que corta dos o más rectas en diferentes puntos *véase 7·1 Clasificar ángulos y triángulos*

**trapecio** cuadrilátero con sólo un par de lados paralelos *véase 7·2 Nombrar y clasificar polígonos y poliedros*

Ejemplo:

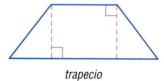

trapecio

**trapecio isósceles** trapecio en el cual los dos lados no paralelos tienen igual longitud

Ejemplo:

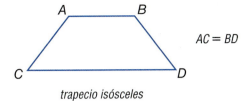

*trapecio isósceles*

**traslación** transformación en la cual una figura geométrica se recorre a otra posición sin rotación ni reflexión  *véase 7·3 Simetría y transformaciones*

**trayecto** distancia horizontal entre dos puntos  *véase 6·8 Pendiente e intersección*

**triángulo** polígono con tres ángulos y tres lados

**triángulo agudo** triángulo en el cuál todos los ángulos miden menos de 90°  *véase 7·1 Clasificar ángulos y triángulos*

Ejemplo:

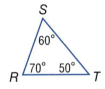

△*RST* es un *triángulo agudo*.

**triángulo de Pascal**  *véase Patrones, página 68*

**triángulo equiangular** triángulo en el cual cada ángulo mide 60°

Ejemplo:

$m\angle A = m\angle B = m\angle C = 60°$
△*ABC* es *equiangular*.

**triángulo equilátero** triángulo en el cual todos los lados son congruentes

*Ejemplo:*

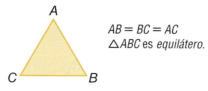

$AB = BC = AC$
△ABC es *equilátero*.

**triángulo escaleno** triángulo sin lados de igual longitud

*Ejemplo:*

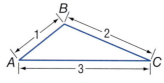

△ABC es un *triángulo escaleno*.

**triángulo isósceles** triángulo con al menos dos lados de igual longitud

*Ejemplo:*

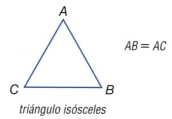

$AB = AC$

*triángulo isósceles*

**triángulo obtuso** triángulo que tiene un ángulo obtuso

*Ejemplo:*

△ABC es un *triángulo obtuso*.

**triángulo rectángulo** triángulo con un ángulo recto  *véase 7·4 Perímetro*

*Ejemplo:*

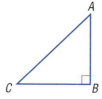

△ABC es un *triángulo rectángulo*.

**tridimensional** figura que tiene tres cualidades que se pueden medir: longitud, altura y ancho

**triple de Pitágoras** conjunto de tres enteros positivos $a$, $b$ y $c$, tal que $a^2 + b^2 = c^2$ véase 7·9 Teorema de Pitágoras

*Ejemplo:* la triple de Pitágoras {3, 4, 5}
$3^2 + 4^2 = 5^2$
$9 + 16 = 25$

**unidades de medida** medidas estándar, como el metro, el litro y el gramo o el pie, el cuarto y la libra véase 8·1 Sistemas de medición

**unidimensional** que tiene sólo una cualidad medible

*Ejemplo:* una recta y una curva son *unidimensionales*.

**unión** conjunto formado mediante la combinación de los miembros de dos o más conjuntos, se representa con el símbolo ∪; la *unión* contiene a todos los miembros que antes estaban contenidos en ambos conjuntos véase Diagrama de Venn, 5·3 Conjuntos

*Ejemplo:*

Conjunto A    Conjunto B    Conjunto A ∪ B

El círculo naranja muestra
la *unión* de los conjuntos A y B.

**utilidad** ganancia proveniente de un negocio; lo que sobra cuando el costo de los bienes y del manejo del negocio se resta a la cantidad de dinero recibida

**valor absoluto** el valor absoluto de un número es su distancia desde 0 en la recta numérica véase 1·3 Operaciones de enteros

*Ejemplo:* −2 es 2 unidades desde 0

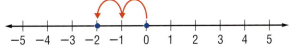

El *valor absoluto* de −2 es 2 ó |−2| = 2.

**valor atípico** datos que son más de 1.5 veces el rango intercuartil de los cuartiles superiores o inferiores *véase 4·4 Estadística*

**valor de posición** valor dado al lugar que un dígito ocupa en un numeral

**valor máximo** el mayor valor de una función o conjunto de números

**valor mínimo** el menor valor de una función o conjunto de números

**variabilidad natural** diferencia en los resultados de un pequeño número de pruebas experimentales en relación con las probabilidades teóricas

**variable** letra u otro símbolo que representa un número o conjunto de números en una expresión o una ecuación *véase 6·1 Escribir expresiones y ecuaciones*
Ejemplo: En la ecuación $x + 2 = 7$, la variable es $x$.

**variación** relación entre dos variables; variación directa, representada por la ecuación $y = kx$, existe cuando el aumento en el valor de una variable genera un incremento en el valor de la otra; variación inversa, representada por la ecuación $y = \frac{k}{x}$, existe cuando un incremento en el valor de una variable resulta en una disminución en el valor de la otra

**variación directa** relación entre dos cantidades variables con una razón constante *véase 6·9 Variación directa*

**velocidad** la tasa a la que un objeto se mueve

**velocidad media** tasa media a la cual se mueve un objeto

**vertical** recta perpendicular a la recta base horizontal *véase 6·7 Graficar en el plano coordenado*

Ejemplo:

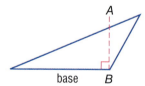

$\overline{AB}$ es *vertical* con respecto a la base de este triángulo.

**vértice** punto donde convergen dos rayos de un ángulo, dos lados de un polígono o tres o más caras de un poliedro

*Ejemplos:*

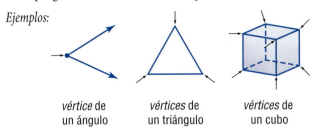

vértice de un ángulo

vértices de un triángulo

vértices de un cubo

**vértice de teselado** punto donde tres o más figuras teseladas convergen

*Ejemplo:*

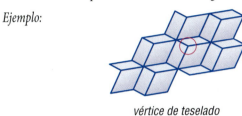

vértice de teselado
(en el círculo)

**volumen** espacio que ocupa un sólido geométrico, medido en unidades cúbicas, *véase Fórmulas, página 64, 7·7 Volumen, 8·3 Área, volumen y capacidad*

*Ejemplo:*

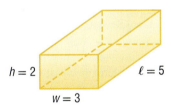

$h = 2$    $\ell = 5$
$w = 3$

El *volumen* de este prisma rectangular es de 30 unidades cúbicas.
$2 \cdot 3 \cdot 5 = 30$

# Fórmulas

## Área *(véase 7·5)*

| | |
|---:|:---|
| círculo | $A = \pi r^2$ (pi • radio elevado al cuadrado) |
| cuadrado | $A = s^2$ (lado elevado al cuadrado) |
| paralelogramo | $A = bh$ (base • altura) |
| rectángulo | $A = \ell w$ (longitud • ancho) |
| trapecio | $A = \frac{1}{2}h(b_1 + b_2)$ |
| | ($\frac{1}{2}$ • altura • suma de las bases) |
| triángulo | $A = \frac{1}{2}bh$ |
| | ($\frac{1}{2}$ • base • altura) |

## Volumen *(véase 7·7)*

| | |
|---:|:---|
| cilindro | $V = \pi r^2 h$ |
| | (pi • radio elevado al cuadrado • altura) |
| cono | $V = \frac{1}{3}\pi r^2 h$ |
| | ($\frac{1}{3}$ • pi • radio elevado al cuadrado • altura) |
| esfera | $V = \frac{4}{3}\pi r^3$ |
| | ($\frac{4}{3}$ • pi • radio al cubo) |
| pirámide | $V = \frac{1}{3}Bh$ |
| | ($\frac{1}{3}$ • área de la base • altura) |
| prisma | $V = Bh$ (área de la base • altura) |
| prisma rectangular | $V = \ell w h$ (largo • ancho • altura) |

## Perímetro *(véase 7·4)*

| | |
|---:|:---|
| cuadrado | $P = 4s$ |
| | (4 • lado) |
| paralelogramo | $P = 2a + 2b$ |
| | (2 • lado $a$ + 2 • lado $b$) |
| rectángulo | $P = 2\ell + 2w$ |
| | (dos veces la longitud + dos veces el ancho) |
| triángulo | $P = a + b + c$ (lado $a$ + lado $b$ + lado $c$) |

# Fórmulas

## Circunferencia *(véase 7·8)*

círculo   $C = \pi d$ (pi · diámetro)

ó

$C = 2\pi r$

(2 · pi · radio)

## Probabilidad *(véase 4·6)*

La *probabilidad experimental* de un evento es igual al número total de veces que un evento favorable ocurre, dividido entre el número total de veces que se realiza el experimento.

$$\text{Probabilidad experimental} = \frac{\text{resultados favorables que ocurrieron}}{\text{número total de experimentos}}$$

La *probabilidad teórica* de un evento es igual al número de resultados favorables, dividido entre el número total de resultados posibles.

$$\text{Probabilidad teórica} = \frac{\text{resultados favorables}}{\text{resultado posible}}$$

## Otros

Distancia   $d = vt$ (velocidad · tiempo)

Interés   $I = prt$ (capital · tasa · tiempo)

Temperatura   $F = \frac{9}{5}C + 32$

($\frac{9}{5}$ · Temperatura en °C + 32)

$C = \frac{5}{9}(F - 32)$

($\frac{5}{9}$ · (Temperatura en °F − 32))

UIG   Utilidades = Ingreso − Gastos

## Símbolos

| | | | |
|---|---|---|---|
| { } | conjunto | $\overline{AB}$ | segmento $AB$ |
| $\varnothing$ | el conjunto vacío | $\overrightarrow{AB}$ | rayo $AB$ |
| $\subseteq$ | es un subconjunto de | $\overleftrightarrow{AB}$ | recta $AB$ |
| $\cup$ | unión | $\triangle ABC$ | triángulo $ABC$ |
| $\cap$ | intersección | $\angle ABC$ | ángulo $ABC$ |
| $>$ | mayor que | $m\angle ABC$ | medida del ángulo $ABC$ |
| $<$ | menor que | | |
| $\geq$ | mayor o igual que | $\overline{AB}$ ó $m\overline{AB}$ | longitud del segmento $AB$ |
| $\leq$ | menor o igual que | | |
| $=$ | igual a | $\overset{\frown}{AB}$ | arco $AB$ |
| $\neq$ | no es igual a | ! | factorial |
| ° | grado | $_nP_r$ | permutaciones de $n$ objetos tomados $r$ a la vez |
| % | por ciento | | |
| $f(n)$ | función, $f$ de $n$ | | |
| $a{:}b$ | razón de $a$ con respecto a $b$, $\frac{a}{b}$ | $_nC_r$ | combinaciones de $n$ objetos tomados $r$ a la vez |
| $\|a\|$ | valor absoluto de $a$ | $\sqrt{\phantom{x}}$ | raíz cuadrada |
| $P(E)$ | probabilidad de un evento $E$ | $\sqrt[3]{\phantom{x}}$ | raíz cúbica |
| $\pi$ | pi | ′ | pies |
| $\perp$ | es perpendicular a | ″ | pulgadas |
| $\parallel$ | es paralelo a | $\div$ | dividir |
| $\cong$ | es congruente a | / | dividir |
| $\sim$ | es similar a | * | multiplicar |
| $\approx$ | es aproximadamente igual a | $\times$ | multiplicar |
| | | $\cdot$ | multiplicar |
| $\angle$ | ángulo | $+$ | sumar |
| $\llcorner$ | ángulo recto | $-$ | restar |
| $\triangle$ | triángulo | | |

## Patrones

**cuadrado mágico** matriz cuadrada de enteros diferentes en la cual la suma de las filas, columnas y diagonales es la misma

*Ejemplo:*

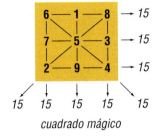

cuadrado mágico

**espiral** curva plana trazada por un punto que se mueve en torno a un punto fijo mientras su distancia aumenta o disminuye constantemente con respecto a él

*Ejemplo:*

La forma de la concha concéntrica del nautilo es un *espiral*.

**números cuadrados** secuencia de números que se puede representar mediante puntos distribuidos en forma de un cuadrado; esta secuencia se puede expresar como $x^2$; y comienza 1, 4, 9, 16, 25, 36, 49,...

*Ejemplo:*

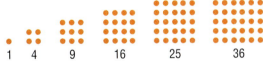

*números cuadrados*

**PALABRAS CLAVE**

**números de Fibonacci** secuencia en la cual cada número es la suma de sus dos predecesores; se puede expresar como $x_n = x_{n-2} + x_{n-1}$; la secuencia comienza: 1, 1, 2, 3, 5, 8, 13, 21, 34, 55,...

*Ejemplo:*

| 1, | 1, | 2, | 3, | 5, | 8, | 13, | 21, | 34, | 55, | ... |
|---|---|---|---|---|---|---|---|---|---|---|
| 1 + | 1 = | 2 | | | | | | | | |
| | 1 + | 2 = | 3 | | | | | | | |
| | | 2 + | 3 = | 5 | | | | | | |
| | | | 3 + | 5 = | 8 | | | | | |

**números de Lucas** secuencia en la cual cada número es la suma de sus dos predecesores; se puede expresar como $x_n = x_{n-2} + x_{n-1}$; la secuencia comienza: 2, 1, 3, 4, 7, 11, 18, 29, 47,...

**números triangulares** secuencia de números que se puede representar mediante puntos organizados en forma triangular; cualquier número en la secuencia se puede expresar como $x_n = x_{n-1} + n$; la secuencia comienza 1, 3, 6, 10, 15, 21,...

*Ejemplo:*

1    3    6    10

números triangulares

**secuencia** conjunto de elementos, particularmente números, ordenados de acuerdo con alguna regla

**secuencia aritmética** secuencia de números o términos que tienen una diferencia común entre cualquier término y el siguiente en la secuencia; en la secuencia siguiente, la diferencia común es siete, así que $8 - 1 = 7$; $15 - 8 = 7$; $22 - 15 = 7$, y así sucesivamente

*Ejemplo:* 1, 8, 15, 22, 29, 36, 43,...

**secuencia armónica** progresión $a_1, a_2, a_3,...$ para la que los recíprocos de los términos $\frac{1}{a_1}, \frac{1}{a_2}, \frac{1}{a_3},...$ forman una secuencia aritmética

**secuencia geométrica** secuencia de términos en la cual cada término es un múltiplo constante, llamado *razón común*, del precedente; por ejemplo, en la naturaleza, la reproducción de muchos organismos unicelulares se representa mediante una progresión de células que se dividen en dos, con una progresión de crecimiento de 1, 2, 3, 8, 16, 32,... la cual es una secuencia geométrica en la que la razón común es 2

**serie** la suma de los términos de una secuencia

**teselado** patrón de enlosado formado por polígonos repetitivos que llenan por completo un plano sin dejar espacios

*Ejemplo:*

teselado

**triángulo de Pascal** matriz triangular de números en la cual cada número es la suma de los dos números que están sobre él en la fila precedente

*Ejemplo:*

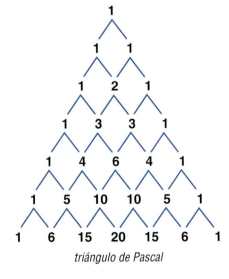

triángulo de Pascal

# Segunda parte 2

# Temas clave

| | | |
|---|---|---|
| **1** | Números y cómputo | 72 |
| **2** | Números racionales | 92 |
| **3** | Potencias y raíces | 144 |
| **4** | Datos, estadística y probabilidad | 174 |
| **5** | Lógica | 234 |
| **6** | Álgebra | 250 |
| **7** | Geometría | 316 |
| **8** | Medición | 372 |
| **9** | Herramientas | 394 |

# TemaClave 1

## Números y cómputo

**¿Qué sabes?** Puedes usar los siguientes problemas y lista de palabras para ver qué es lo que ya sabes de este capítulo. Las respuestas a los problemas están en la sección **SolucionesClave** que está al final del libro. Las definiciones de las palabras están en la sección **PalabrasClave** que está al principio del libro. Si quieres saber más acerca de un problema o palabra en particular busca el número del tema (*por ejemplo*, Lección 1·2).

### Conjunto de problemas

**Usa paréntesis para que cada expresión sea verdadera.** (Lección 1·1)

1. $4 + 7 \cdot 3 = 33$
2. $30 + 15 \div 5 + 5 = 14$

**¿Es un número primo? Escribe *sí* o *no*.** (Lección 1·2)

3. 77
4. 111
5. 131
6. 301

**Escribe la factorización prima de cada número.** (Lección 1·2)

7. 40
8. 110
9. 230

**Halla el MCD de cada par de números.** (Lección 1·2)

10. 12 y 40
11. 15 y 50
12. 18 y 171

**Halla el MCM de cada par de números.** (Lección 1·2)

13. 5 y 12
14. 15 y 8
15. 18 y 30

16. Un número misterioso es un múltiplo común de 2, 4 y 15. También es un divisor de 120 pero no equivale a 120. ¿Cuál es el número? (Lección 1·2)

**Da el valor absoluto del entero. Después escribe el opuesto del entero original.** (Lección 1·3)

17. $-7$
18. $15$
19. $-12$
20. $10$

**Grafica cada entero en una recta numérica. Escribe $>$ ó $<$.** (Lección 1·3)

21. $3 \square -1$
22. $-8 \square 4$
23. $-2 \square -4$
24. $-3 \square -7$

**Suma o resta.** (Lección 1·3)

25. $9 + (-7)$
26. $4 - 8$
27. $-5 + (-6)$
28. $8 - (-8)$
29. $-6 - (-6)$
30. $-3 + 9$

**Haz el cómputo.** (Lección 1·3)

31. $(-6) \cdot (-7)$
32. $48 \div (-12)$
33. $-56 \div (-8)$
34. $(-4 \cdot 3) \cdot (-2)$
35. $3 \cdot [-8 + (-4)]$
36. $-5 [4 - (-6)]$

37. ¿Qué puedes decir sobre el producto de un entero negativo y un entero positivo? (Lección 1·3)
38. ¿Qué puedes decir sobre la suma de dos enteros positivos? (Lección 1·3)

## PalabrasClave

coordenada (Lección 1·3)
divisible (Lección 1·2)
entero negativo (Lección 1·3)
entero positivo (Lección 1·3)
factor o divisor (Lección 1·2)
factor o divisor común (Lección 1·2)
factorización prima (Lección 1·2)

máximo común divisor (Lección 1·2)
mínimo común múltiplo (Lección 1·2)
múltiplo (Lección 1·2)
número compuesto (Lección 1·2)
número primo (Lección 1·2)
valor absoluto (Lección 1·3)

# 1·1 Orden de las operaciones

## Entender el orden de las operaciones

A veces hay que usar más de una operación para resolver problemas. Tu respuesta puede depender del orden en que realizas las operaciones.

Por ejemplo, considera la expresión $3^2 + 5 \cdot 7$.

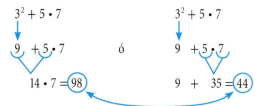

El orden en el que realizas las operaciones hace una diferencia.

Para asegurarse de que haya sólo una respuesta a una serie de cómputos, los matemáticos han acordado un orden para resolver las operaciones.

> **EJEMPLO** **Entender el orden de las operaciones**
>
> ¿Cómo puedes simplificar $(4 + 5) \cdot 3^2 - 5$?
>
> $= (9) \cdot 3^2 - 5$      • Simplifica dentro del paréntesis.
> $= 9 \cdot (9) - 5$      • Resuelve la potencia (p. 153).
> $= (81) - 5$      • Multiplica y divide de izquierda a derecha.
> $= 76$      • Suma y resta de izquierda a derecha.
>
> Entonces, $(4 + 5) \cdot 3^2 - 5 = 76$.

 **Revísalo**

Simplifica.

① $24 - 4 \cdot 3$

② $3 \cdot (4 + 5^2)$

# 1•1 Ejercicios

**¿Es cada expresión verdadera? Escribe *sí* o *no*.**

1. $7 \cdot 4 + 5 = 33$
2. $3 + 4 \cdot 8 = 56$
3. $6 \cdot (4 + 6 \div 2) = 30$
4. $4^2 - 1 = 9$
5. $(3 + 5)^2 = 64$
6. $(2^3 + 3 \cdot 4) + 5 = 49$
7. $25 - 4^2 = 9$
8. $(4^2 \div 2)^2 = 64$

**Simplifica.**

9. $24 - (4 \cdot 5)$
10. $2 \cdot (6 + 5^2)$
11. $(2^4) \cdot (12 - 8)$
12. $5^2 + (5 - 3)^2$
13. $(16 - 10)^2 \cdot 5$
14. $12 + 4 \cdot 3^2$
15. $(4^2 + 4)^2$
16. $60 \div (12 + 3)$
17. $30 - (10 - 7)^2$
18. $44 + 5 \cdot (4^2 \div 8)$

**Usa paréntesis para que cada expresión sea verdadera.**

19. $4 + 4 \cdot 7 = 56$
20. $5 \cdot 20 + 80 = 500$
21. $48 \div 8 - 2 = 8$
22. $10 + 10 \div 2 - 3 = 12$
23. $12 \cdot 3^2 + 7 = 192$
24. $6^2 - 15 \div 3 \cdot 2^2 = 124$

25. Usa cinco 2, un conjunto de paréntesis (los que necesites) y cualquiera de las operaciones para formar los números del 1 al 5.

# 1·2 Factores y múltiplos

## Factores

Dos números que multiplicados producen 12 se consideran **factores** de 12. Entonces, los factores de 12 son 1, 2, 3, 4, 6 y 12.

Para decidir si un número es factor de otro, divide. Si hay un residuo de 0, el número es un factor.

### EJEMPLO  Encontrar los factores de un número

¿Cuáles son los factores de 18?

1 • 18 = 18  
2 • 9 = 18  • Halla los pares de números que se multipliquen para dar el producto.
3 • 6 = 18

1, 2, 3, 6, 9, 18  • Lista los factores en orden; comienza con el 1.

Entonces, los factores de 18 son 1, 2, 3, 6, 9 y 18.

 **Revísalo**

Halla los factores de cada número.

 8

 48

## Factores (o divisores) comunes

Los factores que son los mismos para dos o más números se conocen como **factores (o divisores) comunes**.

> **EJEMPLO** **Hallar los factores comunes**
>
> ¿Qué números son factores tanto de 12 como de 40?
>
> 1, 2, 3, 4, 6, 12 • Lista los factores del primer número.
> 1, 2, 4, 5, 8, 10, 20, 40 • Lista los factores del segundo número.
> 1, 2, 4 • Lista los factores comunes que están en ambas listas.
>
> Entonces, los factores comunes de 12 y de 40 son 1, 2 y 4.

 **Revísalo**

Lista los factores comunes de cada conjunto de números.

 8 y 18  10, 30 y 45

**Máximo común divisor**

El **máximo común divisor** (MCD) de dos números enteros es el número mayor que es factor de ambos números.

Para hallar el MCD se listan los factores de cada número, después se listan los factores comunes y se elige el máximo común divisor.

¿Cuál es el MCD de 24 y 60?

- Los factores de 24 son 1, 2, 3, 4, 6, 8, 12, 24.
- Los factores de 60 son 1, 2, 3, 4, 5, 6, 10, 12, 15, 20, 30, 60.
- Los factores comunes que están en ambos listados son 1, 2, 3, 4, 6, 12.

El máximo común divisor de 24 y 60 es 12.

 **Revísalo**

Halla el MCD de cada par de números.

 8 y 18      ⑥ 12 y 30
 14 y 28      ⑧ 60 y 84

Factores y múltiplos

## Reglas de divisibilidad

A veces querrás saber si un número es factor de otro número que es muchísimo mayor. Por ejemplo, si quieres hacer equipos de 3 a partir de un grupo de 246 jugadores de baloncesto, necesitarás saber si 246 es divisible entre 3.
Un número es **divisible** entre otro número si el residuo de su cociente es 0.

Puedes calcular rápidamente si 246 es divisible entre 3 si sabes la regla de divisibilidad del 3. Un número es divisible entre 3 si la suma de sus dígitos es divisible entre 3. Por ejemplo, 246 es divisible entre 3 porque $2 + 4 + 6 = 12$, y 12 es divisible entre 3.

Hay otras reglas de divisibilidad que son muy útiles.

| Un número es divisible entre: | |
|---|---|
| 2 | el último dígito es un número par ó 0. |
| 3 | la suma de sus dígitos es divisible entre 3. |
| 4 | si el número que forman sus últimos dos dígitos es divisible entre 4. |
| 5 | si el último dígito es 0 ó 5. |
| 6 | el número es divisible tanto entre 2 como entre 3. |
| 8 | los últimos tres dígitos son divisibles entre 8. |
| 9 | la suma de sus dígitos es divisible entre 9. |
| 10 | el número termina en 0. |

### Revísalo
**Revisa con las reglas de divisibilidad.**

⑨ ¿Es 424 divisible entre 4?

⑩ ¿Es 199 divisible entre 9?

⑪ ¿Es 534 divisible entre 6?

⑫ ¿Es 1,790 divisible entre 5?

## Números primos y compuestos

Un **número primo** es un número entero mayor que 1 que tiene exactamente dos factores, el 1 y el número mismo. Aquí están los primeros 10 números primos.
2, 3, 5, 7, 11, 13, 17, 19, 23, 29

Los números primos gemelos son pares de números primos que tienen una diferencia de 2. Los pares de números primos (3, 5), (5, 7) y (11, 13) son ejemplos de primos gemelos.

Un número que tiene más de dos factores o divisores se llama **número compuesto**. Cuando dos números compuestos no tienen factores comunes mayores que 1, se dice que son *relativamente primos*.

Los números 12 y 25 son relativamente primos.
- Los factores de 12 son 1, 2, 3, 4, 6, 12.
- Los factores de 25 son 1, 5, 25.

Como 12 y 25 no tienen un factor común mayor que 1, son relativamente primos.

 **Revísalo**

¿Es un número primo? Escribe *sí* o *no*.
- **13** 61
- **14** 77
- **15** 83
- **16** 91
- **17** Lista dos números primos gemelos que sean mayores que 13.

## 1·2 Factorización prima

Todo número compuesto puede expresarse como un producto de factores primos.

Para hallar los factores primos puedes usar un árbol de factores. El que aparece a continuación muestra la **factorización prima** de 60. A pesar de que el orden de los factores podría variar porque se puede empezar con pares distintos de factores, todos los árboles de factores de 60 tienen la misma factorización prima. También puedes escribir la factorización prima con exponentes (p. 152).

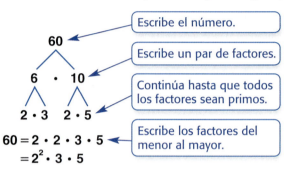

### EJEMPLO   Hallar la factorización prima

Halla la factorización prima de 264.

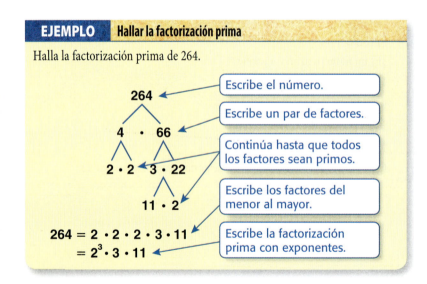

### Revísalo

Escribe la factorización prima de cada número.

**18)** 80          **19)** 120

**Atajo para hallar el MCD**

Puedes usar la factorización prima para hallar el máximo común divisor.

> **EJEMPLO** Usar la factorización prima para hallar el MCD
>
> Halla el máximo común divisor de 12 y 20.
>
> $12 = \boxed{2} \cdot \boxed{2} \cdot 3$
> $20 = \boxed{2} \cdot \boxed{2} \cdot 5$
> $2 \cdot 2 = 4$
>
> - Halla los factores primos de cada número. Haz un árbol de factores si es necesario.
> - Identifica los factores primos comunes para ambos números y halla su producto.
>
> Entonces, el MCD de 12 y 20 es $2^2$ ó 4.

**Revísalo**

Usa la factorización prima para hallar el MCD de cada par de números.

- **20** 6 y 24
- **21** 24 y 56
- **22** 14 y 28
- **23** 60 y 84

## Múltiplos y mínimos comunes múltiplos

Los **múltiplos** de un número son los productos enteros cuando el número es un factor. Es decir, para hallar el múltiplo de un número lo multiplicas por 1, 2, 3, y así sucesivamente.

El **mínimo común múltiplo** (MCM) es el número positivo más pequeño que es múltiplo de dos o más números enteros. Una forma para hallar el MCM de dos números es primero listar los múltiplos positivos de cada número y después identificar el múltiplo más pequeño que ambos tengan en común. Por ejemplo, para hallar el MCM de 6 y 8:

- Lista múltiplos de 6: 6, 12, 18, 24, 30, ...
- Lista múltiplos de 8: 8, 16, 24, 32, ...
- El MCM de 6 y 8 es 24.

Otra forma de hallar el MCM es usar la factorización prima.

### EJEMPLO  Usar la factorización prima para hallar el MCM

Usa la factorización primar para hallar el mínimo común múltiplo de 6 y 8.

$6 = 2 \cdot 3$
$8 = 2 \cdot 2 \cdot 2$

- Halla los factores primos de cada número. Ambos números tienen un 2 en sus listas. El 6 tiene un 3 adicional y el 8 tiene dos 2 adicionales.

$2 \cdot 3 \cdot 2 \cdot 2 = 24$

- Multiplica los factores comunes y los factores adicionales.

factor común    factores adicionales

Entonces, el MCM de 6 y 8 es 24.

**Revísalo**

Halla el MCM de cada par de números.

- **24** 6 y 9
- **25** 20 y 35
- **26** 9 y 4
- **27** 25 y 75

# 1·2 Ejercicios

**Halla los factores de cada número.**
1. 16
2. 21
3. 36
4. 54

**¿Es un número primo? Escribe *sí* o *no*.**
5. 71
6. 87
7. 103
8. 291

**Escribe la factorización prima de cada número.**
9. 50
10. 130
11. 180
12. 320

**Halla el MCD de cada par de números.**
13. 75 y 125
14. 8 y 40
15. 18 y 60
16. 20 y 25
17. 16 y 50
18. 15 y 32

**Halla el MCM de cada par de números.**
19. 9 y 15
20. 12 y 60
21. 18 y 24
22. 6 y 32

23. ¿Cuál es la regla de divisibilidad del 9? ¿Es 118 divisible entre 9?
24. Describe cómo usar la factorización prima para hallar el MCD de dos números.
25. Un número misterioso es factor de 100 y múltiplo común de 2 y 5. La suma de sus dígitos es 5. ¿Cuál es el número?

# 1·3 Operaciones de enteros

## Enteros positivos y enteros negativos

Hay cantidades que se pueden expresar con números negativos. Por ejemplo, los números negativos que muestran temperaturas bajo cero, la caída de las acciones en la bolsa de valores o las pérdidas empresariales.

Los números enteros menores que cero se conocen como **enteros negativos**.
Los números enteros mayores que cero se conocen como **enteros positivos**.

Aquí está el conjunto de todos los enteros:
 {..., −5, −4, −3, −2, −1, 0, 1, 2, 3, 4, 5, ...}

 **Revísalo**

**Escribe un entero que describa la situación.**

 6° bajo cero  una ganancia de $200

## Opuestos de enteros y valor absoluto

Los enteros pueden describir ideas opuestas. Cada entero tiene un opuesto.
 El opuesto de una ganancia de 3 pulgadas es una pérdida de 3 pulgadas.
 El opuesto de gastar $8 es ganar $8.
 El opuesto de −6 es +6.

El **valor absoluto** de un entero es su distancia a partir del 0 en una recta numérica. El valor absoluto de −7 se escribe como |−7|.

−7 está a
7 unidades
del 0.

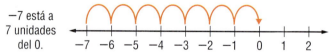

El valor absoluto de −7 es 7. Se escribe |−7| = 7.

 **Revísalo**

**Da el valor absoluto del entero. Después escribe el opuesto del entero original.**

 −12  5  0

84 TemasClave

## Comparar y ordenar enteros

Puedes comparar enteros al graficarlos en una recta numérica. El número que se asigna a un punto en una recta numérica se conoce como **coordenada**. Para graficar un entero, localiza el punto que corresponde al entero en la recta numérica.

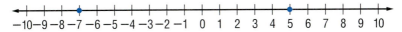

La gráfica muestra los puntos con coordenadas −7 y 5 en la recta numérica. Cuando se comparan enteros en una recta numérica, el entero más alejado hacia la derecha es mayor que los enteros que están a la izquierda en la recta numérica. Esto significa que 5 es mayor que −7. Cuando se compara un entero positivo con un entero negativo, el entero positivo siempre es mayor que el entero negativo. Cuando se comparan enteros negativos, el entero negativo que está más cerca del 0 es el entero más grande.

Puedes usar símbolos de desigualdad (<, >) para comparar enteros. Cuando se compraran −4 y 2, 2 está a la derecha de −4. Por lo tanto, −4 < 2 ó 2 > −4.

> **EJEMPLO** **Comparar y ordenar enteros**
>
> Compara y ordena −2, 6, −5 y 3.
> - Grafica los enteros −2, 6, −5 y 3 en la recta numérica.
>
> - Coloca los enteros en orden de izquierda a derecha y compáralos.
>   −5, −2, 3 y 6; −2 < 6, −2 > −5, 6 > −5, 6 > 3, −5 < 3

 **Revísalo**

Grafica cada entero en una recta numérica. Escribe > ó <.

**6**  2 ☐ −5          **7**  −4 ☐ −2

Coloca lo enteros en orden de menor a mayor.

**8**  6, −1, 3, −4          **9**  −5, −2, 7, 4

## Sumar y restar enteros

Representa la suma y resta de enteros en una recta numérica.

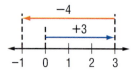
$3 + (-4) = -1$

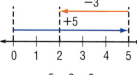
$5 - 3 = 2$

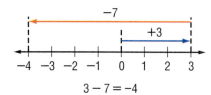
$3 - 7 = -4$

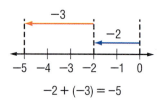
$-2 + (-3) = -5$

Cuando sumas enteros que tienen el mismo signo, suma los valores absolutos de los enteros y usa el signo de los sumandos. Cuando sumas enteros que tienen signos opuestos, halla los valores absolutos y resta el entero más pequeño del entero más grande. Luego ponle a la suma el signo del entero que tenga el valor absoluto más grande.

### EJEMPLO  Sumar enteros

Suma $-4 + (-8)$.

$|-4| + |-8| =$   • Suma los valores absolutos.
$4 + 8 = 12$
$-4 + (-8) = -12$   • Ponle a la suma el mismo signo de los sumandos.

Entonces, $-4 + (-8) = -12$.

Suma $8 + (-3)$.

$|8| + |-3| =$   • Halla los valores absolutos.
$8 - 3 = 5$   • Resta el valor absoluto más pequeño del más grande.

$8 + (-3) = 5$   • Ponle a la suma el signo del entero que tiene el valor absoluto más grande.

Entonces, $8 + (-3) = 5$.

Restar un entero es lo mismo que sumar su opuesto. Cuando se restan enteros, cambia el entero que se resta a su opuesto y suma los dos enteros siguiendo las reglas de la suma.

### EJEMPLO  Restar enteros

Resta $5 - 8$.

$5 + (-8) =$  • Cambia a un problema de suma y convierte el entero que se resta a su opuesto.

$5 + (-8) = -3$  • Suma los dos enteros siguiendo las reglas de la suma.

Entonces, $5 - 8 = -3$.

Resta $9 - (-4)$.

$9 + 4 =$  • Cambia a un problema de suma y convierte el entero que se resta a su opuesto.

$9 + 4 = 13$  • Suma los dos enteros siguiendo las reglas de la suma.

Entonces, $9 - (-4) = 13$.

Resta $-7 - 2$.

$-7 + (-2) =$  • Cambia a un problema de suma y convierte el entero que se resta a su opuesto.

$-7 + (-2) = -9$  • Suma los dos enteros siguiendo las reglas de la suma.

Entonces, $-7 - 2 = -9$.

### Revísalo

**Resuelve.**

- ⑩  $5 - 7$
- ⑪  $4 + (-4)$
- ⑫  $-9 - (-4)$
- ⑬  $0 + (-3)$

## 1·3 Multiplicar y dividir enteros

**OPERACIONES DE ENTEROS**

Multiplica y divide enteros como lo harías normalmente, después usa estas reglas para escribir el signo en la respuesta. El producto y el cociente de dos enteros con el mismo signo son positivos.

### EJEMPLO  Multiplicar y dividir enteros con el mismo signo

Multiplica $(-4) \cdot (-3)$.
$(-4) \cdot (-3) = 12$

• Cuando los signos de los dos enteros son iguales, el producto es positivo.

Entonces, $(-4) \cdot (-3) = 12$.
Divide $-24 \div (-4)$.
$-24 \div (-4) = 6$

• Cuando los signos de los dos enteros son iguales, el cociente es positivo.

Entonces, $-24 \div (-4) = 6$.

Cuando los signos de dos enteros son diferentes, el producto y el cociente son negativos.

### EJEMPLO  Multiplicar y dividir enteros con signos distintos

Multiplica $(-3) \cdot (6)$.
$(-3) \cdot (6) = -18$

• Cuando los signos de los dos enteros son distintos, el producto es negativo.

Entonces, $(-3) \cdot (6) = -18$.

Divide $-8 \div 2$.
$-8 \div 2 = -4$

• Cuando los signos de los dos enteros son distintos, el cociente es negativo.

Entonces, $-8 \div 2 = -4$.

 **Revísalo**

Halla el producto o cociente.

 $(-2) \cdot (-5)$    $9 \div (-3)$    $-15 \div (-5)$

# 1•3 Ejercicios

**Da el valor absoluto del entero. Luego, escribe su opuesto.**

1. $-14$   2. $6$   3. $-8$   4. $1$

**Grafica cada entero en una recta numérica. Escribe > ó <.**

5. $-7 \square 3$   6. $-5 \square -2$   7. $8 \square -5$   8. $-1 \square 6$

**Suma o resta.**

9. $5 - 3$
10. $4 + (-6)$
11. $-7 - (-4)$
12. $0 + (-5)$
13. $-2 + 6$
14. $0 - 8$
15. $0 - (-8)$
16. $-2 - 8$
17. $4 + (-4)$
18. $-9 - (-5)$
19. $-5 - (-5)$
20. $-7 + (-8)$

**Halla el producto o el cociente.**

21. $(-2) \cdot (-6)$
22. $8 \div (-4)$
23. $-15 \div 5$
24. $(-6)(7)$
25. $(4) \cdot (-9)$
26. $-24 \div 8$
27. $-18 \div (-3)$
28. $(3) \cdot (-7)$

**Haz el cómputo.**

29. $[(-3)(-2)] \cdot 4$
30. $6 \cdot [(3)(-4)]$
31. $[(-2)(-5)] \cdot -3$
32. $-4 \cdot [3 + (-5)]$
33. $(-8 - 2) \cdot 3$
34. $-4 \cdot [6 - (-3)]$

35. El valor absoluto de un entero negativo, ¿es positivo o negativo?
36. Si sabes que el valor absoluto de un entero es 4, ¿cuáles son los valores posibles para ese entero?
37. ¿Qué puedes decir sobre la suma de dos enteros negativos?
38. ¿Qué puedes decir sobre el producto de dos enteros negativos?
39. La temperatura a mediodía era de 18°F. Durante las siguientes 4 horas, cayó a una tasa de 3 grados por hora. Primero expresa este cambio como un entero. Después indica la temperatura a las 4 P.M.

# Números y cómputo

## ¿Qué has aprendido?

Puedes usar los siguientes problemas y lista de palabras para ver qué es lo que ya sabes de este capítulo. Si quieres saber más acerca de un problema o palabra en particular busca el número del tema (*por ejemplo,* Lección 1·2).

## Conjunto de problemas

Usa paréntesis para que cada expresión sea verdadera. (Lección 1·1)

1. $4 + 9 \cdot 2 = 26$
2. $25 + 10 \div 2 + 7 = 37$
3. $2 \cdot 3 + 4^2 = 38$
4. $6 + 7 \cdot 5^2 - 7 = 318$
5. $14 + 9 \cdot 6 \div 3^2 = 20$

¿Es un número primo? Escribe *sí* o *no.* (Lección 1·2)

6. 87
7. 102
8. 143
9. 401

Escribe la factorización prima de cada número. (Lección 1·2)

10. 35
11. 150
12. 320

Halla el MCD de cada par de números. (Lección 1·2)

13. 16 y 30
14. 12 y 50
15. 10 y 160

Halla el MCM de cada par de números. (Lección 1·2)

16. 5 y 12
17. 15 y 8
18. 18 y 30

**19.** ¿Cuál es la regla de divisibilidad del 6? ¿Es 246 múltiplo de 6? (Lección 1·2)

**Da el valor absoluto del entero. Después escribe el opuesto del entero original.** (Lección 1·3)

**20.** −9  **21.** 13  **22.** −10  **23.** 20

**Grafica cada entero en una recta numérica. Escribe > ó <.** (Lección 1·3)

**24.** 5 □ −3  **25.** −7 □ 2
**26.** −1 □ −8  **27.** −4 □ −6

**Suma o resta.** (Lección 1·3)

**28.** 9 + (−8)  **29.** 6 − 7  **30.** −8 + (−9)
**31.** 5 − (−5)  **32.** −7 − (−7)  **33.** −4 + 12

**Haz el cómputo.** (Lección 1·3)

**34.** (−8) • (−9)  **35.** 64 ÷ (−32)
**36.** −36 ÷ (−9)  **37.** (−4 • 5) • (−3)
**38.** 4 • [−3 + (−8)]  **39.** −6 • [5 − (−8)]

**40.** ¿Qué es cierto sobre el producto de dos enteros positivos? (Lección 1·3)
**41.** ¿Qué es cierto sobre la diferencia de dos enteros negativos? (Lección 1·3)

## PalabrasClave

Escribe las definiciones de las siguientes palabras.

coordenada (Lección 1·3)
divisible (Lección 1·2)
entero negativo (Lección 1·3)
entero positivo (Lección 1·3)
factor o divisor (Lección 1·2)
factor o divisor común (Lección 1·2)
factorización prima (Lección 1·2)

máximo común divisor (Lección 1·2)
mínimo común múltiplo (Lección 1·2)
múltiplo (Lección 1·2)
número compuesto (Lección 1·2)
número primo (Lección 1·2)
valor absoluto (Lección 1·3)

# TemaClave 2

## Números racionales

**¿Qué sabes?** Puedes usar los siguientes problemas y lista de palabras para ver qué es lo que ya sabes de este capítulo. Las respuestas a los problemas están en la sección **SolucionesClave** que está al final del libro. Las definiciones de las palabras están en la sección **PalabrasClave** que está al principio del libro. Si quieres saber más acerca de un problema o palabra en particular busca el número del tema (*por ejemplo*, Lección 2·2).

## Conjunto de problemas

1. Al Sr. Chen le toma aproximadamente $1\frac{1}{2}$ día instalar losas en el piso de una cocina de tamaño promedio. ¿Cuántos días le tomará instalar el piso de 6 cocinas? (Lección 2·2)

2. Leslie tiene $7\frac{1}{2}$ tazas de pasta cocida. Quiere que cada porción sea de $\frac{3}{4}$ de taza. ¿Cuántas porciones tiene? (Lección 2·2)

3. En un juego de baloncesto, Julián anotó $\frac{3}{7}$ de sus tiros libres. En un segundo juego de baloncesto, él anotó $\frac{1}{2}$ de sus tiros libres. ¿En qué juego le fue mejor? (Lección 2·4)

4. Nalani tuvo 17 preguntas correctas de 20 en su prueba de ciencias. ¿Qué porcentaje de respuestas correctas obtuvo? (Lección 2·6)

5. ¿Qué fracción no es equivalente a $\frac{9}{12}$? (Lección 2·1)

    A. $\frac{3}{4}$   B. $\frac{6}{8}$   C. $\frac{8}{11}$   D. $\frac{75}{100}$

6. Halla la fracción impropia y escríbela como un número mixto. (Lección 2·1)

    A. $\frac{6}{12}$   B. $\frac{4}{3}$   C. $3\frac{5}{6}$

**Suma o resta según como se indique. Escribe tus respuestas en forma reducida.** (Lección 2·2)

7. $\frac{2}{3} + \frac{1}{2}$  8. $3\frac{3}{8} - 1\frac{5}{8}$  9. $6 - 2\frac{3}{4}$  10. $3\frac{1}{2} + 4\frac{4}{5}$

**Multiplica o divide.** (Lección 2·2)

11. $\frac{4}{5} \cdot \frac{1}{2}$  12. $\frac{3}{4} \div 1\frac{1}{2}$  13. $3\frac{3}{8} \cdot \frac{2}{9}$  14. $7\frac{1}{2} \div 2\frac{1}{2}$

**Resuelve.** (Lección 2·3)

15. $3.604 + 12.55$
16. $11.4 - 10.08$
17. $6.05 \cdot 5.1$
18. $67.392 \div 9.6$

19. Coloca los siguientes números en orden de menor a mayor:
$1\frac{13}{20}$, $1.605$, $1.065$, $\frac{33}{200}$. (Lección 2·4)

**Menciona todos los conjuntos de números a los que pertenezca cada número real.** (Lección 2·5)

20. $\sqrt{19}$
21. $-3.56$

**Resuelve lo siguiente. Redondea las respuestas a la décima más cercana.**
(Lección 2·7)

22. ¿Qué porcentaje de 80 es 24?
23. Halla el 23% de 121.
24. ¿44 es el 80% de qué número?

## PalabrasClave

decimal finito (Lección 2·4)
decimal periódico (Lección 2·4)
descuento (Lección 2·7)
fracción impropia (Lección 2·7)
inverso multiplicativo (Lección 2·2)
número irracional (Lección 2·5)

número mixto (Lección 2·1)
números racionales (Lección 2·1)
porcentaje (Lección 2·6)
proporción porcentual (Lección 2·7)
punto de referencia (Lección 2·6)
recíproco (Lección 2·2)

## 2·1 Fracciones

Recuerda que los **números racionales** son números que pueden escribirse como fracciones tales como $\frac{a}{b}$, en donde $a$ y $b$ son enteros y $b \neq 0$. Ya que $-5$ puede escribirse como $-\frac{5}{1}$ y $3\frac{3}{4}$ puede escribirse como $\frac{15}{4}$, $-5$ y $3\frac{3}{4}$ son números racionales.

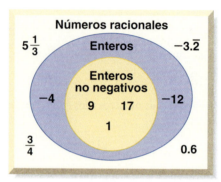

Todos los números enteros no negativos y los enteros también pueden clasificarse como números racionales. Hay algunos números que no son racionales como, $\sqrt{2}$ y $\pi$ porque no pueden expresarse como una fracción.

### Fracciones equivalentes

**Hallar fracciones equivalentes**
Para hallar una fracción que sea equivalente a otra fracción, puedes multiplicar o dividir la fracción original entre una forma de 1.

---

**EJEMPLO** Métodos para encontrar fracciones equivalentes

Halla una fracción igual a $\frac{6}{12}$.

- Multiplica o divide entre una forma de 1.

Multiplicar  o  Dividir

$$\frac{6}{12} \cdot \frac{5}{5} = \frac{30}{60} \qquad \frac{6}{12} \div \frac{2}{2} = \frac{3}{6}$$

$$\frac{6}{12} = \frac{30}{60} \qquad \frac{6}{12} = \frac{3}{6}$$

Entonces, $\frac{6}{12} = \frac{3}{6}$.

**Revísalo**

Escribe dos fracciones equivalentes a cada fracción.

**1** $\frac{1}{4}$

**2** $\frac{10}{20}$

**3** $\frac{4}{5}$

**4** Escribe tres fracciones equivalentes al número 1.

**Decidir si dos fracciones son equivalentes**

Dos fracciones son equivalentes si cada fracción representa la misma cantidad. Hay muchos nombres fraccionales para la misma cantidad.

Tales como: $\frac{1}{2} = \frac{3}{6} = \frac{4}{8} = \frac{6}{12}$

Puedes identificar fracciones equivalentes al comparar los *productos cruzados* (p. 282) de las fracciones. Si los productos cruzados son iguales, las fracciones son equivalentes.

**EJEMPLO** Decidir si dos fracciones son equivalentes

Determina si $\frac{2}{4}$ es equivalente a $\frac{10}{20}$.

$\frac{2}{4} \times \frac{10}{20}$

- Halla los productos cruzados de las fracciones.

$40 = 40$

- Compara los productos cruzados.

$\frac{2}{4} = \frac{10}{20}$

- Los productos cruzados son iguales; entonces las fracciones son equivalentes.

Entonces, $\frac{2}{4}$ es equivalente a $\frac{10}{20}$.

 **Revísalo**

Usa el método de productos cruzados para determinar si cada par de fracciones es equivalente.

**5** $\frac{15}{20}, \frac{30}{20}$

**6** $\frac{4}{5}, \frac{24}{30}$

**7** $\frac{3}{4}, \frac{15}{24}$

## Escribir fracciones en forma reducida

Cuando el numerador y el denominador de una fracción no tienen otro factor común además del 1, la fracción está en su forma reducida.

Para expresar una fracción en forma reducida, puedes dividir el numerador y el denominador por su máximo común divisor (MCD).

### EJEMPLO  Hallar la forma reducida de las fracciones

Expresa $\frac{18}{24}$ en su forma reducida.

Los factores de 18 son:  • Lista los factores del numerador.
1, 2, 3, 6, 9, 18

Los factores de 24 son:  • Lista los factores del denominador.
1, 2, 3, 4, 6, 8, 12, 24

El MCD es 6.  • Halla el máximo común divisor (MCD).

$\frac{18 \div 6}{24 \div 6} = \frac{3}{4}$  • Divide el numerador y el denominador por el MCM.

Entonces, $\frac{18}{24}$ en su forma reducida es $\frac{3}{4}$.

### Revísalo

**Expresa cada fracción en forma reducida.**

8. $\frac{8}{10}$

9. $\frac{12}{16}$

10. $\frac{24}{60}$

## Escribir fracciones impropias y números mixtos

Una **fracción impropia**, tal como $\frac{7}{2}$, es una fracción en la cual el numerador es mayor que el denominador. Las fracciones impropias representan cantidades mayores que 1.

Un número compuesto de un número entero y una fracción, tal como $3\frac{1}{2}$ es un **número mixto**.

Puedes escribir cualquier número mixto como una fracción impropia y cualquier fracción impropia como número mixto.

$$\frac{7}{2} = 3\frac{1}{2}$$

Puedes usar una división para cambiar una fracción impropia a un número mixto.

### EJEMPLO  Cambiar una fracción impropia a un número mixto

Cambia $\frac{17}{5}$ a un número mixto.

$$\text{divisor} \rightarrow 5\overline{)17} \leftarrow \text{cociente} \atop \phantom{5)}{-15} \phantom{aa} \atop \phantom{5)17}2 \leftarrow \text{residuo}$$

- Divide el numerador entre el denominador. $\frac{17}{5}$

$\text{cociente} \rightarrow 3\frac{2}{5} \begin{matrix}\leftarrow \text{residuo}\\ \leftarrow \text{divisor}\end{matrix}$

- Escribe el número mixto.

Entonces, $\frac{17}{5}$ escrito como un número mixto es $3\frac{2}{5}$.

### Revísalo

Escribe un número mixto para cada fracción impropia.

11. $\frac{43}{6}$

12. $\frac{34}{3}$

13. $\frac{32}{5}$

14. $\frac{37}{4}$

Puedes usar la multiplicación para cambiar un número mixto a una fracción impropia. Nombra de nuevo la parte del número entero como una fracción impropia con el mismo denominador de la parte de la fracción. Después suma las dos partes.

### EJEMPLO — Cambiar un número mixto a una fracción impropia

Cambia $3\frac{1}{4}$ a una fracción impropia.

$3 \cdot \frac{4}{4} = \frac{12}{4}$

- Multiplica la parte del número entero por una representación de 1 que tenga el mismo denominador que la parte de la fracción.

$3\frac{1}{4} = \frac{12}{4} + \frac{1}{4} = \frac{13}{4}$

- Suma las dos partes.

Entonces, $3\frac{1}{4}$ escrito como una fracción impropia es $\frac{13}{4}$.

### Revísalo

Escribe una fracción impropia para cada número mixto.

15. $4\frac{5}{8}$
16. $12\frac{5}{6}$
17. $24\frac{1}{2}$
18. $32\frac{2}{3}$

## 2·1 Ejercicios

Escribe una fracción equivalente a la fracción dada.

1. $\frac{1}{2}$

2. $\frac{7}{8}$

3. $\frac{40}{60}$

4. $\frac{18}{48}$

Expresa cada fracción en forma reducida.

5. $\frac{45}{90}$

6. $\frac{24}{32}$

7. $\frac{12}{34}$

8. $3\frac{12}{60}$

9. $\frac{38}{14}$

10. $\frac{82}{10}$

Halla el MCD de cada par de números.

11. 16, 21

12. 81, 27

13. 18, 15

Escribe un número mixto para cada fracción impropia.

14. $\frac{25}{4}$

15. $\frac{12}{10}$

16. $\frac{11}{4}$

Escribe una fracción impropia para cada número mixto.

17. $5\frac{1}{6}$

18. $8\frac{3}{5}$

19. $13\frac{4}{9}$

# 2·2 Operaciones con fracciones

## Sumar y restar fracciones con denominadores semejantes

Cuando sumas o restas fracciones que tienen el mismo denominador, sumas o restas los numeradores. El denominador queda igual.

> **EJEMPLO** Sumar y restar fracciones con denominadores semejantes
>
> Suma $\frac{3}{4} + \frac{2}{4}$.
> $3 + 2 = 5$
> $\frac{3}{4} + \frac{2}{4} = \frac{5}{4}$
> $\frac{5}{4} = 1\frac{1}{4}$
>
> - Suma o resta los numeradores.
> - Escribe el resultado sobre el denominador semejante.
> - Simplifica, si es posible.
>
> Entonces, $\frac{3}{4} + \frac{2}{4} = 1\frac{1}{4}$.

### Revísalo

Suma o resta. Simplifica, si es posible.

1. $\frac{12}{15} + \frac{6}{15}$
2. $\frac{24}{34} + \frac{13}{34}$
3. $\frac{11}{12} - \frac{5}{12}$
4. $\frac{7}{10} - \frac{2}{10}$

## Sumar y restar fracciones con denominadores distintos

Para sumar o restar fracciones con denominadores distintos, necesitas cambiar las fracciones a fracciones equivalentes con denominadores comunes.

> **EJEMPLO** Sumar y restar fracciones con denominadores distintos
>
> Suma $\frac{4}{5} + \frac{3}{4}$.
> 20 es el MCD de 4 y 5.
>
> $\frac{4}{5} = \frac{4}{5} \cdot \frac{4}{4} = \frac{16}{20}$ y $\frac{3}{4} = \frac{3}{4} \cdot \frac{5}{5} = \frac{15}{20}$
>
> $\frac{16}{20} + \frac{15}{20} = \frac{31}{20}$
>
> $\frac{31}{20} = 1\frac{11}{20}$
>
> Entonces, $\frac{4}{5} + \frac{3}{4} = 1\frac{11}{20}$.
>
> - Halla el mínimo común denominador.
> - Escribe las fracciones equivalentes para el MCD.
> - Suma o resta los numeradores. Escribe el resultado sobre el denominador común.
> - Simplifica, si es posible.

### Revísalo

Suma o resta. Simplifica, si es posible.

**5** $\frac{9}{10} + \frac{1}{2}$

**6** $\frac{1}{2} + \frac{5}{7}$

**7** $\frac{4}{5} - \frac{3}{4}$

**8** $\frac{5}{8} - \frac{1}{6}$

## Sumar y restar números mixtos

Sumar y restar números mixtos es similar a sumar y restar fracciones.

### Sumar números mixtos con denominadores comunes

Sumas números mixtos con fracciones semejantes al sumar la parte fraccionaria y después los números enteros.

**EJEMPLO** Sumar números mixtos con denominadores comunes

Suma $5\frac{3}{8} + 2\frac{3}{8}$.

$$5\frac{3}{8}$$
$$+ 2\frac{3}{8}$$
$$\overline{\phantom{+}7\frac{6}{8}}$$

- Suma las fracciones y después suma los números enteros.

$7\frac{6}{8} = 7\frac{3}{4}$

- Simplifica, si es posible.

Entonces, $5\frac{3}{8} + 2\frac{3}{8} = 7\frac{3}{4}$.

### Revísalo

Suma. Simplifica, si es posible.

**9** $4\frac{2}{6} + 5\frac{3}{6}$

**10** $21\frac{7}{8} + 12\frac{6}{8}$

**11** $23\frac{7}{10} + 37\frac{3}{10}$

**Sumar números mixtos con denominadores distintos**

Puedes sumar números mixtos con fracciones distintas al escribir fracciones equivalentes con un denominador común. Algunas veces tendrás que simplificar una fracción impropia en la respuesta.

> **EJEMPLO** Sumar números mixtos con denominadores distintos
>
> Suma $4\frac{2}{3} + 1\frac{3}{5}$.
>
> $\frac{2}{3} = \frac{10}{15}$ y $\frac{3}{5} = \frac{9}{15}$ • Escribe las fracciones equivalentes para el MCD.
>
> $\phantom{+\,}4\frac{10}{15}$
> $+\,1\frac{9}{15}$ • Suma las fracciones y después suma los números enteros.
> $\overline{\phantom{+\,}5\frac{19}{15}}$
>
> $5\frac{19}{15} = 6\frac{4}{15}$ • Simplifica, si es posible.
>
> Entonces, $4\frac{2}{3} + 1\frac{3}{5} = 6\frac{4}{15}$.
>
> Suma $3 + 8\frac{5}{7}$.
>
> $\phantom{+\,8\frac{5}{7}}3$
> $+\,8\frac{5}{7}$ • Suma las fracciones y después suma los números enteros.
> $\overline{11\frac{5}{7}}$
>
> Entonces, $3 + 8\frac{5}{7} = 11\frac{5}{7}$.

▶ **Revísalo**

Suma. Simplifica, si es posible.

12. $4\frac{3}{8} + 19\frac{3}{5}$
13. $15\frac{2}{3} + 4\frac{3}{8}$
14. $11\frac{2}{3} + 10\frac{4}{5}$
15. $8 + 2\frac{5}{9}$

## Restar números mixtos con denominadores comunes

Para restar números mixtos con denominadores comunes, escribe la diferencia de los numeradores sobre el denominador común.

### EJEMPLO — Restar números mixtos con denominadores comunes

Resta $18\frac{3}{9} - 4\frac{2}{9}$.

$$\begin{array}{r} 18\frac{3}{9} \\ -\ 4\frac{2}{9} \\ \hline 14\frac{1}{9} \end{array}$$

- Resta las fracciones y después resta los números enteros.

Entonces, $18\frac{3}{9} - 4\frac{2}{9} = 14\frac{1}{9}$.

Resta $13\frac{1}{4} - 9\frac{3}{4}$.

$13\frac{1}{4} \rightarrow 12\frac{5}{4}$
$9\frac{3}{4} \rightarrow -\ 9\frac{3}{4}$
$\phantom{9\frac{3}{4} \rightarrow -\ }\overline{\phantom{9\frac{3}{4}}}$
$\phantom{9\frac{3}{4} \rightarrow -\ }3\frac{2}{4} = 3\frac{1}{2}$

- Reagrupa antes de restar.
  $13\frac{1}{4} = 12 + \frac{4}{4} + \frac{1}{4} = 12\frac{5}{4}$
- Resta las fracciones y después resta los números enteros.
- Simplifica, si es posible.

Entonces, $13\frac{1}{4} - 9\frac{3}{4} = 3\frac{1}{2}$.

### Revísalo
Restar. Escribe en forma reducida.

**16**  $7\frac{6}{11} - 4\frac{2}{11}$

**17**  $10\frac{1}{12} - 4\frac{7}{12}$

**18**  $-1\frac{7}{8} - 5\frac{7}{8}$

## Restar números mixtos con denominadores distintos

Para restar números mixtos, necesitas tener fracciones semejantes.

**EJEMPLO** Restar números mixtos con denominadores distintos

Resta $6\frac{1}{2} - 1\frac{5}{6}$.

$6\frac{1}{2} \rightarrow 6\frac{3}{6}$

$1\frac{5}{6} \rightarrow -1\frac{5}{6}$

- Escribe las fracciones equivalentes con un denominador común.

- Nombre de nuevo, si es necesario.
  $6\frac{3}{6} = 5 + \frac{6}{6} + \frac{3}{6} = 5\frac{9}{6}$

$5\frac{9}{6}$
$-1\frac{5}{6}$
$\overline{4\frac{4}{6}} = 4\frac{2}{3}$

- Resta las fracciones y después resta los números enteros.

- Simplifica, si es posible.

Entonces, $6\frac{1}{2} - 1\frac{5}{6} = 4\frac{2}{3}$.

### Revísalo

Resta.

 $12 - 4\frac{1}{2}$

 $9\frac{1}{10} - 5\frac{4}{7}$

 $14\frac{7}{8} - 3\frac{3}{4}$

## 2•2 Multiplicar fracciones

Sabes que 5 · 4 significa "5 grupos de 4". Multiplicar fracciones implica el mismo concepto. $3 \cdot \frac{1}{2}$ significa "3 grupos de $\frac{1}{2}$". Puede serte de ayuda saber que en matemáticas, la palabra *de*, con frecuencia significa *multiplicar*.

Lo mismo es válido al multiplicar una fracción por una fracción. Por ejemplo, $\frac{1}{2} \cdot \frac{1}{3}$ significa que de hecho encontraste $\frac{1}{2}$ de $\frac{1}{3}$.

Para multiplicar fracciones, multiplicas los numeradores y después los denominadores. No hay necesidad de hallar un denominador común.

$$\frac{1}{2} \cdot \frac{1}{4} = \frac{1}{8}$$

### EJEMPLO  Multiplicar fracciones

Multiplica $\frac{3}{4}$ y $2\frac{2}{5}$.

$\frac{3}{4} \cdot 2\frac{2}{5} = \frac{3}{4} \cdot \frac{12}{5}$
- Convierte el número mixto de una fracción impropia.

$\frac{3}{4} \cdot \frac{12}{5} = \frac{3 \cdot 12}{4 \cdot 5} = \frac{36}{20}$
- Multiplica los numeradores y los denominadores.

$\frac{36}{20} = 1\frac{16}{20} = 1\frac{4}{5}$
- Escribe el producto en forma reducida, si es necesario.

Entonces, $\frac{3}{4} \cdot 2\frac{2}{5} = 1\frac{4}{5}$.

### Revísalo

**Multiplicar.**

**22** $\frac{2}{5} \cdot \frac{5}{6}$

**23** $\frac{3}{8} \cdot \frac{2}{9}$

**24** $5\frac{1}{3} \cdot \frac{3}{8}$

**25** $3\frac{2}{3} \cdot 4\frac{1}{5}$

### Atajo para multiplicar fracciones

Puedes usar un atajo cuando multipliques fracciones. En lugar de multiplicar a lo largo y después escribir el producto en forma reducida, puedes simplemente multiplicar los *factores* primero.

### EJEMPLO  Simplificar factores

Simplifica los factores y después multiplica $\frac{5}{8}$ por $1\frac{1}{5}$.

$\frac{5}{8} \cdot \frac{6}{5}$

- Escribe el número mixto como fracción impropia. $1\frac{1}{5} = \frac{6}{5}$

$\frac{1\cancel{5}}{1\cancel{2}\cdot 4} \cdot \frac{\cancel{1}\cancel{2}\cdot 3}{\cancel{5}_1} = \frac{1}{4} \cdot \frac{3}{1}$

- Simplifica factores si puedes.

$= \frac{3}{4}$

- Escribe el producto en forma reducida, si es necesario.

Entonces, $\frac{5}{8} \cdot 1\frac{1}{5} = \frac{3}{4}$.

 **Revísalo**

Simplifica los factores y después multiplica.

 $\frac{3}{5} \cdot \frac{1}{6}$   $\frac{4}{7} \cdot \frac{14}{15}$   $1\frac{1}{2} \cdot 1\frac{1}{3}$

**Encontrar el recíproco de un número**

Dos números con un producto de 1 son **inversos multiplicativos** o **recíprocos** entre sí. Por ejemplo, $\frac{5}{1}$ y $\frac{1}{5}$ son inversos multiplicativos porque $\frac{5}{1} \cdot \frac{1}{5} = 1$.

### EJEMPLO  Hallar el inverso multiplicativo

Escribe el inverso multiplicativo de $-7\frac{1}{3}$.

$-7\frac{1}{3} = -\frac{22}{3}$

- Escribe como fracción impropia.

Ya que $-\frac{22}{3}\left(-\frac{3}{22}\right) = 1$, el inverso multiplicativo de $-7\frac{1}{3}$ es $-\frac{3}{22}$.

El número 0 no tiene un recíproco.

 **Revísalo**

Halla los recíprocos de cada número.

 $\frac{3}{7}$   $3$   $4\frac{2}{5}$

## Dividir fracciones

Cuando divides una fracción entre otra fracción, como $\frac{1}{2} \div \frac{1}{4}$, en realidad estás averiguando cuántos $\frac{1}{4}$ hay en $\frac{1}{2}$. Por ello es que la respuesta es 2. Para dividir fracciones, reemplazas el divisor con sus recíprocos y después multiplicas para obtener tu respuesta.

$$\frac{1}{2} \div \frac{1}{4} = \frac{1}{2} \cdot \frac{4}{1} = 2$$

### EJEMPLO  Dividir fracciones

Divide $\frac{5}{8} \div 3\frac{3}{4}$.

$\frac{5}{8} \div \frac{15}{4}$
- Escribe el número mixto como fracción impropia.

$\frac{5}{8} \cdot \frac{4}{15} = \frac{\cancel{5}^1}{\cancel{8}_2} \cdot \frac{\cancel{4}^1}{\cancel{15}_3} = \frac{1}{2} \cdot \frac{1}{3}$
- Reemplaza el divisor con su recíproco y simplifica los factores.

$\frac{1}{2} \cdot \frac{1}{3} = \frac{1}{6}$
- Multiplica.

Entonces, $\frac{5}{8} \div 3\frac{3}{4} = \frac{1}{6}$.

**Revísalo**

Divide.

**32** $\frac{3}{4} \div \frac{1}{2}$

**33** $\frac{5}{7} \div 10$

**34** $1\frac{1}{8} \div 4\frac{1}{2}$

# 2·2 Ejercicios

**Suma o resta.**

1. $\dfrac{7}{9} - \dfrac{4}{9}$
2. $\dfrac{3}{8} - \dfrac{1}{4}$
3. $\dfrac{5}{6} + \dfrac{3}{4}$
4. $\dfrac{7}{12} + \dfrac{9}{16}$
5. $1\dfrac{1}{2} + \dfrac{1}{6}$
6. $8\dfrac{3}{8} + 2\dfrac{1}{3}$
7. $12 - 11\dfrac{5}{9}$
8. $4\dfrac{1}{2} + 2\dfrac{1}{2}$
9. $4\dfrac{3}{4} - 2\dfrac{1}{4}$
10. $13\dfrac{7}{12} - 2\dfrac{5}{8}$
11. $7\dfrac{3}{8} - 2\dfrac{2}{3}$

**Multiplica.**

12. $\dfrac{1}{2} \cdot \dfrac{8}{9}$
13. $\dfrac{2}{5} \cdot 3$
14. $4\dfrac{1}{5} \cdot \dfrac{5}{6}$
15. $3\dfrac{2}{3} \cdot 6$
16. $3\dfrac{2}{5} \cdot 2\dfrac{1}{2}$
17. $6 \cdot 2\dfrac{1}{2}$
18. $2\dfrac{2}{3} \cdot 3\dfrac{1}{2}$
19. $4\dfrac{3}{8} \cdot 1\dfrac{3}{5}$

**Halla los recíprocos de cada número.**

20. $\dfrac{5}{8}$
21. $2$
22. $3\dfrac{1}{5}$
23. $2\dfrac{2}{5}$
24. $\dfrac{7}{9}$

**Divide.**

25. $\dfrac{3}{4} \div \dfrac{3}{2}$
26. $\dfrac{1}{3} \div 2$
27. $\dfrac{1}{2} \div 1\dfrac{1}{2}$
28. $2 \div 2\dfrac{1}{2}$
29. $0 \div \dfrac{1}{4}$
30. $3\dfrac{1}{5} \div \dfrac{1}{10}$
31. $1\dfrac{2}{3} \div 3\dfrac{1}{5}$
32. $\dfrac{2}{9} \div 2\dfrac{2}{3}$

33. La semana pasada Gabriel trabajó $9\dfrac{1}{4}$ horas cuidando niños y $6\dfrac{1}{2}$ horas dando clases de gimnasia. ¿Cuántas horas trabajó en total?

34. El Palacio de la Hamburguesa se inauguró el martes. Tuvieron $164\dfrac{1}{2}$ libras de carne molida de res de reserva. Les quedaron $18\dfrac{1}{4}$ libras al final del día. Se necesita $\dfrac{1}{4}$ de libra de carne molida para cada hamburguesa. ¿Cuántas hamburguesas vendieron?

35. Las niñas conforman $\dfrac{5}{8}$ de las inscripciones para Grado 8 de la Secundaria Marshall. Si $\dfrac{1}{5}$ de las niñas se inscriben en el equipo de baloncesto, ¿qué parte fraccionaria del total de la clase está inscrita?

36. De las selecciones de postre de la cafetería, $\dfrac{1}{3}$ son productos horneados. Cada día antes del almuerzo, los empleados de la cafetería dividen los postres de manera que esté disponible un número igual de productos horneados en ambas líneas de servicio. En cada línea, ¿qué fracción del total de los postres es de productos horneados?

## 2·3 Operaciones con decimales

### Sumar y restar decimales

Sumar y restar decimales es similar a sumar y restar números enteros.

| EJEMPLO | Sumar y restar decimales |
|---|---|

Suma 6.75 + 29.49 + 16.9.

$$\begin{array}{r} 6.75 \\ 29.49 \\ + 16.9 \end{array}$$

• Alinea los puntos decimales.

$$\begin{array}{r} \overset{1}{6.75} \\ 29.49 \\ + 16.9 \\ \hline 4 \end{array}$$

• Suma o resta los numeradores que están más hacia la derecha. Nombra de nuevo, si es necesario.

$$\begin{array}{r} \overset{2}{6.75} \\ 29.49 \\ + 16.9 \\ \hline 14 \end{array}$$

• Suma o resta los numeradores que están más hacia la derecha. Nombra de nuevo, si es necesario.

$$\begin{array}{r} 6.75 \\ 29.49 \\ + 16.9 \\ \hline 53.14 \end{array}$$

• Continúa con los números enteros. Coloca el punto decimal en el resultado.

Entonces, 6.75 + 29.49 + 16.9 = 53.14.

### Revísalo

Resuelve.

① 1.387 + 2.3444 + 3.45
② 0.7 + 87.8 + 8.174
③ 56.13 − 17.59
④ 826.7 − 24.6444

## Multiplicar decimales

Multiplicar decimales es muy parecido a multiplicar números enteros.

| EJEMPLO | Multiplicar decimales |
|---|---|

Multiplica 42.8 · 0.06.

| 42.8 | 428 | • Multiplica como lo haces con los números enteros. |
|---|---|---|
| × 0.06 | ×   6 | |
| 2568 | 2568 | |

| 42.8 | ← 1 lugar decimal | • Suma el número de los lugares decimales para los factores y coloca el punto decimal en el producto. |
|---|---|---|
| × 0.06 | ← 2 lugares decimales | |
| 2.568 | ← 1 + 2 = 3 lugares decimales | |

Entonces, 42.8 · 0.06 = 2.568.

 **Revísalo**

Multiplicar.

 22.03 · 2.7      9.655 · 8.33      11.467 · 5.49

### Estimar productos decimales

Para estimar productos decimales, puedes reemplazar números dados con números compatibles. Los números compatibles son estimaciones que eliges porque es más fácil trabajar con ellos mentalmente.

Estima 26.2 · 52.3.

- Reemplaza los factores con números compatibles.

  26.2 → 30          52.3 → 50

- Multiplica mentalmente.

  30 · 50 = 1,500

**Revísalo**

Estima cada producto usando números compatibles.

⑧ 12.75 • 91.3

⑨ 3.76 • 0.61

⑩ 25.25 • 1.95

## Dividir decimales

Dividir decimales es parecido a dividir números enteros.

| EJEMPLO | Dividir decimales |
|---|---|
| Divide 38.35 ÷ 6.5. | |
| 6.5 • 10 = 65 | • Multiplica el divisor por una potencia de diez para hacerlo un número entero. |
| 38.35 • 10 = 383.5 | • Multiplica el dividendo por la misma potencia de diez. |
| $\phantom{65.)}5.9$ <br> $65.\overline{)383.5}$ <br> $\phantom{65.)}-325\phantom{.5}$ <br> $\phantom{65.)0}58\ 5$ <br> $\phantom{65.)}-58\ 5$ <br> $\phantom{65.)0000}0$ | • Divide. Coloca el punto decimal en el cociente. |
| Entonces, 38.35 ÷ 6.5 = 5.9. | |

**Revísalo**

Divide.

⑪ 211.68 ÷ 9.8

⑫ 42.363 ÷ 8.1

⑬ 444.36 ÷ 4.83

⑭ 1.548 ÷ 0.06

## Ceros en la división

Puedes usar ceros como espacios reservados en el dividendo cuando estás dividiendo decimales.

> **EJEMPLO** Ceros en la división
>
> Divide $375.1 \div 6.2$.
>
> $6.2 \cdot 10 = 62$ • Multiplica el divisor y el dividendo por una potencia
> $375.1 \cdot 10 = 3{,}751$ de diez. Coloca el punto decimal.
>
> ```
>        60.
>    62.)3751.
>       -372
>         31
>        - 0
>         31
> ```
> • Divide. Coloca el punto decimal.
>
> ```
>        60.5
>    62.)3751.0
>       -372
>         31
>        - 0
>         310
>        -310
>           0
> ```
> • Usa ceros como espacios reservados en el dividendo. Continúa dividiendo.
>
> Entonces, $375.1 \div 6.2 = 60.5$.

 **Revísalo**

**Divide hasta que el residuo sea cero.**

**15** $0.7042 \div 0.07$

**16** $37.2 \div 1.5$

**17** $246.1 \div 0.8$

### Redondear cocientes decimales

Puedes usar una calculadora para dividir decimales y redondear cocientes.

> **EJEMPLO**   **Redondear decimales en una calculadora**
>
> Divide 6.3 entre 2.6. Redondea al centésimo más cercano.
>
> 6.3 ÷ 2.6 = [ 2.4230769 ]    • Usa tu calculadora para dividir.
>
> 2.4230769    • Observa el dígito que está un lugar hacia la derecha del lugar de los centésimos.
>
> 2.4230769 se redondea a 2.42.    • Redondea.

Algunas calculadoras tienen una función *fix*. Oprime FIX y el número de los lugares decimales que quieres. La calculadora mostrará todos los números redondeados a ese número de lugares. Considera el ejemplo de arriba. De nuevo, introduce 6.3 ÷ 2.6 = en una calculadora. Ya que deseas redondear al centésimo más cercano, oprime FIX 2. La respuesta [ 2.42 ] se muestra en la pantalla.

### Revísalo

**Resuelve con una calculadora. Redondea al centésimo más cercano.**

**18.** 0.0258 ÷ 0.345

**19.** 0.817 ÷ 1.25

**20.** 0.4369 ÷ 0.267

**21.** 0.3112 ÷ 0.4

# 2·3 Ejercicios

**Suma.**
1. 256.3 + 0.624
2. 78.239 + 38.6
3. 7.02396 + 4.88
4. $250.50 + $385.16
5. 2.9432 + 1.9 + 3 + 1.975

**Resta.**
6. 43 − 28.638
7. 58.543 − 0.768
8. 435.2 − 78.376
9. 38.3 − 16.254
10. 11.01 − 2.0063

**Multiplica.**
11. 0.66 · 17.3
12. 0.29 · 6.25
13. 7.526 · 0.33
14. 37.82 · 9.6
15. 22.4 · 9.4

**Divide hasta que el residuo sea cero.**
16. 29.38 ÷ 0.65
17. 62.55 ÷ 4.5
18. 84.6 ÷ 4.7
19. 0.657 ÷ 0.6

**Divide. Redondea al centésimo más cercano.**
20. 142.7 ÷ 7
21. 2.55 ÷ 1.6
22. 22.9 ÷ 6.2
23. 15.25 ÷ 2.3

24. La Luna orbita alrededor de la Tierra en 27.3 días. ¿Cuántas órbitas da la Luna en 365.25 días? Redondea tu respuesta al centésimo más cercano.

25. Los astronautas del *Apollo 15* condujeron el vehículo lunar aproximadamente 27.8 kilómetros sobre la Luna. Su velocidad media fue de 3.3 kilómetros por hora. ¿Cuánto tiempo condujeron el vehículo lunar?

# 2·4 Fracciones y decimales

## Escribir fracciones como decimales

Una fracción puede escribirse como un **decimal finito** o como **decimal periódico**.

| Fracción | Decimal | Finitos o periódicos |
|---|---|---|
| $\frac{1}{2}$ | 0.5 | finito |
| $\frac{1}{3}$ | $0.333333\overline{3}$ | periódico |
| $\frac{1}{6}$ | $0.16666\overline{6}$ | periódico |
| $\frac{3}{4}$ | 0.75 | finito |
| $\frac{2}{5}$ | 0.4 | finito |
| $\frac{3}{22}$ | $0.1363\overline{63}$ | periódico |

### EJEMPLO  Cambiar fracciones a decimales

Escribe $-\frac{3}{25}$ como un decimal.
$-3 \div 25 = -0.12$
- Divide el numerador de la fracción entre el denominador.

Entonces, $-\frac{3}{25} = -0.12$. El residuo es cero. El decimal es un decimal finito.

Escribe $\frac{1}{6}$ y $\frac{5}{22}$ como decimales.
$1 \div 6 = 0.1666...$
$5 \div 22 = 0.22727...$
- Divide el numerador de cada fracción entre el denominador.

$0.1\overline{6}$
$0.2\overline{27}$
- Coloca una barra sobre cualquier dígito o dígitos que se repitan.

Entonces, $\frac{1}{6} = 0.1\overline{6}$ y $\frac{5}{22} = 0.2\overline{27}$. Ambos decimales son decimales periódicos.

TemasClave

Un número mixto puede expresarse como un decimal al cambiar el número mixto a una fracción impropia y dividir el numerador entre el denominador.

### EJEMPLO  Cambiar números mixtos a decimales

Escribe $2\frac{3}{4}$ como un decimal.

$2\frac{3}{4} = \frac{11}{4}$
- Cambia el número mixto a una fracción impropia.

$11 \div 4 = 2.75$
- Después divide el numerador de la fracción entre el denominador.

Entonces, $2\frac{3}{4} = 2.75$.

### Revísalo

Usa una calculadora para hallar un decimal para cada fracción o número mixto.

1) $\frac{4}{5}$    2) $\frac{11}{20}$    3) $\frac{28}{32}$    4) $\frac{5}{12}$

5) $-\frac{6}{8}$    6) $-\frac{15}{24}$    7) $3\frac{7}{8}$    8) $2\frac{5}{16}$

## Escribir decimales como fracciones

Los decimales finitos son números racionales porque puedes escribirlos como fracciones.

### EJEMPLO  Cambiar decimales a fracciones

Escribe 0.55 como una fracción

$0.55 = \frac{55}{100}$
- Escribe el decimal como una fracción.

$\frac{55}{100} = \frac{55 \div 5}{100 \div 5} = \frac{11}{20}$
- Escribe la fracción en forma reducida.

Entonces, $0.55 = \frac{11}{20}$.

Los decimales periódicos son también números racionales porque pueden escribirse como fracciones.

> **EJEMPLO** **Cambiar decimales periódicos a fracciones**
>
> Escribe $0.\overline{2}$ como una fracción en forma reducida.
>
> Sea $n = 0.222$.
>
> $10(n) = 10(0.222)$  • Multiplica cada lado de la ecuación por 10 porque se repite un dígito.
>
> $10n = 2.222$  • Al multiplicar por 10 se mueve el punto decimal un lugar hacia la derecha.
>
> $10n = 2.222$
> $\underline{-n = 0.222}$  • Resta $n = 0.222$ para eliminar la parte que se repite.
> $9n = 2$
>
> $\frac{9n}{9} = \frac{2}{9}$  • Simplifica.
>
> $n = \frac{2}{9}$  • Divide cada lado entre 9.
>
> Entonces, el decimal $0.\overline{2}$ puede escribirse como $\frac{2}{9}$.

Un decimal mayor que 1 puede expresarse como un número mixto al escribir la parte decimal como una fracción.

> **EJEMPLO** **Cambiar decimales a números mixtos**
>
> Escribe $-3.75$ como número mixto.
>
> $-3.75 = -3\frac{75}{100}$  • Escribe el decimal como una fracción.
>
> $-3\frac{75}{100} = -3 + \frac{75 \div 25}{100 \div 25} = -3\frac{3}{4}$  • Escribe la fracción en forma reducida.
>
> Entonces, $-3.75$ escrito como un número mixto es $-3\frac{3}{4}$.

**Revísalo**

Escribe cada decimal como una fracción.

**9** 2.4  **10** 0.056  **11** $-0.6$  **12** $-1.375$

**13** $0.\overline{4}$  **14** $-3.\overline{18}$  **15** $-0.8\overline{33}$  **16** 7.32

## Comparar y ordenar números racionales

Puedes comparar números racionales al nombrar nuevamente cada fracción al usar el mínimo común denominador y después comparar los numeradores.

> **EJEMPLO** Comparar números racionales
>
> Reemplaza □ con <, > o = para que $\frac{3}{8}$ □ $\frac{2}{3}$ sea un enunciado verdadero.
> $\frac{3}{8} = \frac{3 \cdot 3}{8 \cdot 3}$ ó $\frac{9}{24}$ • Nombra de nuevo las fracciones usando el MCD.
> $\frac{2}{3} = \frac{2 \cdot 8}{3 \cdot 8}$ ó $\frac{16}{24}$ • El MCD es 24.
> Ya que, $\frac{9}{24} < \frac{16}{24}$, entonces $\frac{3}{8} < \frac{2}{3}$.
>
> Reemplaza □ con <, > ó = para que $\frac{5}{9}$ □ 0.7 sea un enunciado verdadero.
> $\frac{5}{9} = 0.55\overline{5}$ • Expresa $\frac{5}{9}$ como un decimal.
> $.55\overline{5}$ □ 0.7 • En las décimas coloca, 5 < 7.
> Entonces, $\frac{5}{9} < 0.7$.

Puedes usar una recta númerica para ayudarte a comparar y ordenar números racionales.

> **EJEMPLO** Comparar y ordenar números racionales
>
> Reemplaza □ con <, > ó = para que −2.35 □ −3.4 sea un enunciado verdadero.
>
> • Grafica los decimales en una recta numérica.
>
>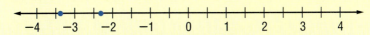
>
> Porque −2.35 está a la derecha de −3.4, entonces −2.35 > −3.4.

## 2·4 Ejercicios

Cambia cada fracción a un decimal. Usa notaciones en barra para mostrar los decimales periódicos.

1. $\dfrac{3}{18}$
2. $\dfrac{30}{111}$
3. $\dfrac{4}{18}$
4. $\dfrac{7}{15}$
5. $-\dfrac{5}{9}$
6. $4\dfrac{5}{6}$

Escribe cada decimal como una fracción o número mixto.

7. $0.4$
8. $2.004$
9. $3.42$
10. $0.27$
11. $-0.3$
12. $2.\overline{15}$

Reemplaza □ con <, > ó = sea un enunciado verdadero.

13. $\dfrac{2}{3}$ □ $\dfrac{8}{9}$
14. $\dfrac{5}{6}$ □ $\dfrac{7}{8}$
15. $-\dfrac{1}{4}$ □ $-\dfrac{5}{8}$
16. $0.7$ □ $0.07$
17. $-1.6$ □ $1.57$
18. $0.\overline{24}$ □ $0.28$
19. Ordena $\dfrac{2}{8}$, $-\dfrac{14}{8}$, $1\dfrac{1}{3}$, $0.75$ de menor a mayor.

# 2·5 El sistema de números reales

## Números irracionales

Un **número irracional** es un número que no puede expresarse como un cociente $\frac{a}{b}$, donde $a$ y $b$ son enteros y $b \neq 0$. La representación decimal de $\sqrt{17} \approx 4.123105626...$ no es finita ni periódica. Por lo tanto, $\sqrt{17}$ no puede escribirse como una fracción y es un número irracional.

El conjunto de números reales incluye un conjunto de números racionales y un conjunto de números irracionales. Estudia el diagrama de Venn que se presenta a continuación.

 **Revísalo**

Nombra todos los conjuntos de números a los que pertenezca cada número real.

1. $-\sqrt{49}$
2. $1.\overline{72}$
3. $\sqrt{15}$
4. $\pi$
5. $8.\overline{15}$
6. $\sqrt{23}$

## Graficar números reales

Puedes usar una calculadora para estimar los números irracionales y graficarlos en una recta numérica.

### EJEMPLO  Graficar números reales

Estima $\sqrt{7} - \sqrt{2}$ y 2.25 al décimo más cercano. Después grafica $\sqrt{7}, -\sqrt{2}$ y 2.25 en una recta numérica.

$\sqrt{7} \approx 2.645751311...$ • Usa una calculadora.
o aproximadamente 2.6

$-\sqrt{2} \approx -1.414213562...$ • Usa una calculadora.
o aproximadamente $-1.4$

$2.25 \approx 2.3$

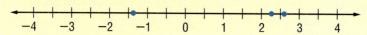

### Revísalo

Usa una calculadora para estimar cada raíz cuadrada a la décima más cercana. Después grafica la raíz cuadrada en una recta numérica.

**7.** $\sqrt{11}$  **8.** $-\sqrt{29}$  **9.** $\sqrt{18}$

## 2•5 Ejercicios

Nombra todos los conjuntos de números a los que pertenezca cada número real.

1. 0.909090...  2. $-\sqrt{81}$  3. $\sqrt{13}$
4. $\sqrt{23}$  5. $-2\frac{1}{4}$  6. $0.\overline{63}$
7. $-\frac{8}{9}$  8. $-\sqrt{41}$  9. $-9.7\overline{33}$

Estima cada raíz cuadrada a la décima más cercana. Después grafica la raíz cuadrada en una recta numérica.

10. $\sqrt{2}$  11. $\sqrt{5}$  12. $-\sqrt{3}$  13. $\sqrt{15}$
14. $-\sqrt{8}$  15. $\sqrt{53}$  16. $-\sqrt{24}$  17. $-\sqrt{10}$
18. $\sqrt{27}$  19. $\sqrt{17}$  20. $\sqrt{46}$  21. $\sqrt{67}$

# 2•6 Porcentajes

## El significado de porcentaje

Una *razón* de un número a 100 se llama **porcentaje**. Porcentaje significa *por ciento* y se representa con el símbolo %.

Cualquier razón puede expresarse como una fracción, un decimal o un porcentaje. Un *quarter* es 25% de $1.00. Puedes expresar un *quarter* como 25¢, $0.25, $\frac{1}{4}$ de un dólar, $\frac{25}{100}$ de un dólar y 25% de un dólar.

Puedes usar los siguientes **puntos de referencia** para ayudarte a estimar porcentajes.

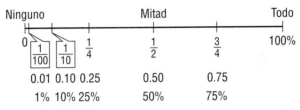

### EJEMPLO    Estimar porcentajes

Estima 26% de 200.

26% está cerca de 25%.
$\frac{1}{4}$ es igual a 25%.

- Elige un punto de referencia o una combinación de puntos de referencia cerca del porcentaje objetivo para hallar una fracción o porcentaje equivalente.

$\frac{1}{4}$ de 200 es 50.

- Usa el equivalente de punto de referencia para estimar el porcentaje.

Entonces, 26% de 200 es aproximadamente 50.

 **Revísalo**

Usa puntos de referencia fraccionarios para estimar los porcentajes.

① 47% de 300
② 22% de 400
③ 72% de 200
④ 99% de 250

## Calcula mentalmente para estimar porcentajes

Puedes usar una fracción o puntos de referencia decimales para ayudarte a estimar rápidamente el porcentaje de algo, como una propina en un restaurante.

### EJEMPLO  Matemáticas mentales para estimar porcentajes

Estima una propina de 15% en una cuenta de $5.45.

$5.45 se redondea a $5.50.   • Redondea a un número conveniente.

15% = 10% + 5%   • Piensa en un porcentaje como una combinación de puntos de referencia.

10% de $5.50 = 0.55   • Multiplica mentalmente.

5% de $5.50 = aproximadamente 0.25

0.55 + 0.25 = aproximadamente 0.80

Entonces, la propina es aproximadamente $0.80.

### Revísalo

Estima la cantidad de cada propina.

5. 20% de $4.75
6. 15% de $40
7. 10% de $94.89
8. 18% de $50

## Porcentajes y fracciones

Recuerda que los porcentajes describen una razón de 100. Un porcentaje puede escribirse como una fracción con un denominador de 100. La tabla muestra como algunos porcentajes se escriben como fracciones.

| Porcentaje | Fracción |
|---|---|
| 10 de 100 = 10% | $\frac{10}{100} = \frac{1}{10}$ |
| 15 de 100 = 15% | $\frac{15}{100} = \frac{3}{20}$ |
| 25 de 100 = 25% | $\frac{25}{100} = \frac{1}{4}$ |
| 30 de 100 = 30% | $\frac{30}{100} = \frac{3}{10}$ |
| 60 de 100 = 60% | $\frac{60}{100} = \frac{3}{5}$ |
| 75 de 100 = 75% | $\frac{75}{100} = \frac{3}{4}$ |

Puedes escribir fracciones como porcentajes y porcentajes como fracciones.

### EJEMPLO  Convertir una fracción a un porcentaje

Expresa $\frac{2}{5}$ como un porcentaje.

$\frac{2}{5} = \frac{n}{100}$ • Establece una proporción.

$2 \cdot 100 = 5n$ • Resuelve la proporción.

$\frac{2 \cdot 100}{5} = n$

$n = 40$

40% • Expresa un porcentaje.

Entonces, $\frac{2}{5} = 40\%$.

### Revísalo

Cambia cada fracción a un porcentaje.

 $\frac{4}{5}$    $\frac{13}{20}$    $\frac{180}{400}$    $\frac{19}{50}$

## Cambiar porcentajes a fracciones

Para cambiar un porcentaje a una fracción, escribe el porcentaje como el numerador de una fracción con un denominador de 100 y exprésala en forma reducida. De manera similar, puedes cambiar un porcentaje en números mixtos a una fracción.

### EJEMPLO  Cambiar porcentajes a fracciones

Expresa 45% como una fracción.

$45\% = \dfrac{45}{100}$
- Cambia el porcentaje a una fracción con un denominador de 100. El porcentaje se vuelve el numerador de la fracción.

$\dfrac{45}{100} = \dfrac{9}{20}$
- Simplifica, si es posible.

Entonces, 45% expresado como una fracción es $\dfrac{9}{20}$.

Expresa $54\tfrac{1}{2}\%$ como una fracción.

$54\tfrac{1}{2} = \dfrac{109}{2}$
- Cambia el número mixto a una fracción impropia.

$\dfrac{109}{2} \cdot \dfrac{1}{100} = \dfrac{109}{200}$
- Multiplica el porcentaje por $\dfrac{1}{100}$.

$54\tfrac{1}{2} = \dfrac{109}{200}$
- Simplifica, si es posible.

Entonces, $54\tfrac{1}{2}\%$ expresada como una fracción es $\dfrac{109}{200}$.

### Revísalo

Expresa cada porcentaje como una fracción en forma reducida.

**13** 55%   **14** 29%   **15** 85%

**16** 92%   **17** $44\tfrac{1}{2}\%$   **18** $34\tfrac{2}{5}\%$

## Porcentajes y decimales

Los porcentajes pueden expresarse como decimales y los decimales como porcentajes.

> **EJEMPLO** Cambiar decimales a fracciones
>
> Cambia 0.8 a un porcentaje.
> $0.8 \cdot 100 = 80$ • Multiplica el decimal por 100.
> $0.8 = 80\%$ • Suma el signo de porcentaje.
> Entonces, $0.8 = 80\%$.

**Un atajo para cambiar decimales a porcentajes**
Cambia 0.5 a un porcentaje.
- Mueve el punto decimal dos lugares a la derecha. Suma ceros, si es necesario.
   0.5 ⟶ 50.
- Suma el signo de porcentaje.
   0.5 ⟶ 50%

 **Revísalo**

Escribe cada decimal como un porcentaje.
- **19** 0.08
- **20** 0.66
- **21** 0.398
- **22** 0.74

Ya que *porcentaje* significa parte de un ciento, los porcentajes pueden convertirse fácilmente a decimales.

### EJEMPLO  Cambiar porcentajes a decimales

Cambia 3% a un decimal.

$3\% = \dfrac{3}{100}$ • Expresa el porcentaje como una fracción con 100 como denominador.

$3 \div 100 = 0.03$ • Divide el decimal entre 100.

Entonces, $3\% = 0.03$.

### Un atajo para cambiar porcentajes a decimales

Cambia 8% a un decimal.

- Mueve el punto decimal dos lugares a la izquierda.

    $8\% \rightarrow .8.$

- Suma ceros, si es necesario.

    $8\% = 0.08$

### ➡ Revísalo

Expresa cada porcentaje como decimal.

**23** 14.5%

**24** 0.01%

**25** 23%

**26** 35%

## 2•6 Ejercicios

**Usa puntos de referencia fraccionarios para estimar el porcentaje de cada número.**

1. 15% de 200
2. 49% de 800
3. 2% de 50
4. 76% de 200
5. Estima una propina de 15% en una cuenta de $65.
6. Estima una propina de 20% en una cuenta de $49.
7. Estima una propina de 10% en una cuenta de $83.
8. Estima una propina de 18% en una cuenta de $79.

**Cambia cada fracción a un porcentaje.**

9. $\frac{17}{100}$
10. $\frac{19}{20}$
11. $\frac{13}{100}$
12. $\frac{19}{50}$
13. $\frac{24}{25}$

**Cambia cada porcentaje a una fracción en forma reducida.**

14. 42%
15. 60%
16. 44%
17. 12%
18. 80%

**Escribe cada decimal como un porcentaje.**

19. 0.4
20. 0.41
21. 0.105
22. 0.83
23. 3.6

**Escribe cada porcentaje como decimal.**

24. 35%
25. 13.6%
26. 18%
27. 4%
28. 25.4%

29. Una encuesta de escuela secundaria dice que el 40% de los estudiantes de octavo grado prefieren comer pizza en el almuerzo. Otra encuesta dijo que $\frac{2}{5}$ de los estudiantes de octavo grado prefieren comer pizza en el almuerzo. ¿Pueden ser correctas ambas encuestas? Explica.

30. Blades on Second está anunciando las patinetas de $109 con un 33% de descuento. Skates on Seventh está anunciando la misma patineta con un descuento de $\frac{1}{3}$. ¿Cuál es la mejor compra?

# 2•7 Usar y hallar porcentajes

## Encontrar el porcentaje de un número

Has cambiado un porcentaje a un decimal y un porcentaje a una fracción. Ahora hallarás el porcentaje de un número. Para hallar el porcentaje de un número, primero debes cambiar el porcentaje a un decimal o una fracción. Algunas veces, es más fácil cambiar el porcentaje a una representación decimal y otras veces a una fraccionaria.

Para hallar el 30% de 80, puedes usar el método de fracciones o el método de decimales.

### EJEMPLO  Encontrar el porcentaje de un número: Dos métodos

Halla el 30% de 80.

**Método decimal**
- Cambia el porcentaje a un decimal.
  $30\% = 0.3$

- Multiplica.
  $80 \cdot 0.3 = 24$

Entonces, 30% de 80 = 24.

**Método de fracciones**
- Cambia el porcentaje a una fracción en forma reducida.
  $30\% = \dfrac{30}{100} = \dfrac{3}{10}$

- Multiplica
  $80 \cdot \dfrac{3}{10} = 24$

**Revísalo**

Halla el porcentaje de cada número.

1. 80% de 75
2. 95% de 700
3. 21% de 54
4. 75% de 36

### APLICACIÓN  ¡Ve por ello!

¡Atención todos los que se la pasan sentados en el sofá! Para estar en forma, necesitas hacer una actividad aeróbica (como caminar, trotar, montar en bicicleta o nadar) por lo menos tres veces a la semana.

La meta es que el corazón lata a de $\frac{1}{2}$ a $\frac{3}{4}$ de su capacidad máxima y mantenerlo así el tiempo suficiente para que sea considerado como un buen ejercicio.

Por ejemplo, si quieres ejercitar dentro de la zona de entrenamiento aeróbico, que es del 70% al 80% de tu capacidad cardíaca máxima, primero halla tu capacidad cardiaca (CCM) al restar tu edad a 220. Después, multiplica tu CCM por el porcentaje más alto y el porcentaje más bajo de tu zona.

$220 - 25 = 195$
$195 \cdot 0.80 = 156$
$195 \cdot 0.70 = 136.5$

Para que las personas de 25 años maximicen su ejercicio y permanezcan en la zona aeróbica, necesitan mantener su capacidad cardíaca entre 137–158 latidos por minuto durante 15 a 25 minutos.

| Zona de capacidad cardíaca | % del máximo de capacidad cardíaca | Número de minutos que necesitas ejercitarte |
|---|---|---|
| Zona de salud | 50%–60% | 35–45 |
| Zona de acondicionamiento | 60%–70% | 25–35 |
| Zona de entrenamiento aeróbico | 70%–80% | 15–25 |

## La proporción porcentual

Puedes usar proporciones para ayudarte a hallar el porcentaje de un número.

> **EJEMPLO** — Encontrar el porcentaje de un número: Método de proporciones
>
> Pei trabaja en una tienda de artículos deportivos. Recibe una comisión de 12% sobre sus ventas. El mes pasado vendió $9,500 en artículos deportivos. ¿Cuál fue su comisión?
>
> $\frac{p}{w} = \frac{n}{100}$ } porcentaje
>
> - Usa una proporción para hallar el porcentaje de un número.
> - $p$ = parte
> - $w$ = entero
>
> $p$ es la incógnita, llamada $x$.
> $n$ es 12.
> $w$ es $9,500.
>
> - Identificar los artículos dados antes de intentar hallar lo desconocido.
>
> $\frac{p}{w} = \frac{n}{100}$    $\frac{x}{9,500} = \frac{12}{100}$
> $100x = 114,000$
> $\frac{114,000}{100} = \frac{100x}{100}$
>
> - Establece una proporción.
> - Haz una multiplicación cruzada.
> - Divide ambos lados de la ecuación entre 100.
>
> $1,140 = x$
>
> Entonces, Pei recibió $1,140 de comisión.

### Revísalo

Usa una proporción para hallar el porcentaje de cada número.

- **5** 95% de 700
- **6** 150% de 48
- **7** 65% de 200
- **8** 85% de 400

# Encontrar el porcentaje y el entero

Puedes usar una *proporción porcentual* para resolver los problemas de porcentajes. La razón de una **proporción porcentual** compara una parte con el entero. La otra razón es el porcentaje escrito como una fracción.

$$\begin{array}{c}\text{parte} \longrightarrow \\ \text{entero} \longrightarrow\end{array} \dfrac{p}{w} = \dfrac{n}{100} \bigg\} \text{ por ciento o porcentaje}$$

### EJEMPLO  Hallar el porcentaje

¿Qué porcentaje de 70 es 14?

- Establece una proporción porcentual. Si $n$ representa al porcentaje.

$$\dfrac{\text{parte}}{\text{entero}} = \dfrac{n}{100}$$

$\dfrac{14}{70} = \dfrac{n}{100}$

(El número después de la palabra *de* es el entero).

$14 \cdot 100 = 70 \cdot n$ 
- Muestra los productos cruzados de la proporción.

$1{,}400 = 70n$ 
- Halla los productos.

$\dfrac{1{,}400}{70} = \dfrac{70n}{70}$ 
- Divide ambos lados de la ecuación entre el coeficiente de $n$.

$n = 20$

Entonces, 14 es 20% de 70.

**Revísalo**

**Resuelve.**

- ⑨ ¿Qué porcentaje de 240 es 80?
- ⑩ ¿Qué porcentaje de 64 es 288?
- ⑪ ¿Qué porcentaje de 2 es 8?
- ⑫ ¿Qué porcentaje de 55 es 33?

Puedes usar una *proporción porcentual* para hallar el porcentaje del entero.

### EJEMPLO  Hallar el entero

¿12 es el 48% de qué número?

- Establece una proporción porcentual usando esta forma.

$$\frac{\text{parte}}{\text{entero}} = \frac{\text{porcentaje}}{100}$$

$\dfrac{12}{w} = \dfrac{48}{100}$

(La frase *qué número* después de la palabra *de* es el entero).

$12 \cdot 100 = 48 \cdot w$ — Muestra los productos cruzados de la proporción.

$1200 = 48w$ — Halla los productos.

$\dfrac{1200}{48} = \dfrac{48w}{48}$ — Divide ambos lados de la ecuación entre el coeficiente de *w*.

$w = 25$

Entonces, 12 es 48% de 25.

 **Revísalo**

**Resuelve.**

⓭ ¿52 es 50% de qué número?

⓮ ¿15 es 75% de qué número?

⓯ ¿40 es 160% de qué número?

⓰ ¿84 es 7% de qué número?

## Porcentaje de aumento o porcentaje de disminución

Algunas veces es útil llevar un registro de tus gastos mensuales. Llevar un registro también te permite ver el aumento o la disminución de tus gastos. Puedes hacer una tabla para registrar tus gastos.

| Gastos | Septiembre | Octubre | Aumento o disminución (cantidad de) | (% de) |
|---|---|---|---|---|
| Comida | 225 | 189 | 36 | 16 |
| Viajes | 75 | 95 | 20 | |
| Renta | 360 | 375 | 15 | 4 |
| Vestido | 155 | 62 | 93 | 60 |
| Misceláneos | 135 | 108 | 27 | 20 |
| Entretenimiento | 80 | 44 | | |
| Total | 1,030 | 871 | 159 | 15 |

Puedes usar una calculadora para hallar el porcentaje de aumento o disminución.

---

**EJEMPLO** Hallar el porcentaje de aumento

¿Cuál fue el porcentaje de aumento en la cantidad que se gastó en viajes de septiembre a octubre?

$95 - 75 = 20$ • Halla la cantidad de cambio.

$\frac{20}{75} = 0.2\overline{66}$ • Halla el porcentaje de cambio con la siguiente fórmula:

$$\text{Porcentaje de cambio} = \frac{\text{cantidad de cambio}}{\text{cantidad original}}$$

$0.27 = 27\%$ • Redondea al centésimo más cercano y convierte a un porcentaje.

Entonces, el porcentaje de aumento de $75 a $95 es 27%.

---

**Revísalo**

Usa una calculadora para hallar el porcentaje de aumento.

 56 a 70    20 a 39    45 a 99    105 a 126

> **EJEMPLO** Hallar el porcentaje de disminución
>
> En septiembre, se gastaron $80 en entretenimiento. En octubre, se gastaron $44 en entretenimiento. ¿Cuál fue el porcentaje de aumento de septiembre a octubre?
>
> $80 - 44 = 36$     • Halla la cantidad de cambio.
>
> $\frac{36}{80} = 0.45$     • Porcentaje de cambio $= \frac{\text{cantidad de cambio}}{\text{cantidad original}}$
>
> $0.45 = 45\%$     • Redondea al centésimo más cercano y convierte a un porcentaje.
>
> Entonces, el porcentaje de disminución de $80 a $44 es 45%.

### Revísalo

Usa una calculadora para hallar el porcentaje de disminución.

**21** 72 a 64

**22** 46 a 23

**23** 225 a 189

**24** 120 a 84

## Descuentos y precios de venta

Un **descuento** es la cantidad en que se reduce el precio regular de un artículo. El precio de venta es el precio regular menos el descuento. Los precios regulares de las tiendas de descuento son menores que el precio sugerido al menudeo. Puedes usar porcentajes para hallar descuentos y los precios de venta resultantes.

Un reproductor de CD tiene un precio regular de $109.99. Está en oferta con 25% de descuento sobre el precio regular. ¿Cuánto dinero ahorras si compras el artículo en oferta?

Puedes usar una calculadora para ayudarte a hallar el descuento y el precio de venta resultante de un artículo.

### EJEMPLO   Descuentos y precios de venta

El precio regular del artículo es $109.99. Tiene un descuento del 25%. Halla el descuento y el precio de venta.

$d = 0.25 \cdot 109.99$ • Halla la cantidad de descuento.

$d = 27.50$   Cantidad de descuento $(d)$ = porcentaje • entero

Entonces el descuento es $27.50.

$109.99 - 27.50 = s$ • Halla el precio de venta.

$82.49 = s$   precio regular − descuento = precio de venta $(s)$

Entonces, el precio de venta es $82.49.

 **Revísalo**

Usa una calculadora para hallar el descuento y el precio de venta.

**25** precio regular: $813.25, porcentaje de descuento: 20%

**26** precio regular: $18.90, porcentaje de descuento: 30%

**27** precio regular: $79.99, porcentaje de descuento: 15%

## Estimar el porcentaje de un número

Puedes usar lo que sabes acerca de números compatibles y fracciones simples para estimar el porcentaje de un número. Puedes usar la tabla para ayudarte a hallar el porcentaje de un número.

| Porcentaje | 1% | 5% | 10% | 20% | 25% | $33\frac{1}{3}$% | 50% | $66\frac{2}{3}$% | 75% | 100% |
|---|---|---|---|---|---|---|---|---|---|---|
| Fracción | $\frac{1}{100}$ | $\frac{1}{20}$ | $\frac{1}{10}$ | $\frac{1}{5}$ | $\frac{1}{4}$ | $\frac{1}{3}$ | $\frac{1}{2}$ | $\frac{2}{3}$ | $\frac{3}{4}$ | 1 |

### EJEMPLO — Estimar el porcentaje de un número

Estimar 17% de 46.

17% es aproximadamente 20%.

20% es equivalente a $\frac{1}{5}$.

46 es aproximadamente 50.

$\frac{1}{5}$ de 50 es 10.

Entonces, 17% de 46 es aproximadamente 10.

- Halla el porcentaje más cercano al porcentaje que se te pide hallar.
- Halla el equivalente fraccionario del porcentaje.
- Halla un número compatible para el número del que se te pide el porcentaje.
- Usa la fracción para hallar el porcentaje.

 **Revísalo**

Usa números compatibles para estimar.

**28** 67% de 150

**29** 35% de 6

**30** 27% de 54

**31** 32% de 89

## Encontrar el interés simple

Cuando tienes una cuenta de ahorros el banco te paga por usar tu dinero. Con un préstamo, tú le pagas al banco por usar su dinero. En ambas situaciones el pago se conoce como *interés*. La cantidad de dinero que pides prestada o que ahorras se conoce como *principal*. Para hallar la cantidad total que pagas o ganas, sumas el principal y el interés.

Quieres pedir prestados $5,000 con un interés de 7% a 3 años. Para averiguar cuánto interés pagarás, puedes usar la fórmula $I = p \cdot r \cdot t$. La tabla puede ayudarte a entender la fórmula.

| | |
|---|---|
| p | Principal - cantidad de dinero que pides prestada o ahorras. |
| r | Tasa de interés – porcentaje del principal que pagas o ganas. |
| t | Tiempo – periodo durante el que pides prestado o ahorras (en años). |
| I | Interés total – interés que pagas o ganas en todo ese tiempo. |

### EJEMPLO  Encontrar el interés simple

Halla el interés y la cantidad total que pagarás si pides prestados $5,000 con 7% de interés por 3 años.

$5,000 \cdot 0.07 \cdot 3 = \$1,050$
$p \cdot r \cdot t = I$

• Multiplica el principal (*p*) por la tasa de interés (*r*) por el tiempo (*t*) para hallar el interés (*I*) que pagarás.

Entonces, el interés es $1.050.

$p + I =$ cantidad total
$5,000 + \$1,050 = \$6,050$

• Para hallar la cantidad total que pagarás, suma el principal y el interés.

Entonces, la cantidad total de dinero que se pagará es $6,050.

**Revísalo**

Halla el interés (*I*) y la cantidad total.

**32** principal : $4,800
tasa: 12.5%
tiempo: 3 años

**33** principal : $2,500
tasa: 3.5%
tiempo: $1\frac{1}{2}$ años

## 2·7 USAR Y HALLAR PORCENTAJES

**APLICACIÓN** — **Oseola McCarty**

La señorita Oseola McCarty tuvo que dejar la escuela después de sexto grado. En un principio cobraba $1.50 por lavar un paquete de ropa, después $10.00. Pero siempre se las arreglaba para ahorrar. Cuando cumplió 86 había acumulado $250,000. En 1995 decidió donar $150,000 para una beca. La señorita McCarty dijo, "El secreto para hacer una fortuna es el interés compuesto. Tienes que dejar tranquila tu inversión por algún tiempo para que crezca".

## 2·7 Ejercicios

**Halla el porcentaje de cada número.**

1. 2% de 50
2. 42% de 700
3. 125% de 34
4. 4% de 16.3

**Resuelve.**

5. ¿Qué porcentaje de 60 es 48?
6. ¿Qué porcentaje de 70 es 14?
7. ¿Qué porcentaje de 20 es 3?
8. ¿Qué porcentaje de 8 es 6?

**Resuelve.**

9. ¿82% de qué número es 492?
10. ¿24% de qué número es 18?
11. ¿3% de qué número es 4,68?
12. ¿80% de qué número es 24?

**Halla el porcentaje de aumento o disminución al porcentaje más cercano.**

13. 20 a 39
14. 175 a 91
15. 112 a 42

**Estima el porcentaje de cada número.**

16. 48% de 70
17. 34% de 69

18. María necesitaba un casco para poder practicar *snowboard* en el tobogán de Holiday Mountain. Compró un casco con 45% de descuento sobre el precio regular de $39.50. ¿Cuánto ahorró? ¿Cuánto pagó?

19. Un *snowboard* está en oferta con el 20% de descuento sobre el precio regular de $389.50. Halla el descuento y el precio de venta.

**Halla el descuento y el precio de venta.**

20. precio regular: $80
    porcentaje de descuento: 20%
21. precio regular: $17.89
    porcentaje de descuento: 10%
22. precio regular: $1,200
    porcentaje de descuento: 12%
23. precio regular: $250
    porcentaje de descuento: 18%

**Halla el interés y la cantidad total. Usa una calculadora.**

24. $p = \$9,000$
    $r = 7.5\%$ anual
    $t = 2\frac{1}{2}$ años
25. $p = \$1,500$
    $r = 9\%$ anual
    $t = 2$ años

# Números racionales

## ¿Qué has aprendido?

Puedes usar los siguientes problemas y lista de palabras para ver qué es lo que ya sabes de este capítulo. Si quieres saber más acerca de un problema o palabra en particular busca el número del tema (*por ejemplo,* Lección 2·2).

### Conjunto de problemas

1. De las 16 niñas del equipo de sóftbol, 12 juegan de manera regular. ¿Qué porcentaje de las niñas juega regularmente? (Lección 2·6)

2. Itay falló en 6 preguntas de una prueba de 25 preguntas. ¿Qué porcentaje de preguntas tuvo correctas? (Lección 2·6)

3. La capacidad del Fenway Park en Boston es de aproximadamente 35,900 asientos. 27% de los asientos pertenecen a las personas que compran boletos por temporada. ¿Aproximadamente cuántos asientos pertenecen a quienes compran boletos por temporada? (Lección 2·6)

4. ¿Qué fracción es equivalente a $\frac{14}{21}$? (Lección 2·1)

   A. $\frac{2}{7}$  B. $\frac{7}{7}$  C. $\frac{2}{3}$  D. $\frac{3}{2}$

5. ¿Qué fracción es mayor $\frac{1}{12}$ ó $\frac{3}{35}$? (Lección 2·4)

**Suma o resta. Escribe tus respuestas en forma reducida.** (Lección 2·2)

6. $\frac{5}{8} + \frac{3}{4}$

7. $2\frac{1}{5} - 1\frac{1}{2}$

8. $3 - 1\frac{1}{8}$

9. $7\frac{3}{4} + 2\frac{7}{8}$

10. Escribe la fracción impropia $\frac{11}{4}$ como número mixto. (Lección 2·1)

**En los Ejercicios 11–14, multiplica o divide como se indique.** (Lección 2·2)

11. $\frac{4}{5} \cdot \frac{5}{6}$

12. $\frac{3}{10} \div 4\frac{1}{2}$

13. $2\frac{5}{8} \cdot \frac{4}{7}$

14. $5\frac{1}{3} \div 2\frac{1}{6}$

**15.** Coloca los siguientes números en orden de menor a mayor.
$0.90, -0.\overline{33}, 1\frac{2}{3}, \frac{7}{8}$. (Lección 2·4)

**Resuelve.** (Lección 2·3)

**16.** $10.55 + 3.884$

**17.** $13.4 - 2.08$

**18.** $8.05 \cdot 6.4$

**19.** $69.69 \div 11.5$

**Nombra todos los conjuntos de números a los que pertenezca cada número real.** (Lección 2·5)

**20.** $\sqrt{22}$

**21.** $-1.78$

**Resuelve lo siguiente. Redondea las respuestas al décimo más cercano.**
(Lección 2·7)

**22.** ¿Qué porcentaje de 125 es 30?

**23.** Halla el 18% de 85.

**24.** ¿36 es el 40% de qué número?

---

**Palabras Clave**

Escribe las definiciones de las siguientes palabras.

- **decimal finito** (Lección 2·4)
- **decimal periódico** (Lección 2·4)
- **descuento** (Lección 2·7)
- **fracción impropia** (Lección 2·1)
- **inverso multiplicativo** (Lección 2·2)
- **número irracional** (Lección 2·5)
- **número mixto** (Lección 2·1)
- **números racionales** (Lección 2·1)
- **porcentaje** (Lección 2·6)
- **proporción porcentual** (Lección 2·7)
- **punto de referencia** (Lección 2·6)
- **recíproco** (Lección 2·2)

# TemaClave 3

## Potencias y raíces

**¿Qué sabes?** Puedes usar los siguientes problemas y la lista de palabras para ver qué es lo que ya sabes de este capítulo. Las respuestas a los problemas están en la sección **SolucionesClave** que está al final del libro. Las definiciones de las palabras están en la sección de **PalabrasClave** que está al principio del libro. Si quieres saber más acerca de un problema o palabra en particular busca el número del tema (*por ejemplo,* Lección 3•2).

### Conjunto de problemas

Escribe cada producto, usando un exponente. (Lección 3•1)

1. $5 \cdot 5 \cdot 5 \cdot 5 \cdot 5 \cdot 5 \cdot 5$
2. $a \cdot a \cdot a \cdot a \cdot a$

Evalúa cada cuadrado. (Lección 3•1)

3. $2^2$
4. $9^2$
5. $6^2$

Evalúa cada cubo. (Lección 3•1)

6. $2^3$
7. $5^3$
8. $7^3$

Evalúa cada potencia. (Lección 3•1)

9. $6^4$
10. $3^7$
11. $2^9$

Evalúa cada potencia de 10. (Lección 3•1)

12. $10^3$
13. $10^7$
14. $10^{11}$

Evalúa cada raíz cuadrada. (Lección 3•2)

15. $\sqrt{16}$
16. $\sqrt{49}$
17. $\sqrt{121}$

Estima cada raíz cuadrada entre dos números enteros consecutivos. (Lección 3•2)

18. $\sqrt{33}$
19. $\sqrt{12}$
20. $\sqrt{77}$

**Estima cada raíz cuadrada a la milésima más cercana.** (Lección 3·2)

21. $\sqrt{15}$     22. $\sqrt{38}$

**Evalúa cada raíz cúbica.** (Lección 3·2)

23. $\sqrt[3]{8}$     24. $\sqrt[3]{64}$     25. $\sqrt[3]{343}$

**Identifica cada número como muy grande o muy pequeño.** (Lección 3·3)

26. 0.00014

27. 205,000,000

**Escribe cada número en notación científica.** (Lección 3·3)

28. 78,000,000

29. 200,000

30. 0.0028

31. 0.0000302

**Escribe cada número en forma estándar.** (Lección 3·3)

32. $8.1 \cdot 10^6$

33. $2.007 \cdot 10^8$

34. $4 \cdot 10^3$

35. $8.5 \cdot 10^{-4}$

36. $9.06 \cdot 10^{-6}$

37. $7 \cdot 10^{-7}$

**Evalúa cada expresión.** (Lección 3·4)

38. $8 + (9 - 5)^2 - 3 \cdot 4$

39. $3^2 + 6^2 \div 9$

40. $(10 - 8)^3 + 4 \cdot 3 - 2$

## Palabras Clave

**base** (Lección 3·1)
**cuadrado** (Lección 3·1)
**cuadrados perfectos** (Lección 3·2)
**cubo** (Lección 3·1)
**exponente** (Lección 3·1)

**notación científica** (Lección 3·3)
**orden de las operaciones** (Lección 3·4)
**potencia** (Lección 3·1)
**raíz cuadrada** (Lección 3·2)
**raíz cúbica** (Lección 3·2)

# 3·1 Potencias y exponentes

## Exponentes

La multiplicación es el atajo para indicar una suma repetida. 5 · 3 = 3 + 3 + 3 + 3 + 3. El atajo para la multiplicación repetida 3 · 3 · 3 · 3 · 3 es la **potencia** $3^5$. El 3, el factor a multiplicar, se conoce como **base**. El 5 es el **exponente**, el cual te indica cuántas veces la base se debe multiplicar. La expresión puede leerse como "tres a la quinta potencia." Cuando escribes un exponente, se escribe un poco más arriba que la base y su tamaño es usualmente un poco menor.

> **EJEMPLO** Escribir productos usando exponentes
>
> Escribe 2 · 2 · 2 · 2 · 2 · 2 · 2 como un exponente.
>
> Todos los factores son 2.
> - Verifica que el mismo factor se usa en la expresión.
>
> Hay 7 factores de 2.
> - Cuenta el número de veces que 2 se está multiplicando.
>
> El factor 2 se multiplica 7 veces, escribe $2^7$.
> - Escribe el producto usando un exponente.
>
> Entonces, $2 · 2 · 2 · 2 · 2 · 2 · 2 = 2^7$.

**Revísalo**

Escribe cada producto, usando un exponente.

① 4 · 4 · 4

② 6 · 6 · 6 · 6 · 6 · 6 · 6 · 6 · 6

③ $x · x · x · x$

④ $y · y · y · y · y · y$

## Evaluar el cuadrado de un número

El **cuadrado** de un número aplica el exponente 2 a la base. El cuadrado de 4 se escribe $4^2$. Para evaluar $4^2$, identifica 4 como la base y 2 como el exponente. Recuerda que el exponente te indica cuántas veces usar la base como un factor. Entonces $4^2$ significa usar 4 como un factor 2 veces.

$$4^2 = 4 \cdot 4 = 16$$

La expresión $4^2$ puede leerse como "cuatro a la segunda potencia". También puede leerse como "cuatro al cuadrado".

---

**EJEMPLO** — Evaluar el cuadrado de un número

Evalúa $(-9)^2$.

La base es $(-9)$ y el exponente es 2.
- Identifica la base y el exponente.

$(-9)^2 = (-9)(-9)$
- Escríbelo como una expresión usando la multiplicación.

$(-9)(-9) = 81$
- Evalúa.

Entonces, $(-9)^2 = 81$.

---

 **Revísalo**

Evalúa cada cuadrado.

**5**  $5^2$

**6**  $(-10)^2$

**7**  3 al cuadrado

**8**  $\left(\dfrac{1}{4}\right)^2$

Potencias y exponentes  **147**

## APLICACIÓN  Cuadrar triángulos

Como puedes ver, es posible representar algunos números con matrices de puntos que forman figuras geométricas. Quizá ya te hayas dado cuenta de que esta secuencia muestra los primeros cinco números cuadrados. $1^2$, $2^2$, $3^2$, $4^2$ y $5^2$.

¿Puedes pensar en lugares en donde hayas visto números que forman una matriz triangular? Piensa en latas apiladas en una pirámide que está de muestra en el supermercado, en bolos de boliche y en 15 bolas de billar antes del arranque del juego. ¿Cuáles son los siguientes dos números triangulares?

Suma cada par de números triangulares consecutivos para formar una secuencia nueva como se muestra aquí. ¿Qué observas en esta secuencia?

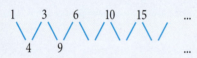

Piensa cómo podrías usar las matrices de puntos en los números cuadrados para indicar el mismo resultado. *Pista:* ¿Qué línea puedes dibujar en cada matriz? Ve la sección de **SolucionesClave** para obtener las respuestas.

## Evaluar el cubo de un número

El **cubo** de un número aplica el exponente 3 a la base. El cubo de 2 se escribe $2^3$.

Evaluar los cubos es muy semejante a evaluar cuadrados. Por ejemplo, si quieres evaluar $2^3$, 2 es la base y 3 es el exponente. Recuerda que el exponente te indica cuántas veces usar la base como un factor. Entonces $2^3$ significa usar 2 como un factor 3 veces.

$$2^3 = 2 \cdot 2 \cdot 2 = 8$$

La expresión $2^3$ puede leerse como "dos a la tercera potencia". También puede leerse como "dos al cubo".

---

**EJEMPLO** Evaluar el cubo de un número

Evalúa $(-5)^3$.

La base es $(-5)$ y el exponente es 3.
- Identifica la base y el exponente.

$(-5)^3 = (-5)(-5)(-5)$
- Escríbelo como una expresión usando la multiplicación.

$(-5)(-5)(-5) = -125$
- Evalúa.

Entonces, $(-5)^3 = -125$.

---

 **Revísalo**

Evalúa cada cubo.

**9** $4^3$

**10** $(-6)^3$

**11** 3 al cubo

**12** $(-8)$ al cubo

## Evaluar potencias más altas

Has evaluado la segunda potencia de números (cuadrados) y la tercera potencia de números (cubos). También puedes evaluar potencias más altas de números.

Para evaluar $5^4$ identifica 5 como la base y 4 como el exponente. El exponente te indica cuántas veces usar la base como un factor. Entonces $5^4$ significa usar 5 como un factor 4 veces.

$$5^4 = 5 \cdot 5 \cdot 5 \cdot 5 = 625$$

Las potencias con exponentes de 4 o superiores no tienen nombres especiales. Por lo tanto $5^4$ se lee como "cinco a la cuarta potencia".

### EJEMPLO  Evaluar potencias más altas

Evalúa $4^6$.

La base es 4 y el exponente es 6.
- Identifica la base y el exponente.

$4^6 = 4 \cdot 4 \cdot 4 \cdot 4 \cdot 4 \cdot 4$
- Escríbelo como una expresión usando la multiplicación.

$4 \cdot 4 \cdot 4 \cdot 4 \cdot 4 \cdot 4 = 4,096$
- Evalúa.

Entonces, $4^6 = 4,096$.

 **Revísalo**

Evalúa cada potencia.

**13** $(-2)^7$

**14** $9^5$

**15** $(-3)$ a la cuarta potencia

**16** 5 a la octava potencia

## Exponentes de cero y exponentes negativos

Las potencias pueden tener exponentes negativos o exponentes iguales a cero.

Cualquier número distinto de cero elevado a la potencia cero es 1.
$x^0 = 1, x \neq 0$

Para evaluar $7^0$, identifica 7 como la base y 0 como el exponente.
$7^0 = 1$

Cualquier número distinto de una potencia negativa $n$ es igual a la inversa multiplicativa elevado a la *enésima* potencia. Por ejemplo, $10^{-2} = \frac{1}{10^2}$.

| Forma exponencial | Forma estándar |
|---|---|
| $10^3$ | 1,000 |
| $10^2$ | 100 |
| $10^1$ | 10 |
| $10^0$ | 1 |
| $10^{-1}$ | $\frac{1}{10}$ |
| $10^{-2}$ | $\frac{1}{100}$ |

Para evaluar $5^{-3}$, identifica 5 como la base y $-3$ como el exponente.

$5^{-3} = \frac{1}{5^3} = \frac{1}{5} \cdot \frac{1}{5} \cdot \frac{1}{5} = \frac{1}{125}$

---

**EJEMPLO**    Evaluar exponentes de cero y exponentes negativos

Evalúa $4^0$.

La base es 4 y el exponente es 0.
- Identifica la base y el exponente.

$4^0 = 1$
- Evalúa.

Evalúa $3^{-2}$.

La base es 3 y el exponente es $-2$.
- Identifica la base y el exponente.

$3^{-2} = \frac{1}{3^2}$
- Escribe la potencia usando un exponente positivo.

$\frac{1}{3^2} = \frac{1}{3 \cdot 3} = \frac{1}{9}$
- Evalúa.

Entonces, $3^{-2} = \frac{1}{9}$.

**Revísalo**

**Evalúa cada potencia.**

- ⑰ $8^0$
- ⑱ $6^{-3}$
- ⑲ $2^0$
- ⑳ $9^{-2}$

## Potencias de diez

Nuestro sistema decimal se basa en 10. Para cada factor de 10, el punto decimal se mueve un lugar a la derecha.

$3.15 \longrightarrow 31.5$
$\times 10$

$3. \longrightarrow 30$
$\times 10$

$14.25 \longrightarrow 1{,}425$
$\times 100$

Cuando se multiplica por una potencia negativa de 10, el punto decimal se mueve a la izquierda. El número de lugares que se mueve el punto decimal es el valor absoluto de su exponente.

$3.17 \longrightarrow 0.0317$
$\times 10^{-2}$

$5.8 \longrightarrow 0.00058$
$\times 10^{-4}$

Las potencias negativas son el resultado de la división repetida.

$$10^{-1} = \frac{1}{10} = 1 \div 10$$

Cuando el punto decimal está al extremo de un número y el número se multiplica por 10, se añade un cero al número.

Trata de descubrir un patrón para las potencias de 10.

| Potencia | Como una multiplicación | Resultados | Número de ceros |
|---|---|---|---|
| $10^3$ | $10 \cdot 10 \cdot 10$ | 1,000 | 3 |
| $10^7$ | $10 \cdot 10 \cdot 10 \cdot 10 \cdot 10 \cdot 10 \cdot 10$ | 10,000,000 | 7 |
| $10^{-3}$ | $\frac{1}{10} \cdot \frac{1}{10} \cdot \frac{1}{10}$ | $\frac{1}{1000}$ ó 0.001 | 3 |
| $10^{-5}$ | $\frac{1}{10} \cdot \frac{1}{10} \cdot \frac{1}{10} \cdot \frac{1}{10} \cdot \frac{1}{10}$ | $\frac{1}{100000}$ ó 0.00001 | 5 |
| $10^{-6}$ | $\frac{1}{10} \cdot \frac{1}{10} \cdot \frac{1}{10} \cdot \frac{1}{10} \cdot \frac{1}{10} \cdot \frac{1}{10}$ | $\frac{1}{1000000}$ ó 0.000001 | 6 |

Observa que el número de ceros que hay antes o después de 1 es el mismo que la potencia de 10. Esto significa que si quieres evaluar $10^8$, simplemente escribes un 1 seguido por 8 ceros. 100,000,000.

### Revísalo

Evalúa cada potencia de 10.

**21** $10^{-4}$   **22** $10^6$   **23** $10^9$   **24** $10^{-8}$

## Usa una calculadora para evaluar potencias

Puedes usar una calculadora para evaluar potencias. En una calculadora, puedes multiplicar un número por cualquier número de veces tan sólo con usar la tecla $\boxed{\times}$.

Muchas calculadoras tienen la tecla $\boxed{x^2}$. La tecla se usa para calcular el cuadrado de un número. Introduce el número que es la base y después oprime $\boxed{x^2}$. La pantalla mostrará el cuadrado del número. En algunas calculadoras, tendrás que oprimir $\boxed{=}$ o $\boxed{\text{ENTER}}$ para ver la respuesta.

Algunas calculadoras tienen las teclas $\boxed{y^x}$ o $\boxed{x^y}$. La tecla se usa para calcular cualquier potencia de un número. Introduce el número que es la base y después oprime $\boxed{y^x}$ o $\boxed{x^y}$. Introduce el número que es el exponente y después oprime $\boxed{=}$.

Otras calculadoras usan la tecla ⌃ para calcular potencias. Introduce el número que es la base y después oprime ⌃. TIntroduce el número que es el exponente y después oprime ENTER.

### EJEMPLO  Evaluar potencias

Halla $12^2$.
- Introduce 12 en la calculadora.
- Oprime $x^2$.
- Oprime = o ENTER.

Debe aparecer 144 en la calculadora.

Halla $9^3$.
- Introduce 9 en la calculadora.
- Oprime $y^x$ o $x^y$ o ⌃.
- Introduce 3.
- Oprime ENTER.

Debe aparecer 729 en la calculadora.

Para obtener más información sobre calculadoras, consulta el Tema 9•1.

### Revísalo
**Usa una calculadora para evaluar cada potencia.**

㉕ $18^2$
㉖ $5^{10}$
㉗ $2^{25}$
㉘ $29^5$

# 3·1 Ejercicios

**Escribe cada producto, usando un exponente.**

1. $7 \cdot 7 \cdot 7$
2. $9 \cdot 9 \cdot 9 \cdot 9 \cdot 9 \cdot 9 \cdot 9$
3. $a \cdot a \cdot a \cdot a \cdot a \cdot a$
4. $w \cdot w \cdot w \cdot w \cdot w \cdot w \cdot w \cdot w \cdot w$
5. $16 \cdot 16$

**Evalúa cada cuadrado.**

6. $8^2$
7. $15^2$
8. $(-7)^2$
9. 1 al cuadrado
10. $\left(\dfrac{2}{3}\right)^2$

**Evalúa cada cubo.**

11. $7^3$
12. $11^3$
13. $(-6)^3$
14. 3 al cubo
15. $\left(\dfrac{2}{3}\right)^3$

**Evalúa cada potencia.**

16. $6^4$
17. $(-2)^5$
18. $5^5$
19. 4 a la séptima potencia
20. 1 a la decimoquinta potencia
21. $9^0$
22. $3^{-2}$
23. $2^{-4}$

**Evalúa cada potencia de 10.**

24. $10^2$
25. $10^8$
26. $10^{13}$
27. $10^{-7}$
28. $10^{-9}$

**Usa una calculadora para evaluar cada potencia.**

29. $8^6$
30. $6^{10}$

# 3·2 Raíces cuadradas y cúbicas

## Raíces cuadradas

En matemáticas, ciertas operaciones son opuestas entre sí, es decir, una operación "deshace" a la otra. La suma deshace a la resta $9 - 5 = 4$, entonces $4 + 5 = 9$. La multiplicación deshace a la división. $12 \div 4 = 3$, entonces $3 \cdot 4 = 12$.

Lo opuesto de elevar un número al cuadrado es hallar la **raíz cuadrada**. Sabes que $5^2 = 25$. La raíz cuadrada de 25 es el número que puede multiplicarse por sí mismo para obtener 25, el cual es 5. El símbolo de la raíz cuadrada es $\sqrt{\phantom{x}}$. Por lo tanto, $\sqrt{25} = 5$.

### EJEMPLO  Hallar la raíz cuadrada

Halla $\sqrt{81}$.

$9 \cdot 9 = 81$

Ya que $9 \cdot 9 = 81$, la raíz cuadrada de 81 es 9.

Entonces, $\sqrt{81} = 9$.

- *Piensa:* ¿Qué número multiplicado por sí mismo hace 81?
- Halla la raíz cuadrada.

### Revísalo

Halla cada raíz cuadrada.

1. $\sqrt{16}$
2. $\sqrt{49}$
3. $\sqrt{100}$
4. $\sqrt{144}$

**Estimar raíces cuadradas**

La tabla muestra los primeros diez **cuadrados perfectos** y sus raíces cuadradas.

| Cuadrado perfecto | 1 | 4 | 9 | 16 | 25 | 36 | 49 | 64 | 81 | 100 |
|---|---|---|---|---|---|---|---|---|---|---|
| Raíz cuadrada | 1 | 2 | 3 | 4 | 5 | 6 | 7 | 8 | 9 | 10 |

Puedes estimar el valor de una raíz cuadrada al hallar los dos números consecutivos entre los cuales está la raíz cuadrada. Observa que en la tabla de arriba $\sqrt{40}$ está entre el 36 y el 49, por lo tanto, el valor de $\sqrt{40}$ es un número que está entre 6 y 7.

### EJEMPLO — Estimar una raíz cuadrada

Estima $\sqrt{70}$.

70 está entre 64 y 81.
- Identifica los cuadrados perfectos entre los que está 70.

$\sqrt{64} = 8$ y $\sqrt{81} = 9$.
- Halla las raíces cuadradas de los cuadrados perfectos.
- Estima la raíz cuadrada.

Entonces, $\sqrt{70}$ está entre 8 y 9.

**Revísalo**

Estima cada raíz cuadrada.

**5** $\sqrt{55}$

**6** $\sqrt{18}$

**7** $\sqrt{7}$

**8** $\sqrt{95}$

## Mejores estimaciones de las raíces cuadradas

Puedes usar una calculadora para hallar una mejor estimación para el valor de la raíz cuadrada. La mayoría de las calculadoras tienen una tecla $\boxed{\sqrt{\phantom{x}}}$ para hallar las raíces cuadradas.

En algunas calculadoras, la función de $\sqrt{\phantom{x}}$ se muestra en la misma tecla que la tecla $\boxed{x^2}$ del teclado de la calculadora. Si éste es el caso de tu calculadora, entonces debes ver una tecla que tenga $\boxed{\text{INV}}$ o $\boxed{\text{2nd}}$. Para usar la función de $\sqrt{\phantom{x}}$ debes oprimir $\boxed{\text{INV}}$ o $\boxed{\text{2nd}}$ y después la tecla con $\sqrt{\phantom{x}}$.

Cuando hallas la raíz cuadrada de un número que no es un cuadrado perfecto, la respuesta será un decimal que se extenderá por toda la pantalla de la calculadora. Generalmente, redondeas las raíces cuadradas a la milésima más cercana. Recuerda que el lugar de las milésimas es el tercer lugar después del punto decimal.

### EJEMPLO  Estimar la raíz cuadrada de un número

Estima $\sqrt{42}$.

Oprime 42 $\boxed{\sqrt{\phantom{x}}}$, o 42 $\boxed{\text{INV}}$ $\boxed{x^2}$, u oprime $\boxed{\text{2nd}}$ $\boxed{x^2}$ 42 $\boxed{\text{ENTER}}$.
- Usa una calculadora.

6.4807407 si tu calculadora muestra dígitos ó 6.480740698 si tu calculadora muestra 10 dígitos.
- Lee lo que aparece en la pantalla.

Localiza el dígito en el tercer lugar después del decimal, que es 0. Después ver el dígito a su derecha, que es 7.
- Redondea a la milésima más cercana.

Porque el dígito es mayor que 5, redondéalo.
- Estima la raíz cuadrada.

Entonces, $\sqrt{42} = 6.481$.

Consulta el Tema 9·1 para saber más sobre calculadoras.

> **Revísalo**
> Estima cada raíz cuadrada a la milésima más cercana.
>
> **9** $\sqrt{2}$
> **10** $\sqrt{50}$
> **11** $\sqrt{75}$
> **12** $\sqrt{99}$

## Raíces cúbicas

De la misma manera que hallar una raíz cuadrada es lo opuesto de elevar un número al cuadrado, hallar la **raíz cúbica** es lo opuesto de elevar un número al cubo. Hallar la raíz cúbica responde la pregunta "¿Qué número se multiplica por sí mismo tres veces y resulta en el cubo?" Ya que 2 al cubo = 2 · 2 · 2 = $2^3$ = 8, la raíz cúbica de 8 es 2. El símbolo de la raíz cúbica es $\sqrt[3]{\phantom{n}}$. Por lo tanto, $\sqrt[3]{8}$ = 2.

---

**EJEMPLO** Hallar la raíz cúbica de un número

Halla $\sqrt[3]{216}$.
- *Piensa:* ¿Qué número se multiplica tres veces por sí mismo y resulta en 216?
  6 · 6 · 6 = 216
- Halla la raíz cuadrada.
  Entonces, $\sqrt[3]{216}$ = 6.

---

> **Revísalo**
> Halla la raíz cúbica de cada número.
>
> **13** $\sqrt[3]{64}$
> **14** $\sqrt[3]{343}$
> **15** $\sqrt[3]{1000}$
> **16** $\sqrt[3]{125}$

## 3·2 Ejercicios

**Halla cada raíz cuadrada.**

1. $\sqrt{9}$
2. $\sqrt{64}$
3. $\sqrt{121}$
4. $\sqrt{25}$
5. $\sqrt{196}$

6. ¿Entre cuáles dos números está $\sqrt{30}$?
   - A. 3 y 4
   - B. 5 y 6
   - C. 29 y 31
   - D. Ninguna de las anteriores

7. ¿Entre cuáles dos números está $\sqrt{84}$?
   - A. 4 y 5
   - B. 8 y 9
   - C. 9 y 10
   - D. 83 y 85

8. ¿Entre cuáles dos números consecutivos está $\sqrt{21}$?
9. ¿Entre cuáles dos números consecutivos está $\sqrt{65}$?
10. ¿Entre cuáles dos números consecutivos está $\sqrt{106}$?

**Estima cada raíz cuadrada a la milésima más cercana.**

11. $\sqrt{3}$
12. $\sqrt{10}$
13. $\sqrt{47}$
14. $\sqrt{86}$
15. $\sqrt{102}$

**Halla la raíz cúbica de cada número.**

16. $\sqrt[3]{27}$
17. $\sqrt[3]{512}$
18. $\sqrt[3]{1331}$
19. $\sqrt[3]{1}$
20. $\sqrt[3]{8000}$

# 3•3 Notación científica

## Usar la notación científica

En las ciencias y las matemáticas se usan números que son o muy grandes o muy pequeños. Los números grandes a menudo tienen muchos ceros al final. Los números pequeños generalmente tienen muchos ceros al principio.

Número grande:   450,000,000
　　　　　　　　　muchos ceros al final

Número pequeño:   0.000000032
　　　　　　　　　muchos ceros al principio

**Revísalo**

Identifica cada número como muy grande o muy pequeño.

① 0.000015

② 6,000,000

③ 0.00000901

### Escribir números grandes usando la notación científica

La **notación científica** es una manera de expresar números grandes como el producto de un número que está entre 1 y 10 y una potencia de 10. Para escribir un número en notación científica, primero mueve el punto decimal de manera que esté a la derecha del primer número distinto de cero. En segundo lugar, cuenta el número de lugares que recorriste el punto decimal. Finalmente, halla la potencia de 10. Si el valor absoluto del número original es mayor que 1, el exponente es positivo.

$35{,}700 = 3.57 \cdot 10^4$

### EJEMPLO  Escribir números grandes usando la notación científica

Escribe 4,250,000,000 en notación científica.

4.250000000.
- Mueve el punto decimal de manera que sólo un dígito quede a la izquierda del decimal.

4.250000000.
9 lugares
- Cuenta el número de lugares decimales que el decimal tiene que recorrerse hacia la derecha.

$4.25 \cdot 10^9$
- Escribe el número sin los ceros del final y multiplica por la potencia correcta de 10.

Entonces, 4,250,000,000 en notación científica es $4.25 \cdot 10^9$.

 **Revísalo**

Escribe cada número en notación científica.

**4** 68,000

**5** 7,000,000

**6** 73,280,000

**7** 30,500,000,000

### APLICACIÓN  Insectos

Los insectos son la forma de vida más exitosa que hay sobre la Tierra. Se han clasificado y nombrado aproximadamente un millón . Se estima que hay hasta cuatro millones más. ¡No estamos hablando del total de insectos sino de cuatro millones de clases de insectos!

Se estima que hay 200,000,000 de insectos por cada persona del planeta. Si la población mundial es de aproximadamente 6,000,000,000 ¿aproximadamente con cuántos insectos compartimos la Tierra? Usa una calculadora para llegar a una estimación. Escribe el número en notación científica. Ve **SolucionesClave** para obtener la respuesta.

**3·3** NOTACIÓN CIENTÍFICA

### Escribir números pequeños usando la notación científica

La notación científica es una manera de expresar números pequeños como el producto de un número que está entre 1 y 10 y una potencia de 10. Para escribir un número en notación científica, primero mueve el punto decimal de manera que esté a la derecha del primer número distinto de cero. En segundo lugar, cuenta el número de lugares que desplazaste el punto decimal. Finalmente, halla la potencia de 10. Si el valor absoluto del número original está entre 0 y 1, el exponente es negativo.

$$0.000357 = 3.57 \cdot 10^{-4}$$

**EJEMPLO** Escribir números pequeños usando la notación científica

Escribe 0.0000000425 en notación científica.

0.00000004.25
- Mueve el punto decimal de manera que un dígito distinto de cero quede a la izquierda del decimal.

0.00000004.25
8 lugares
- Cuenta el número de lugares decimales que el decimal tiene que desplazarse hacia la izquierda.

$4.25 \cdot 10^{-8}$
- Escribe el número sin los ceros iniciales, y multiplica por la potencia correcta de 10. Usa un exponente negativo para mover el decimal a la izquierda.

Entonces, 0.0000000425 en notación científica es $4.25 \cdot 10^{-8}$.

**Revísalo**

Escribe cada número en notación científica.

**8** 0.0038

**9** 0.0000004

**10** 0.0000000000603

**11** 0.0007124

## Convertir de notación científica a forma estándar

### Convertir a forma estándar cuando el exponente es positivo

Cuando la potencia de 10 es positiva, cada factor de 10 nueve el punto decimal un lugar a la derecha. Cuando se alcanza el último dígito del número, algunos factores de 10 pueden aún estar presentes. Suma un cero al final del número para cada factor restante de 10.

> **EJEMPLO** Convertir a forma estándar
>
> Escribe $7.035 \cdot 10^6$ en forma estándar.
>
> El exponente es positivo.
> El punto decimal se mueve
> a la derecha 6 lugares.
> 7.035000.
> Mueve el punto decimal
> a la derecha 6 lugares.
>
> - Estudia el exponente.
> - Mueve el punto decimal el número correcto de lugares a la derecha. Añade los ceros necesarios al final del número para llenar los espacios hasta llegar al punto decimal.
> - Escribe la fracción en forma estándar.
>
> Entonces, $7.035 \cdot 10^6 = 7{,}035{,}000$.

 **Revísalo**

Escribe cada número en forma estándar.

- **12** $5.3 \cdot 10^4$
- **13** $9.24 \cdot 10^8$
- **14** $1.205 \cdot 10^5$
- **15** $8.84073 \cdot 10^{12}$

**Convertir a forma estándar cuando el exponente es negativo**

Cuando la potencia de 10 es negativa, cada factor de 10 mueve el punto decimal un lugar a la izquierda. Porque hay sólo un dígito a la izquierda del decimal, tendrás que añadir ceros al principio del número.

### EJEMPLO  Convertir a forma estándar

Escribe $4.16 \cdot 10^{-5}$ en forma estándar.

El exponente es negativo.

El punto decimal se mueve 5 lugares a la izquierda.

0.00004.16

Mueve el punto decimal a la izquierda 5 lugares.

- Estudia el exponente.
- Mueve el punto decimal el número correcto de lugares a la izquierda. Añade los ceros necesarios al principio del número para llenar los espacios hasta llegar al punto decimal.
- Escribe la fracción en forma estándar.

Entonces, $4.16 \cdot 10^{-5} = 0.0000416$.

**Revísalo**

Escribe cada número en forma estándar.

**16** $7.1 \cdot 10^{-4}$

**17** $5.704 \cdot 10^{-6}$

**18** $8.65 \cdot 10^{-2}$

**19** $3.0904 \cdot 10^{-11}$

# 3·3 Ejercicios

**Identifica cada número como muy grande o muy pequeño.**

1. 0.000034
2. 83,900,000
3. 0.000245
4. 302,000,000,000

**Escribe cada número en notación científica.**

5. 420,000
6. 804,000,000
7. 30,000,000
8. 13,060,000,000,000
9. 0.00037
10. 0.0000506
11. 0.002
12. 0.000000005507

**Escribe cada número en forma estándar.**

13. $2.4 \cdot 10^7$
14. $7.15 \cdot 10^4$
15. $4.006 \cdot 10^{10}$
16. $8 \cdot 10^8$
17. $4.9 \cdot 10^{-7}$
18. $2.003 \cdot 10^{-3}$
19. $5 \cdot 10^{-5}$
20. $7.0601 \cdot 10^{-10}$

21. ¿Cuál de los siguientes expresa el número 5,030,000 en notación científica?
    A. $5 \cdot 10^6$    B. $5.03 \cdot 10^6$    C. $5.03 \cdot 10^{-6}$    D. $50.3 \cdot 10^5$

22. ¿Cuál de los siguientes expresa el número 0.0004 en notación científica?
    A. $4 \cdot 10^4$    B. $0.4 \cdot 10^{-3}$    C. $4 \cdot 10^{-4}$    D. $4 \cdot 10^{-3}$

23. ¿Cuál de los siguientes expresa el número $3.09 \cdot 10^7$ en notación científica?
    A. 30,000,000
    B. 30,900,000
    C. 0.000000309
    D. 3,090,000,000

24. ¿Cuál de los siguientes expresa el número $5.2 \cdot 10^{-5}$ en notación científica?
    A. 0.000052
    B. 0.0000052
    C. 520,000
    D. 5,200,000

25. Cuando está escrito en notación científica, ¿cuál de los siguientes números tendrá la potencia de 10 más grande?
    A. 93,000
    B. 408,000
    C. 5,556,000
    D. 100,000,000

# 3·4 Leyes de exponentes

## Revisar el orden de las operaciones

Cuando se evalúan expresiones usando el **orden de las operaciones**, debes resolver las operaciones en el siguiente orden:

Primero, resuelve las operaciones que están dentro de los símbolos de agrupación.

Después, evalúa las potencias y raíces.

A continuación, multiplica y divide en orden de izquierda a derecha.

Finalmente, suma y resta de izquierda a derecha.

---

**EJEMPLO** Evaluar expresiones con exponentes

Evalúa $3(6 - 2) + 4^3 \div 8 - 3^2$.

$= 3(4) + 4^3 \div 8 - 3^2$ • Completa primero las operaciones que están dentro del paréntesis.

$= 3(4) + 64 \div 8 - 9$ • Evalúa las potencias.

$= 12 + 8 - 9$ • Multiplica y divide de izquierda a derecha.

$= 11$ • Suma y resta de izquierda a derecha.

Entonces, $3(6 - 2) + 4^3 \div 8 - 3^2 = 11$.

---

**Revísalo**

Evalúa cada expresión.

① $5^2 - 8 \div 4$

② $(7 - 3)^2 + 16 \div 2^4$

③ $5 + (3^2 - 2 \cdot 4) + 12$

④ $16 - (4 \cdot 3 - 7) + 2^3$

## Leyes de los productos

Puedes hacer cálculos mucho más sencillos con exponentes si sigues las leyes de los exponentes.

Para multiplicar las potencias que tienen la misma base, suma los exponentes.
$a^b \cdot a^c = a^{b+c}$

Para multiplicar bases con la misma potencia, multiplica las bases.
$a^c \cdot b^c = (ab)^c$

### EJEMPLO  Multiplicar potencias

Simplifica $2^2 \cdot 2^4$. Expresa usando exponentes.
$2^2 \cdot 2^4 = 2^{2+4}$ • Suma los exponentes.
$2^{2+4} = 2^6$ • Simplifica.
Entonces, $2^2 \cdot 2^4 = 2^6$.

Simplifica $3^2 \cdot 5^2$. Expresa usando exponentes.
$3^2 \cdot 5^2 = (3 \cdot 5)^2$ • Multiplica las bases.
$(3 \cdot 5)^2 = 15^2$ • Simplifica.
Entonces, $3^2 \cdot 5^2 = 15^2$.

### Revísalo
Simplifica. Expresa usando exponentes.

**5** $3^4 \cdot 3^5$

**6** $2^6 \cdot 2^{12}$

**7** $2^3 \cdot 4^3$

**8** $5^2 \cdot 6^2$

## Leyes de los cocientes

Para dividir las potencias que tienen la misma base, resta los exponentes.
$$\frac{a^b}{a^c} = a^{b-c}; a \neq 0$$

Para dividir dos bases con la misma potencia, divide las bases.
$$\frac{a^c}{b^c} = \left(\frac{a}{b}\right)^c; b \neq 0$$

**EJEMPLO** Dividir potencias

Simplifica $\frac{3^4}{3^2}$. Expresa usando exponentes.

$\frac{3^4}{3^2} = 3^{4-2}$ • Resta los exponentes.

$3^{4-2} = 3^2$ • Simplifica.

Entonces, $\frac{3^4}{3^2} = 3^2$.

Simplifica $\frac{8^3}{4^3}$. Expresa usando exponentes.

$\frac{8^3}{4^3} = \left(\frac{8}{4}\right)^3$ • Divide las bases.

$\left(\frac{8}{4}\right)^3 = 2^3$ • Simplifica.

Entonces, $\frac{8^3}{4^3} = 2^3$.

**Revísalo**

**Simplifica. Expresa usando exponentes.**

**9** $\frac{2^3}{2^2}$

**10** $\frac{5^9}{5^6}$

**11** $\frac{6^4}{3^4}$

**12** $\frac{18^2}{6^2}$

Leyes de exponentes **169**

## Ley de potencias de una potencia

Para hallar la potencia de una potencia, multiplica los exponentes.
$$(a^b)^c = a^{bc}$$

Para hallar la potencia de un producto, aplica el exponente de cada factor y multiplica.
$$(ab)^c = a^c b^c$$

### EJEMPLO  Hallar la potencia de una potencia

Simplifica $(4^3)^5$.

| | |
|---|---|
| $(4^3)^5 = 4^{(3 \cdot 5)}$ | • Multiplica los exponentes. |
| $4^{(3 \cdot 5)} = 4^{15}$ | • Simplifica. |

Entonces, $(4^3)^5 = 4^{15}$.

Simplifica $(3xy)^2$.

| | |
|---|---|
| $(3xy)^2 = 3^2 x^2 y^2$ | • Aplica el exponente a cada factor y multiplica. |
| $3^2 x^2 y^2 = 9x^2 y^2$ | • Simplifica. |

Entonces, $(3xy)^2 = 9x^2 y^2$.

### Revísalo

**Simplifica. Expresa usando exponentes.**

**13** $(3^2)^4$

**14** $(3^6)^3$

**15** $(4ab)^3$

**16** $(3xy^6)^3$

## 3·4 Ejercicios

**Evalúa cada expresión.**

1. $4^2 \div 2^3$
2. $(5-3)^5 - 4 \cdot 5$
3. $7^2 - 3(5+3^2)$
4. $8^2 \div 4 \cdot 2$
5. $15 \div 3 + (10-7)^2 \cdot 2$
6. $7 \cdot 3 - (8-2 \cdot 3)^3 - 1$
7. $5^2 - 2 \cdot 3^2$
8. $2 \cdot 5 + 3^4 \div (4+5)$
9. $(7-3)^2 - (9-6)^3 \div 9$
10. $3 \cdot 4^2 \div 6 + 2(3^2 - 5)$

**Simplifica cada expresión.**

11. $a^2 \cdot a^5$
12. $\dfrac{x^8}{x^5}$
13. $(m^3)^4$
14. $3^5 \cdot 3^7$
15. $2^4 \cdot 7^4$
16. $(6x^4)(8x^7)$
17. $\dfrac{3^7}{3^5}$
18. $\dfrac{15^3}{5^3}$
19. $(3^3)^5$
20. $\left[(4^2)^3\right]^2$
21. $(5ab)^4$

# Potencias y raíces

## ¿Qué has aprendido?

Puedes usar los siguientes problemas y lista de palabras para ver qué es lo que ya sabes de este capítulo. Si quieres saber más acerca de un problema o palabra en particular busca el número del tema (*por ejemplo,* Lección 3·2).

### Conjunto de problemas

Escribe cada producto, usando un exponente. (Lección 3·1)

1. $7 \cdot 7 \cdot 7 \cdot 7 \cdot 7 \cdot 7 \cdot 7 \cdot 7$
2. $n \cdot n \cdot n \cdot n$

Evalúa cada cuadrado. (Lección 3·1)

3. $3^2$
4. $7^2$
5. $12^2$
6. $(-8)^2$
7. $\left(\dfrac{3}{4}\right)^2$

Evalúa cada cubo. (Lección 3·1)

8. $4^3$
9. $9^3$
10. $5^3$
11. $(-3)^3$
12. $\left(\dfrac{1}{2}\right)^3$

Evalúa cada potencia. (Lección 3·1)

13. $3^8$
14. $7^4$
15. $2^{11}$
16. $(-2)^5$
17. $5^0$
18. $9^0$
19. $4^{-3}$
20. $7^{-2}$

Evalúa cada potencia de 10. (Lección 3·1)

21. $10^2$
22. $10^5$
23. $10^9$

Evalúa cada raíz cuadrada. (Lección 3·2)

24. $\sqrt{9}$
25. $\sqrt{64}$
26. $\sqrt{169}$

Estima cada raíz cuadrada que esté entre dos números enteros consecutivos. (Lección 3·2)

27. $\sqrt{51}$
28. $\sqrt{18}$
29. $\sqrt{92}$

Estima cada raíz cuadrada a la milésima más cercana. (Lección 3·2)

30. $\sqrt{23}$   31. $\sqrt{45}$

Evalúa cada raíz cúbica. (Lección 3·2)

32. $\sqrt[3]{27}$   33. $\sqrt[3]{125}$   34. $\sqrt[3]{729}$

Identifica cada número como muy grande o muy pequeño. (Lección 3·3)

35. 0.000063
36. 8,600,000

Escribe cada número en notación científica. (Lección 3·3)

37. 9,300,000
38. 800,000,000
39. 0.000054
40. 0.0605

Escribe cada número en forma estándar. (Lección 3·3)

41. $3.4 \cdot 10^4$
42. $7.001 \cdot 10^{10}$
43. $9 \cdot 10^6$
44. $5.3 \cdot 10^{-3}$
45. $6.02 \cdot 10^{-9}$
46. $4 \cdot 10^{-4}$

Evalúa cada expresión. (Lección 3·4)

47. $3 \cdot 5^2 - 4^2 \cdot 2$
48. $6^2 - (8^2 \div 2^5 + 3 \cdot 5)$
49. $(1 + 2 \cdot 3)^2 - (2^3 - 4 \div 2^2)$

---

**Palabras Clave**

Escribe las definiciones de las siguientes palabras.

base (Lección 3·1)
cuadrado (Lección 3·1)
cuadrados perfectos (Lección 3·2)
cubo (Lección 3·1)
exponente (Lección 3·1)

notación científica (Lección 3·3)
orden de las operaciones (Lección 3·4)
potencia (Lección 3·1)
raíz cuadrada (Lección 3·2)
raíz cúbica (Lección 3·2)

# TemaClave 4

## Datos, estadística y probabilidad

**¿Qué sabes?** Puedes usar los siguientes problemas y lista de palabras para ver qué es lo que ya sabes de este capítulo. Las respuestas a los problemas están en la sección **SolucionesClave** que está al final del libro. Las definiciones de las palabras están en la sección **PalabrasClave** que está al principio del libro. Si quieres saber más acerca de un problema o palabra en particular busca el número del tema (*por ejemplo,* Lección 4·2).

### Conjunto de problemas

Usa lo siguiente para los Ejercicios 1 a 3. Un estudiante preguntó a otros estudiantes que iban con él en el autobús escolar sobre su horario favorito de educación física. A continuación se muestran las respuestas. (Lección 4·1)

| Horario favorito de educación física | | | |
|---|---|---|---|
| | Estudiantes de 6º | Estudiantes de 7º | Estudiantes de 8º |
| Al principio de la mañana | III | ℍℍ | |
| Al final de la mañana | IIII | ℍℍ ℍℍ | IIII |
| Al principio de la tarde | ℍℍ | ℍℍ | I |
| Al final de la tarde | II | I | ℍℍ I |

1. ¿Cuál es el horario de educación física favorito entre todos los estudiantes que respondieron?
2. ¿Qué grado tuvo más respuestas?
3. ¿Es ésta una muestra aleatoria?

4. En la votación de la clase se usaron marcas de conteo para contar los votos. ¿Cómo se llama la gráfica que se hace con estas marcas? (Lección 4·2)

5. En un diagrama de dispersión, la línea de ajuste óptimo se eleva de izquierda a derecha. ¿Qué tipo de correlación se ilustra? (Lección 4·3)
6. En la clase de 27 estudiantes del maestro Dahl, la calificación más baja de la prueba es 58%, la más alta es 92% y la más frecuente es 84%. ¿Cuál es el rango de estas calificaciones? (Lección 4·4)
7. ¿Qué puedes hallar en el Ejercicio 6: la media, la mediana o la moda? (Lección 4·4)
8. $C(7, 2) =$ _____ (Lección 4·5)
9. Una bolsa contiene 10 fichas: 3 rojas, 4 azules, 1 verde y 2 negras. Se saca una ficha. Se saca una segunda ficha sin reemplazar la primera que se sacó. ¿Cuál es la probabilidad de que ambas sean azules? (Lección 4·6)

## Palabras Clave

combinación (Lección 4·5)
correlación (Lección 4·3)
cuartil inferior (Lección 4·4)
cuartil superior (Lección 4·4)
cuartiles (Lección 4·4)
diagrama de árbol (Lección 4·5)
diagrama de caja (Lección 4·2)
diagrama de dispersión (Lección 4·3)
diagrama de tallo y hojas (Lección 4·2)
distribución bimodal (Lección 4·3)
distribución normal (Lección 4·3)
distribución plana (Lección 4·3)
distribución polarizada (Lección 4·3)
evento (Lección 4·5)
eventos dependientes (Lección 4·6)
eventos independientes (Lección 4·6)
factorial (Lección 4·5)
histograma (Lección 4·2)
línea de ajuste óptimo (Lección 4·3)
media (Lección 4·4)
mediana (Lección 4·4)
medidas de variación (Lección 4·4)
moda (Lección 4·4)
muestra (Lección 4·1)
muestra aleatoria (Lección 4·1)
muestra sesgada (Lección 4·1)
muestreo con reemplazo muestral (Lección 4·6)
permutación (Lección 4·5)
población (Lección 4·1)
probabilidad (Lección 4·6)
probabilidad experimental (Lección 4·6)
probabilidad teórica (Lección 4·6)
promedio ponderado (Lección 4·4)
rango (Lección 4·4)
rango intercuartil (Lección 4·4)
resultado (Lección 4·5)
valor atípico (Lección 4·4)

# 4·1 Recolectar datos

## Encuestas

¿Alguna vez te han pedido que menciones tu película favorita? ¿Alguna vez te han preguntado qué tipo de pizza te gusta? Las *encuestas* plantean a menuro este tipo de preguntas . Los estadísticos estudian un grupo de personas u objetos, llamado **población**. Por lo general ellos obtienen información de una pequeña parte de la población, llamada **muestra**.

En una encuesta, se eligieron aleatoriamente estudiantes del octavo grado de tres países y se les preguntó si pasaban tres horas o más en un día escolar normal viendo la televisión, paseando con sus amigos, practicando deportes, leyendo por diversión o estudiando. La siguiente gráfica de barras muestra el porcentaje de estudiantes que respondió afirmativamente cada categoría.

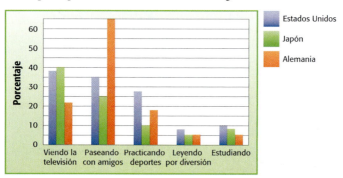

En este caso, la población son todos los estudiantes del sexto grado de Estados Unidos, Japón y Alemania. La muestra son los estudiantes que en realidad fueron encuestados.

En cualquier encuesta.
- La población consiste en las personas u objetos de los cuales se desea obtener información.
- La muestra consiste en las personas u objetos de la población que en realidad se estudian.

**Revísalo**

Identifica la población y el tamaño de la muestra.

① En una encuesta, se preguntó a 150,000 adultos de más de 45 años si escuchaban la estación de radio KROK.

② Doscientos alces en Roosevelt National Forest.

③ En una encuesta de 2007, se les preguntó su edad a 500 conductores de automóviles del estado de California.

## Muestras aleatorias

Cuando elijas una muestra para encuestar, asegúrate de que sea representativa de la población. También debes asegurarte de que sea una **muestra aleatoria**, en la que cada persona de la población tenga la misma posibilidad de ser incluida.

El maestro Singh quiere determinar si sus estudiantes quieren pizza, pollo, helado o panecillos para la fiesta de la clase. Escribe los nombres de sus estudiantes en tarjetas y saca diez tarjetas de una bolsa para elegir una muestra.

**EJEMPLO** **Determinar si una muestra es aleatoria**

Determina si la muestra anterior del maestro Singh es aleatoria.

La población es la clase del maestro Singh.
• Determina la población.

La muestra consiste en diez estudiantes.
• Determina la muestra.

Todos los estudiantes de la clase del maestro Singh tienen la misma posibilidad de ser elegidos.
• Determina si la muestra es aleatoria.

Entonces, la muestra es aleatoria.

### Revísalo

**4** Un estudiante preguntó a 20 de los padres de sus amigos por quién planeaban votar. ¿Es aleatoria esta muestra?

**5** Un estudiante asigna números a sus 24 compañeros de clase y después usa una ruleta dividida en 24 partes iguales para elegir diez números. Pide a esos diez estudiantes que identifiquen su película favorita. ¿Es aleatoria la muestra?

## Muestras sesgadas

Una **muestra sesgada** está determinada de tal manera que una o más partes de la población se favorecen más que otras. Se puede usar una muestra sesgada para obtener un resultado o conclusión específico.

Una muestra puede estar sesgada si se toma la muestra de una población que es conveniente o sólo de aquellos que quieren participar en la encuesta. Por ejemplo, una encuesta podría tener la intención de representar a todos los estudiantes de la escuela intermedia, pero si sólo se le pide que participe a una clase, la muestra está sesgada porque no todas las personas de la población total tienen la misma posibilidad de ser encuestadas.

---

**EJEMPLO** Determinar si una muestra está sesgada

Determina si la muestra está sesgada. Explica tu respuesta.

Durante la clase de inglés del maestro Thompson, los estudiantes que habían terminado su tarea en clase podían participar en una encuesta del octavo grado. Se pidió a sesenta de los 112 estudiantes que terminaron su tarea que nombraran su materia escolar favorita.

- Determina la población.

    La población es la clase de inglés del maestro Thompson.

- Determina la muestra.

    La muestra consiste en sesenta estudiantes.

- Determina si la muestra está sesgada.

    No todos los estudiantes del octavo grado tuvieron la misma posibilidad de participar en la encuesta.

Entonces, la muestra está sesgada.

### Revísalo

**6** Una estación de radio de música country encuestó a 1,400 miembros de su audiencia para determinar qué tipo de música le gustaba más a la gente. De 100 radioescuchas, 80 dijeron que les gustaba más la música country. ¿La muestra está sesgada? Explica.

**7** Para determinar qué quieren jugar 360 estudiantes de la escuela intermedia durante el día de recompensa, un maestro elige aleatoriamente 100 de 360 respuestas de una caja. ¿La muestra está sesgada? Explica.

## Cuestionarios

Cuando escribes preguntas para una encuesta, es importante asegurarte de que las preguntas no estén sesgadas. Es decir, las preguntas no deben hacer suposiciones ni influir en las respuestas. Los dos cuestionarios siguientes están diseñados para averiguar qué tipo de alimentos les gusta a tus compañeros y qué hacen después de la escuela. El primer cuestionario usa preguntas sesgadas. El segundo usa preguntas que no están sesgadas.

**Encuesta 1:**
   **A.** ¿Qué tipo de pizza te gusta?
   **B.** ¿Cuál es tu programa de televisión favorito de la tarde?

**Encuesta 2:**
   **A.** ¿Cuál es tu alimento favorito?
   **B.** ¿Qué te gusta hacer por la tarde?

Cuando desarrollas un cuestionario:
- Decide sobre qué tema quieres hacer preguntas.
- Define una población y decide cómo seleccionar una muestra no sesgada de esa población.
- Desarrolla preguntas que no estén sesgadas.

**Revísalo**

**8** ¿Por qué la pregunta A del Cuestionario 1 está sesgada?

**9** ¿Por qué la pregunta B del Cuestionario 2 es mejor que la pregunta B del Cuestionario 1?

**10** Escribe una pregunta que plantee lo mismo que la siguiente pregunta pero que no esté sesgada. ¿Eres un ciudadano consciente que recicla el periódico?

## Recolectar datos

Después de que el maestro Singh recolectó los datos de sus estudiantes, tenía que decidir cómo mostrar los resultados. A medida que preguntaba a los estudiantes sobre su alimento preferido, usó marcas de conteo para llevar la cuenta de las respuestas en una tabla. La siguiente tabla de frecuencias muestra sus respuestas.

| Alimento preferido en la clase del maestro Singh ||
|---|---|
| Alimento preferido | Número de estudiantes |
| Pizza | ||||  ||||  || |
| Pollo | ||||  | |
| Helado | ||||  |||| |
| Panecillos | ||| |

Sigue este procedimiento cuando hagas una tabla para recolectar datos.
- Lista las categorías o preguntas en la primera columna o fila.
- Lleva la cuenta de las respuestas en la segunda columna o fila.

 **Revísalo**

**11** ¿Cuántos estudiantes eligieron pollo?

**12** ¿Cuál fue el alimento menos favorecido por los estudiantes encuestados?

**13** Si el maestro Singh usa la encuesta para elegir los alimentos que servirá en la fiesta de la clase, ¿qué debe servir? Explica.

# 4·1 Ejercicios

1. Para elegir los negocios que iba a encuestar, Norma consiguió una lista de los negocios de la ciudad y escribió cada nombre en un pedazo de papel. Colocó los pedazos de papel en una bolsa y sacó 50 nombres. ¿La muestra está sesgada?
2. Jonah tocó en 25 puertas de su vecindario. Preguntó a los residentes que abrieron si estaban a favor de la idea de que la ciudad construyera una piscina. ¿La muestra es aleatoria?

**¿Están sesgadas las siguientes preguntas? Explica.**

3. ¿Estás satisfecho con horrible edificio que se construye en tu vecindario?
4. ¿Cuántas horas ves la televisión cada semana?

**Escribe preguntas no sesgadas que reemplacen a las siguientes preguntas.**

5. Para mascota, ¿prefieres lindos y adorables gatitos o te gustan más los perros?
6. ¿Eres considerado y no enciendes el estéreo después de las 10 P.M.?

La maestra Chow preguntó a sus estudiantes qué tipo de libro preferían leer y llevó la cuenta de los siguientes datos.

| Libros preferidos de los estudiantes de la maestra Chow | | |
|---|---|---|
| Tipo de libro | Número de estudiantes del séptimo grado | Número de estudiantes del octavo grado |
| Biografía | ﬄ ﬄ | ﬄ ﬄ II |
| Misterio | ﬄ I | III |
| Ficción | ﬄ ﬄ II | ﬄ ﬄ |
| Ciencia ficción | ﬄ II | ﬄ I |
| No ficción | III | ﬄ I |

7. ¿Qué tipo de libro fue más popular? ¿Cuántos estudiantes prefirieron ese tipo de libro?
8. ¿Qué tipo de libro prefirieron 13 estudiantes?
9. ¿Cuántos estudiantes fueron encuestados?

# 4·2 Mostrar datos

## Interpretar y crear una tabla

Sabes que los estadísticos recolectan datos sobre personas u objetos. Una manera de mostrar los datos es usar una tabla. Éstos son los números de las letras que hay en las palabras de las dos primeras oraciones de *Black Beauty*.

3 5 5 4 1 3 4 8 3 1 5 8 6 4 1 4 2 5 5 2 2 4 5 5 6 4 2 3 6 3 11 4 2 3 4 3

### EJEMPLO  Hacer una tabla

Haz una tabla para organizar los datos sobre las letras de las palabras.

- Nombra la primera fila o columna que estás contando.

    Rotula la primera fila *Número de letras*.

- Lleva la cuenta de las cantidades de cada categoría en la segunda fila o columna.

| Número de letras | 1 | 2 | 3 | 4 | 5 | 6 | 7 | 8 | más de 8 |
|---|---|---|---|---|---|---|---|---|---|
| Número de palabras | III | ︙ II | ︙ III | ︙ II | ︙ III | III |  | II | I |

- Cuenta las marcas y anota el número en la segunda fila o columna.

| Número de letras | 1 | 2 | 3 | 4 | 5 | 6 | 7 | 8 | más de 8 |
|---|---|---|---|---|---|---|---|---|---|
| Número de palabras | 3 | 5 | 7 | 8 | 7 | 3 | 0 | 2 | 1 |

El número de letras más frecuente en una palabra es 4. Tres palabras tienen 1 letra.

### Revísalo

 ¿Qué información se pierde al usar la categoría "más de 8"?

 Usa los datos de abajo para hacer una tabla que muestre el número de medallas de oro que ganó cada país en las Olimpiadas de invierno de 1994.
10 9 11 7 6 3 3 2 4 0 1 0 0 2 1 0 0 1 0 0 1 0

## Interpretar un diagrama de caja

Un **diagrama de caja** muestra datos usando el valor intermedio de los datos y los *cuartiles* (p. 208), o divisiones del 25% de los datos. El siguiente diagrama de caja muestra las calificaciones de una prueba de matemáticas de una clase del octavo grado.

En un diagrama de caja, el 50% de las calificaciones está por encima de la mediana y el 50% está por debajo. El primer cuartil es la calificación de la mediana de la mitad inferior de las calificaciones. El tercer cuartil es la calificación de la mediana del la mitad superior de las calificaciones.

### Calificaciones de la prueba

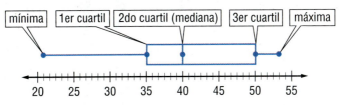

Esto es lo que sabemos sobre las calificaciones de la prueba.
- La calificación más alta es 53. La calificación más baja es 21.
- La mediana de la calificación es 40. La calificación del primer cuartil es 35 y la calificación del tercer cuartil es 50.
- El 50% de las calificaciones está entre 35 y 50.

 **Revísalo**

Usa el siguiente diagrama de caja para los Ejercicios 3-5.

**Gramos de grasa de una malteada típica de comida rápida**

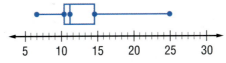

**3** ¿Cuál es la mayor cantidad de grasa que tiene una malteada de comida rápida?

**4** ¿Cuál es la mediana de la cantidad de grasa que tiene una malteada de comida rápida?

**5** ¿Qué porcentaje de la malteada contiene entre 7 y 11.5 gramos de grasa?

## Interpretar y crear una gráfica circular

Otra manera de mostrar datos es usar una *gráfica circular*. Se puede usar una gráfica circular para mostrar partes de un todo.

Arturo realizó una encuesta para averiguar qué tipo de desperdicios sólidos se tiraban. Arturo quiere hacer una gráfica circular que muestre los siguientes datos.

| Desechos sólidos | | |
|---|---|---|
| Tipo | Porcentaje | Medida de ángulo central |
| Papel | 39% | 360° • 0.39 = 140.4° |
| Vidrio | 6% | 360° • 0.06 = 21.6° |
| Metales | 8% | 360° • 0.08 = 28.8° |
| Plástico | 9% | 360° • 0.09 = 32.4° |
| Madera | 7% | 360° • 0.07 = 25.2° |
| Alimentos | 7% | 360° • 0.07 = 25.2° |
| Desechos de jardín | 15% | 360° • 0.15 = 54° |
| Desechos variados | 9% | 360° • 0.09 = 32.4° |

Para hacer una gráfica circular,
- escribe cada parte de los datos como un porcentaje de un todo.
- halla la medida del grado de cada parte del círculo al multiplicar el porcentaje por 360°, el número total de grados que tiene un círculo.
- dibuja un círculo, mide cada ángulo central y completa la gráfica. Asegúrate de rotular la gráfica e incluir un título.

Desechos sólidos tirados

En la gráfica, puedes ver que más de la mitad de los desechos sólidos es de papel y desechos de jardín. Se tiran cantidades iguales de alimentos y madera.

**Revísalo**

Usa la gráfica circular de la derecha para responder los Ejercicios 6 y 7.

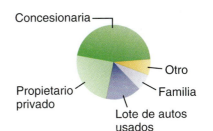

**6** ¿Aproximadamente qué fracción de personas compra autos usados en una concesionaria?

**7** ¿Aproximadamente qué fracción de personas compra autos usados a propietarios privados?

**8** Haz una gráfica circular que muestre los resultados de las ganancias de los estudiantes.
Lavar autos: $355   Venta de pasteles: $128
Reciclar: $155      Venta de libros: $342

## Interpretar y crear un diagrama lineal

Un *diagrama lineal*, a veces llamado gráfica de frecuencias, muestra los datos de una recta numérica con varias X para mostrar la frecuencia de los datos. Supón que recolectas los siguientes datos sobre las horas a las que tus amigos se levantan en un día escolar.

5:30, 6, 5:30, 8, 7:30, 8, 7:30, 9, 8, 8, 6, 6:30, 6, 8

Para hacer un diagrama lineal:
- Dibuja una recta numérica que muestre los números de tu conjunto de datos.
- Coloca una X para representar cada resultado sobre la recta numérica en cada pieza de datos que tienes.
- Ponle un título al diagrama.

Tu diagrama lineal debe verse así:

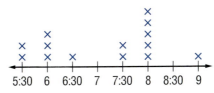

**Horas a las que se levantan mis amigos**

A partir del diagrama lineal sabes que tus amigos se levantan entre las 5:30 y las 9:00 en días escolares.

### Revísalo

**9** ¿Cuál es la hora más frecuente a la que se levantan tus amigos?

**10** ¿Cuántos amigos se levantan antes de las 7:00 A.M.?

**11** Haz un diagrama lineal que muestre el número de letras que hay en las primeras dos oraciones de *Black Beauty* (p. 182).

## Interpretar una gráfica lineal

Sabes que se puede una *gráfica lineal* usar para mostrar los cambios en los datos a través del tiempo. La siguiente gráfica lineal compara las calificaciones mensuales promedio del salto de caballo de dos gimnastas.

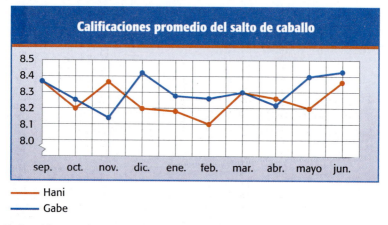

En la gráfica, puedes ver que Hani y Gabe obtuvieron las mismas calificaciones durante dos meses, septiembre y marzo.

### Revísalo

**12** ¿Qué gimnasta tuvo mejores calificaciones en diciembre?

**13** ¿Qué gimnasta normalmente obtiene calificaciones más altas en el salto de caballo?

## Interpretar un diagrama de tallo y hojas

Los siguientes números muestran las edades de los estudiantes de una clase de Tai Chi.

8 12 78 34 38 15 18 9 45 24 39 28 20 66 68 75 45 52 18 56

Es difícil analizar los datos cuando se muestran en una lista. Sabes que podrías hacer una tabla, un diagrama de caja o una gráfica lineal para mostrar esta información. Otra manera de mostrar la información es hacer un diagrama de tallo y hojas. El **diagrama de tallo y hojas** de la derecha muestra las edades de los estudiantes.

**Edades de los estudiantes**

| Tallo | Hojas |
|---|---|
| 0 | 8 9 |
| 1 | 2 5 8 8 |
| 2 | 0 4 8 |
| 3 | 4 8 9 |
| 4 | 5 5 |
| 5 | 2 6 |
| 6 | 6 8 |
| 7 | 5 8 |

1 | 2 = 12 años

Observa que los dígitos de las decenas aparecen en la columna izquierda. Éstos se llaman *tallos*. Los dígitos de la derecha se llaman *hojas*. Al observar el diagrama, sabes que hay más estudiantes adolescentes que veinteañeros y treintañeros; y que dos estudiantes tienen menos de diez años.

**Revísalo**

El diagrama de tallo y hojas muestra los puntos promedio por partido de los jugadores con más anotaciones durante varios años.

**14** ¿Cuántos jugadores anotaron un número promedio de puntos de entre 30 y 31?

**15** ¿Cuál fue el número promedio más alto de puntos anotados? ¿El más bajo?

**Puntos promedio por partido**

| Tallo | Hojas |
|---|---|
| 27 | 2 |
| 28 | 4 |
| 29 | 3 6 8 |
| 30 | 1 3 4 6 6 7 8 |
| 31 | 1 1 5 |
| 32 | 3 5 6 9 |
| 33 | 1 6 |
| 34 | 0 5 |
| 35 | 0 |
| 36 | |
| 37 | 1 |

30 | 1 = 30.1 puntos

Mostrar datos

## Interpretar y crear una gráfica de barras

Otra gráfica que puedes usar para mostrar los datos se llama *gráfica de barras*. En esta gráfica, se usan ya sea barras horizontales o barras verticales para mostrar los datos. Considera los datos que muestran lo que gana Kirti por podar céspedes.

| mayo | junio | julio | agosto | septiembre |
|---|---|---|---|---|
| $78 | $92 | $104 | $102 | $66 |

Puedes hacer una gráfica de barras que muestre las ganancias de Kirti.

Para hacer una gráfica de barras:
- Elige una escala vertical y decide qué colocar en la escala horizontal.
- En cada rubro de la escala horizontal, dibuja una barra de la altura adecuada.
- Escribe el título de la gráfica.

Abajo se muestra una gráfica de barras de las ganancias de Kirti.

En la gráfica, puedes ver que sus ganancias fueron más altas en julio.

### Revísalo

**16** ¿Durante qué mes fueron más bajas las ganancias de Kirti?

**17** Escribe un enunciado que describa las ganancias de Kirti.

**18** Usa los datos para hacer una gráfica de barras que muestre el número de estudiantes de la escuela intermedia que aparecen en el cuadro de honor.

| Sexto grado | 144 |
| Séptimo grado | 182 |
| Octavo grado | 176 |

## Interpretar una gráfica de barras dobles

Si quieres mostrar información sobre dos o más cosas, puedes usar una *gráfica de barras dobles*. La siguiente gráfica muestra las fuentes de ingresos de escuelas públicas en los últimos años.

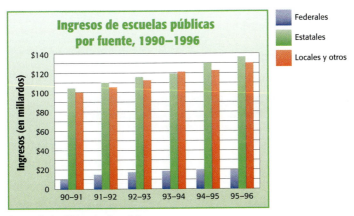

**Fuente:** National Education Association

En la gráfica puedes ver que los estados por lo general contribuyen más a las escuelas públicas que las fuentes locales y otras fuentes. Observa que las cantidades se dan en millardos. Esto significa que en la gráfica $20 representa $20,000,000,000.

### Revísalo

**19** ¿Aproximadamente cuántos estados contribuyeron a las escuelas públicas en 1993-1994?

**20** Escribe un enunciado que describa la contribución federal durante los años que se muestran.

## Interpretar y crear un histograma

Un **histograma** es una gráfica de barras especial que muestra la frecuencia de los datos. Supón que preguntas a varios compañeros de clase cuántas horas, redondeado a la hora más cercana, hablan por teléfono cada semana y recolectas los siguientes datos.

4 3 2 3 1 2 0 2 1 3 4 2 1 0 1 6

Para crear un histograma:

- Haz una tabla que muestre las frecuencias.

| Horas | Conteo | Frecuencia |
|-------|--------|------------|
| 0 | II | 2 |
| 1 | IIII | 4 |
| 2 | IIII | 4 |
| 3 | III | 3 |
| 4 | II | 2 |
| 5 |  | 0 |
| 6 | I | 1 |

- Haz un histograma que muestre las frecuencias.
- Titula la gráfica.

En este caso, podrías llamarlo "Horas que hablan por teléfono".

Tu histograma podría verse así:

En el diagrama puedes ver que hay tantos estudiantes que hablan 1 hora por teléfono como estudiantes que hablan 2.

> **Revísalo**
>
> **21** Usando la gráfica de barras "Horas que hablan por teléfono", determina cuántos compañeros de clase fueron encuestados.
>
> **22** Haz un histograma con los datos de *Black Beauty* (p. 182). ¿Cuántas palabras tienen 5 letras o más?

# 4·2 Ejercicios

1. Haz una tabla y un histograma que muestre los siguientes datos.
   Horas que se lee por placer cada semana
   3 2 5 4 3 1 5 0 2 3 1 4 3 5 1 7 0 3 0 2

2. ¿Cuál fue la cantidad de tiempo más frecuente que se lee por placer cada semana?

3. Haz un diagrama lineal que muestre los datos del Ejercicio 1.

4. Usa tu diagrama lineal para describir las horas que se lee por placer.

**Usa las siguientes gráficas para los Ejercicios 5 y 6. Estas dos gráficas circulares muestran si los autos dieron vuelta a la derecha, a la izquierda o siguieron derecho en una intersección cercana a la escuela.** (Lección 4·2)

5. Entre las 8 A.M. y las 9 A.M., ¿qué porcentaje de autos dio vuelta?

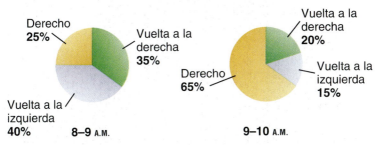

**Opciones en la intersección**

8–9 A.M.: Derecho 25%, Vuelta a la derecha 35%, Vuelta a la izquierda 40%

9–10 A.M.: Derecho 65%, Vuelta a la derecha 20%, Vuelta a la izquierda 15%

6. ¿Las gráficas muestran que más autos siguieron derecho entre las 9 A.M. y las 10 A.M. que entre las 8 A.M. y las 9 A.M.?

Mostrar datos

7. De los primeros diez presidentes, dos nacieron en Massachusetts, uno en Nueva York, uno en Carolina del Sur y seis en Virginia. Haz una gráfica circular que muestre esta información y escribe un enunciado sobre tu gráfica.

8. El diagrama de tallo y hojas muestra las estaturas de 19 niñas.

**Estaturas de las niñas**

| Tallo | Hojas |
|---|---|
| 5 | 3 4 4 4 6 8 |
| 6 | 0 0 3 4 4 4 5 6 8 8 |
| 7 | 0 1 2 |

5 | 3 = 53 pulgadas

¿Qué puedes decir sobre la estatura de casi todas las niñas?

9. Las clases de octavo grado recolectaron 56 libras de aluminio en septiembre, 73 libras en octubre, 55 libras en noviembre y 82 libras en diciembre. Haz una gráfica de barras que muestre los datos.

10. El diagrama de caja muestra las temperaturas más altas diarias de Seaside en julio. ¿Cuál es la temperatura intermedia? ¿El 50% de las temperaturas está entre 65° y qué temperatura?

**Temperaturas de Seaside en julio**

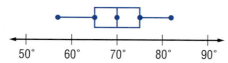

# 4.3 Analizar datos

## Diagramas de dispersión

Cuando hayas recolectado los datos, tal vez quieras analizarlos e interpretarlos. Puedes trazar puntos en una *gráfica de coordenadas* (p. 290) para hacer **diagramas de dispersión**. Después puedes determinar si los datos están relacionados.

Samuel recolectó información que muestra el número de cajas de golosinas que vendió cada persona de su club de fútbol y el número de años que cada persona ha estado en el club.

| Años en el club contra cajas vendidas | | | | | | | | | | | | |
|---|---|---|---|---|---|---|---|---|---|---|---|---|
| Años en el club | 4 | 3 | 6 | 2 | 3 | 4 | 1 | 2 | 1 | 3 | 4 | 5 | 2 | 2 |
| Cajas vendidas | 23 | 18 | 30 | 26 | 22 | 20 | 20 | 20 | 15 | 19 | 23 | 26 | 22 | 18 |

Haz un diagrama de dispersión para determinar si había una relación entre los dos. Primero escribe los datos como pares ordenados y después grafica los pares ordenados.

Para hacer un diagrama de dispersión:
- Recolecta dos conjuntos de datos que puedas graficar como pares ordenados.
- Rotula los ejes horizontal y vertical y grafica los pares ordenados.

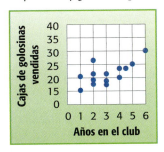

El diagrama de dispersión muestra una tendencia ascendente en los datos. Puedes decir que cuanto más tiempo está una persona en el club de fútbol, más cajas de golosinas suele vender.

### Revísalo

En el diagrama de dispersión de abajo, determina si los datos están relacionados. Si lo están, describe la relación que existe entre ellos.

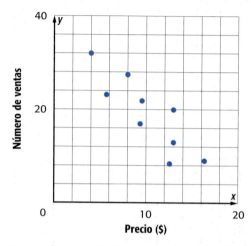

Haz un diagrama de dispersión que muestre los siguientes datos.

| Tiempos ganadores de la prueba de 100 metros masculinos en las Olimpiadas de verano | | | | | | | | | |
|---|---|---|---|---|---|---|---|---|---|
| Año | 1900 | 1912 | 1924 | 1936 | 1948 | 1960 | 1972 | 1984 | 1996 |
| Tiempo (en segundos) | 11.0 | 10.8 | 10.6 | 10.3 | 10.3 | 10.2 | 10.1 | 9.99 | 9.84 |

## Correlación

El siguiente diagrama de dispersión se ve ligeramente diferente.

El diagrama de dispersión del estudio y las calificaciones de la prueba muestra la relación que existe entre las horas de estudio y las calificaciones de las pruebas. Una **correlación** es la manera en la que el cambio en una variable corresponde al cambio en otra. Hay una tendencia ascendente en las calificaciones. Esto se llama *correlación positiva*.

Este diagrama de dispersión muestra la relación que hay entre las horas que se ve la televisión y las calificaciones de las pruebas. Hay una tendencia descendente en las calificaciones. Esto se llama *correlación negativa*.

El tercer diagrama de dispersión muestra la relación que hay entre la semana en que se presentó una prueba y la calificación. No parece existir ninguna relación. Esto se llama *no correlación*.

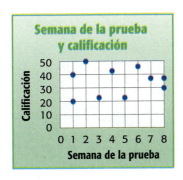

### Revísalo

  ¿Cuál de los siguientes diagramas de dispersión no muestra ninguna relación?

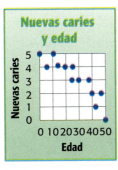

4. Describe la correlación del diagrama de dispersión al mostrar la relación entre la edad y el número de caries.

5. ¿Qué diagrama de dispersión muestra una correlación positiva?

Analizar datos **195**

**APLICACIÓN** ¿Qué tan riesgoso es?

Nos bombardean con estadísticas sobre los riesgos. Nos dicen que tenemos mayor probabilidad de morir como resultado de la colisión de la Tierra con un asteroide que como resultado de un tornado; mayor probabilidad de tener contacto con gérmenes al manejar dinero que al visitar a alguien en el hospital. Sabemos las probabilidades de hallar radón en nuestras casas (1 en 15) y lo mucho que una quemadura de sol aumenta el riesgo de contraer cáncer de piel (hasta 50 por ciento).

¿Qué tan riesgosa es la vida moderna? Considera estas estadísticas sobre la esperanza de vida.

| Año | Esperanza de vida |
|---|---|
| 1900 | 47.3 |
| 1920 | 54.1 |
| 1940 | 62.9 |
| 1960 | 69.7 |
| 1980 | 73.7 |
| 1990 | 75.4 |

Haz una gráfica lineal con los datos. ¿Qué muestra la gráfica sobre la esperanza de vida? ¿A qué podrías atribuir esta tendencia? Consulta **Soluciones Clave** para obtener las respuestas.

## Línea de ajuste óptimo

Cuando los puntos de un diagrama de dispersión tienen una correlación ya sea positiva o negativa, a veces puedes dibujar una **línea de ajuste óptimo**. Considera la gráfica que muestra la relación entre la edad y el número de caries.

Para dibujar una línea de ajuste óptimo:
- Decide si los puntos del diagrama de dispersión muestran una tendencia.

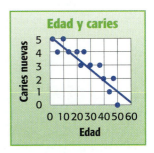

Los puntos de esta gráfica muestran una correlación negativa.

- Dibuja una línea que parezca pasar por el centro del grupo de puntos.

Puedes usar la línea para hacer predicciones. En la línea, parece que se espera que las personas de 60 años tengan menos de una caries nueva y las personas de 70 años no tengan ninguna caries nueva.

Puedes usar la línea para predecir, pero la línea puede mostrar datos que no son posibles. Siempre piensa en si tu predicción es razonable. Por ejemplo, las personas de 60 años no podrían tener $\frac{1}{4}$ de caries. Probablemente predecirías 1 ó 0 caries.

### Revísalo

**6** Usa los siguientes datos para hacer un diagrama de dispersión y dibujar una línea de ajuste óptimo.

| Latitud (°N) | 35 | 34 | 39 | 42 | 35 | 42 | 33 | 42 | 21 |
|---|---|---|---|---|---|---|---|---|---|
| Mediana de la temperatura de abril (°F) | 55 | 62 | 54 | 49 | 61 | 49 | 66 | 47 | 76 |

**7** Predice la mediana de la temperatura de abril de una ciudad que tiene una latitud de 28°N.

## Distribución de datos

Un veterinario pesó a 25 gatos a la libra más cercana y anotó los datos en el siguiente histograma. Observa la simetría del histograma. Si dibujas una curva sobre el histograma, la curva ilustra la **distribución normal**.

A menudo, un histograma tiene una **distribución polarizada**. Estos dos histogramas muestran los pesos de los estudiantes de un equipo de gimnasia y un equipo de baloncesto. De nuevo, puedes dibujar una curva para mostrar la forma del histograma. La gráfica que muestra los pesos del equipo de gimnasia está polarizada a la izquierda. La gráfica que muestra los pesos del equipo de baloncesto está polarizada a la derecha.

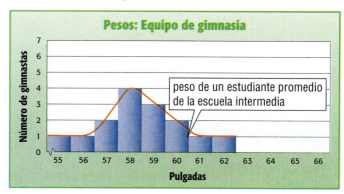

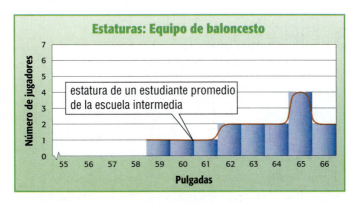

La gráfica de abajo ilustra la estatura de algunos adultos. Esta curva tiene dos picos, uno para el peso de las mujeres y otro para el peso de los hombres. Este tipo de distribución se llama **distribución bimodal**. La de la derecha muestra el número de perros que ingresan cada semana a una residencia de mascotas. Se llama **distribución plana**.

### Revísalo
Identifica cada tipo de distribución como normal, polarizada a la derecha, polarizada a la izquierda, bimodal o plana.

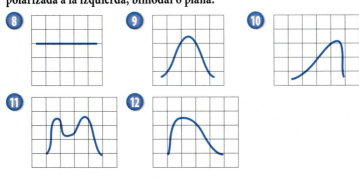

Analizar datos

# 4·3 Ejercicios

1. Haz un diagrama de dispersión con los siguientes datos.

| Turnos al bate | 5 | 2 | 4 | 1 | 5 | 6 | 1 | 3 | 2 | 6 |
|---|---|---|---|---|---|---|---|---|---|---|
| Hits | 4 | 0 | 2 | 0 | 2 | 4 | 1 | 1 | 2 | 3 |

2. Describe la correlación del diagrama de dispersión del Ejercicio 1.
3. Dibuja una línea de ajuste óptimo para el diagrama de dispersión del Ejercicio 1. Úsala para predecir el número de hits en 8 turnos al bate.

**Describe la correlación de los siguientes diagramas de dispersión.**

4.   5.   6.

**Indica si las siguientes distribuciones son normales, polarizadas a la derecha, polarizadas a la izquierda, bimodales o planas.**

7.

8.

9.

10.

# 4•4 Estadística

Laila recolectó los siguientes datos sobre la cantidad de dinero que sus compañeros de clase gastan en discos compactos cada mes.
$15, $15, $15, $15, $15, $15
$25, $25, $25, $25, $25
$30, $30, $30
$45
$145

Laila dijo que por lo general sus compañeros gastan $15 al mes, pero Jacy no estuvo de acuerdo. Él dijo que la cantidad típica era de $25. Una tercera compañera, María, dijo que ambos estaban equivocados el gasto típico era de $30. Cada uno está en lo correcto porque cada uno usa una medida común diferente para describir la tendencia central de los datos.

## Media

Una medida de tendencia central de un conjunto de datos es la **media.** Para hallar la media o el *promedio,* suma las cantidades que los estudiantes gastaron y divídelas entre el número total de cantidades.

### EJEMPLO   Encontrar la media

Halla la media de la cantidad de dinero que gastan cada mes en discos compactos los estudiantes de la clase de Laila.

$15 + $15 + $15 + $15 + $15 +      • Suma las cantidades.
$15 + $15 + $25 + $25 + $25 +
$25 + $25 + $30 + $30 + $30 +
$45 + $145 = $510

En este caso, hay 17 cantidades.      • Divide la suma entre el número
$510 ÷ 17 = $30                         total de cantidades.

Entonces, la media de la cantidad que cada estudiante gasta en discos compactos es $30. María usó la media para describir las cantidades cuando dijo que cada estudiante por lo general gastaba $30.

**Revísalo**

**Halla la media.**

① 15, 12, 6, 4.5, 12, 2, 11.5, 1, 8

② 100, 79, 88, 100, 45, 92

③ Las temperaturas más bajas de Pinetop durante la primera semana de febrero fueron de 38°, 25°, 34°, 28°, 25°, 15° y 24°. Halla la media de la temperatura.

④ Ling promedió 86 puntos en cinco pruebas. ¿Cuánto tiene que obtener en la sexta prueba para aumentar su promedio en un punto?

## Mediana

Otra importante medida de tendencia central es la mediana. La **mediana** es el número intermedio de los datos cuando los números están acomodados en orden de menor a mayor. Recuerda las cantidades que se gastaron en discos compactos.

$15, $15, $15, $15, $15, $15, $15
$25, $25, $25, $25, $25
$30, $30, $30
$45
$145

### EJEMPLO  Encontrar la mediana

Halla la mediana de las cantidades que se gastaron en discos compactos.

- Acomoda los datos en orden numérico de menor a mayor o de mayor a menor.

    Al observar las cantidades que se gastaron en discos compactos, podemos ver que ya están acomodadas en orden.

- Halla el número intermedio.

    Hay 17 números. El número intermedio es $25 porque hay ocho números antes del $25 y ocho números después del $25.

Entonces, la mediana de la cantidad que cada estudiante gasta en discos compactos es $25. Jacy usó la mediana cuando dijo que la cantidad típica que gastaban en discos compactos era $25.

Cuando el número de cantidades es par, puedes hallar la mediana al hallar la media de los dos números intermedios. Para hallar la mediana de los números 1, 6, 4, 2, 5 y 8, debes hallar los dos números que están en el medio.

**EJEMPLO** Encontrar la mediana de un número par de datos

Halla la mediana de los datos 1 6 4 2 5 8.

1 2 4 5 6 8   ó
8 6 5 4 2 1
- Acomoda los números en orden de menor a mayor o de mayor a menor.

Los dos números intermedios son 4 y 5.
- Halla la media de los dos números intermedios.

$(4 + 5) \div 2 = 4.5$

Entonces, la mediana es 4.5. La mitad de los números es mayor que 4.5 y la mitad de los números es menor que 4.5.

 **Revísalo**

Halla la mediana.

**5** 11, 15, 10, 7, 16, 18, 9

**6** 1.4, 2.8, 5.7, 0.6

**7** 11, 27, 16, 48, 25, 10, 18

**8** Las mejores diez puntuaciones totales de la NBA son: 24,489; 31,419; 23,149; 25,192; 20,880; 20,708; 23,343; 25,389; 26,710 y 14.260 puntos. Halla la mediana de las puntuaciones totales.

## Moda

Otra manera de describir la tendencia central de un conjunto de números es la *moda*. La **moda** es el número del conjunto de datos que ocurre con más frecuencia. Recuerda las cantidades que se gastaron en discos compactos.

$15, $15, $15, $15, $15, $15, $15
$25, $25, $25, $25, $25
$30, $30, $30
$45
$145

Para hallar la moda, agrupa los números semejantes y busca uno que aparezca con más frecuencia.

---

**EJEMPLO** Encontrar la moda

Halla la moda de las cantidades que se gastaron en discos compactos.

| Cantidad | Frecuencia |
|---|---|
| $ 15 | 7 |
| $ 25 | 5 |
| $ 30 | 3 |
| $ 45 | 1 |
| $145 | 1 |

- Acomoda los números en orden o haz una tabla de frecuencias de los números.

La cantidad que se gastó con más frecuencia es $15.

- Selecciona el número que aparece con más frecuencia.

Entonces, la moda de la cantidad que cada estudiante gasta en discos compactos es $15. Laila usó la moda cuando dijo que $15 era la cantidad típica que los estudiantes gastaban en discos compactos.

---

Un grupo de números podría no tener moda o tener más de una moda. Los datos que tienen dos modas se llaman *bimodales*.

**Revísalo**

**Halla la moda.**

**9** 1, 3, 3, 9, 7, 2, 7, 7, 4, 4

**10** 1.6, 2.7, 5.3, 1.8, 1.6, 1.8, 2.7, 1.6

**11** 2, 10, 8, 10, 4, 2, 8, 10, 6

**12** Los mejores anotadores de jonrones de 1961 anotaron los siguientes números de jonrones en una temporada: 61, 49, 54, 49, 49, 60, 52, 50, 49, 52, 59, 54, 51, 49, 58, 54, 56, 54, 51, 52, 51, 49, 51, 58, 49. Halla la moda.

## APLICACIÓN — Decimales olímpicos

En la gimnasia olímpica, los competidores realizan una serie de eventos específicos. La calificación se basa en una escala de 10 puntos, en la que 10 es una calificación perfecta.

En algunos de los eventos, se evalúa a los gimnastas con base en su mérito técnico y su composición y estilo.

| | Mérito técnico | Composición y estilo |
|---|---|---|
| E.E.U.U. | 9.4 | 9.8 |
| China | 9.6 | 9.7 |
| Francia | 9.3 | 9.9 |
| Alemania | 9.5 | 9.6 |
| Australia | 9.6 | 9.7 |
| Canadá | 9.5 | 9.6 |
| Japón | 9.7 | 9.8 |
| Rusia | 9.6 | 9.5 |
| Suecia | 9.4 | 9.7 |
| Inglaterra | 9.6 | 9.7 |

Las marcas del mérito técnico se basan en la dificultad y variedad de las rutinas y en las destrezas de los gimnastas. Las marcas de la composición y el estilo se basan en la originalidad y maestría de las rutinas.

Usa estas marcas para determinar la media de las calificaciones del mérito técnico y de la composición y estilo. Consulta **SolucionesClave** para obtener las respuestas.

## Promedios ponderados

Cuando analizas datos en los que los números aparecen más de una vez, se puede calcular la media usando un promedio ponderado. Considera las cantidades que los compañeros de clase de Laila gastaron en discos compactos.

$15, $25, $30, $45, $145

Dado que más personas gastaron $15 en discos compactos que $45, un promedio ponderado podría darte una imagen más precisa de la media de la cantidad que se gastó en discos compactos. Un **promedio ponderado** da a un conjunto de datos diferentes "pesos".

### EJEMPLO  Encontrar el promedio ponderado

Halla el promedio ponderado de las cantidades que se gastaron en discos compactos.

- Determina cada cantidad y el número de veces que ocurre en el conjunto.

    $15—7 veces
    $25—5 veces
    $30—3 veces
    $45—1 veces
    $145—1 veces

- Multiplica cada cantidad por el número de veces que ocurre.

    $15 · 7 = $105
    $25 · 5 = $125
    $30 · 3 = $90
    $45 · 1 = $45
    $145 · 1 = $145

- Suma los productos y divídelos entre el total de los pesos.

    ($105 + $125 + $90 + $45 + $145) ÷ (7 + 5 + 3 + 1 + 1)
    = $510 ÷ 17 = $30

Entonces, el promedio ponderado que se gastó en discos compactos es $30.

### Revísalo

Halla el promedio ponderado.

 45 ocurre 15 veces, 36 ocurre 10 veces y 35 ocurre 15 veces

14. El número promedio de filas de cajas registradoras en el almacén Well-made es 8 y el número promedio en una tienda Cost-easy es 5. Si hay 12 tiendas Well-made y 9 tiendas Cost-easy, halla el número promedio de filas de cajas registradoras.

## Medidas de variación

Las **medidas de variación** se usan para describir la distribución o extensión de un conjunto de datos.

**Rango**

El rango es una medida de variación. El **rango** es la diferencia que hay entre el mayor y el menor número de un conjunto. Considera las siguientes millas de costa que hay a lo largo de la costa del Pacífico de Estados Unidos.

| Estado | Millas de costa |
|---|---|
| California | 1,200 |
| Oregon | 363 |
| Washington | 157 |
| Hawai | 750 |
| Alaska | 6,640 |

Para hallar el rango, resta el menor número de millas al mayor.

### EJEMPLO  Encontrar el rango

Halla el rango de millas de la costa el Pacífico.

El valor mayor es 5,580 millas
y el valor menor es de 157 millas.
- Halla los valores mayor y menor.

5,580 mi − 157 mi = 5,423 mi
- Resta.

Entonces, el rango es de 5,432 millas.

**Revísalo**

Halla el rango.

- **15** 1.4, 2.8, 5.7, 0.6
- **16** 56°, 43°, 18°, 29°, 25°, 70°
- **17** Las puntuaciones ganadoras del equipo de baloncesto Candlelights son 78, 83, 83, 72, 83, 61, 75, 91, 95 y 72. Halla el rango de las puntuaciones.

## Cuartiles

A veces es más fácil resumir un conjunto de datos si divides el conjunto en grupos de igual tamaño. Los **cuartiles** son valores que dividen un conjunto de datos en cuatro partes iguales. Un conjunto de datos tiene tres cuartiles: el cuartil inferior, la mediana y el cuartil superior.

Recuerda que la *mediana* (p. 202) es el valor intermedio de un conjunto de datos; por tanto, hay un número igual de puntos de datos sobre y debajo de la mediana. El **cuartil inferior** es la mediana de la mitad inferior del conjunto de datos. El **cuartil superior** es la mediana de la mitad superior del conjunto de datos. Supón que quieres comprar un teléfono celular. Puedes usar cuartiles para comparar los precios de los teléfonos celulares.

| Precios de los teléfonos celulares | | |
|---|---|---|
| $30 | $80 | $250 |
| $100 | $40 | $300 |
| $120 | $130 | $350 |
| $20 | $150 | $180 |

Para hallar los cuartiles, acomoda los datos en orden ascendente y divide los datos en cuatro partes iguales. Después, separa los datos en dos partes iguales al hallar la mediana. Recuerda que si los datos son una cantidad par de números, hallas la media de los dos números intermedios. Después hallas la mediana de la mitad inferior de los datos. Éste es el *cuartil inferior*. Después hallas la mediana de la mitad superior de los datos. Éste es el *cuartil superior*.

### EJEMPLO  Encontrar cuartiles

Halla el cuartil inferior de los precios de los teléfonos celulares.

- Acomoda los datos en orden numérico de menor a mayor para hallar la mediana del conjunto de datos.

$20   $30   $40   $80   $100   $120   $130   $150   $180   $250   $300   $350

↑
mediana

- Halla la mediana de la mitad inferior de los datos.

$20   $30   $40   $80   $100   $120   $130   $150   $180   $250   $300   $350

$$\frac{40 + 80}{2} = \$60$$

La mediana de la mitad inferior de los datos es 60. Entonces, el cuartil inferior es 60. Por tanto, un cuarto de teléfonos tiene un precio de $60 o menos.

Halla el cuartil superior de los precios de los teléfonos celulares.

- Halla la mediana de la mitad superior de los datos.

$20   $30   $40   $80   $100   $120   $130   $150   $180   $250   $300   $350

$$\frac{180 + 250}{2} = \$215$$

La mediana de la mitad superior de los datos es 215. Entonces, el cuartil superior es 215. Por tanto, un cuarto de los teléfonos tiene un precio de $215 o menos.

**Revísalo**

**Halla el cuartil inferior y el cuartil superior de cada conjunto de datos.**

**18** 240, 253, 255, 270, 311

**19** 73, 70, 66, 61, 60, 58, 58, 58, 57

**20** 3.35, 3.38, 3.32, 3.12, 3.12, 3.13, 3.07, 3.07

## Rango intercuartil

Otra medida de variación es el *rango intercuartil*. El **rango intercuartil** es el rango de la mitad intermedia de los datos. El rango intercuartil es una medida más estable que el rango porque el rango depende de los valores mayor y menor. Asimismo, el rango intercuartil no se ve afectado por valores muy grandes o pequeños.

Para hallar el rango intercuartil, halla la diferencia que hay entre el cuartil superior y el cuartil inferior. Recuerda los precios de los teléfonos celulares.

### EJEMPLO  Encontrar el rango intercuartil

Halla el rango intercuartil de los precios de los teléfonos celulares.

Rango intercuartil =   • Resta el cuartil inferior
cuartil superior − cuartil inferior   al cuartil superior.
$155 = $215 − $60

Entonces, el rango intercuartil es $155.

El precio de los teléfonos celulares varía aproximadamente de $60 a $215. Por tanto, hay una diferencia de aproximadamente $155 entre los precios de los teléfonos celulares.

### Revísalo

Halla el rango intercuartil de cada conjunto de datos.

**21**  240, 253, 255, 270, 311

**22**  73, 70, 66, 61, 60, 58, 58, 58, 57

**23**  3.35, 3.38, 3.32, 3.12, 3.12, 3.13, 3.07, 3.07

## Valores atípicos

El rango intercuartil también se puede usar para saber cuándo están "demasiado lejos" los valores de datos de la mediana. Un **valor atípico** es un valor de datos que es mucho más grande o mucho más pequeño que la mediana y que puede afectar las medidas que se usan para interpretar los datos. El valor de datos es considerado un valor atípico si es más de 1.5 veces el rango intercuartil de cualquier cuartil.

Supón que en la clase de ciencias construyes el modelo de un puente para medir cuánto peso puede soportar. Quieres determinar cuál medida de variación, la media o la mediana, describe mejor el conjunto de datos. Los siguientes datos son los pesos que soportan los puentes.

2.3, 4.5, 5.6, 5.8, 6.4, 6.5, 7.2, 7.6, 7.8, 12.1

### EJEMPLO   Encontrar los valores atípicos

Halla cualquier valor atípico en los pesos que soportan los puentes.

cuartil superior = 7.6
cuartil inferior = 5.6

- Halla los cuartiles superior e inferior.

7.6 − 5.6 = 2

- Halla el rango intercuartil al restar el cuartil inferior al cuartil superior.

2 · 1.5 = 3

- Multiplica el rango intercuartil por 1.5.

5.6 − 3 = 2.6
7.6 + 3 = 10.6

- Halla los valores atípicos al restar 3 al cuartil inferior y sumar 3 al cuartil superior.

2.3 y 12.1

- Identifica los datos que están antes de 2.6 y después de 10.6.

Entonces, los valores atípicos del conjunto de datos son 2.3 y 12.1 porque son más de 1.5 veces el rango intercuartil.

En este ejemplo, es mejor usar la mediana como la medida de variación, porque hay dos valores atípicos que polarizan la media.

### Revísalo
Halla los valores atípicos de cada conjunto de datos.
- **24** 8, 12, 14, 16, 20, 2, 13, 13, 17, 17, 17, 18, 18
- **25** 42, 18, 17, 14, 12, 12, 8
- **26** 36.1, 9.0, 7.6, 6.4, 5.2, 4.0, 4.0, 2.9

# 4·4 Ejercicios

**Halla la media, la mediana, la moda y el rango.**

1. 2, 2, 4, 4, 6, 6, 8, 8, 8, 8, 10, 10, 12, 14, 18
2. 5, 5, 5, 5, 5, 5, 5, 5, 5
3. 50, 80, 90, 50, 40, 30, 50, 80, 70, 10
4. 271, 221, 234, 240, 271, 234, 213, 253, 196
5. ¿Alguno de los conjuntos de datos de arriba es bimodal? Explica.
6. Halla el promedio ponderado: 15 ocurre 3 veces, 18 ocurre 1 vez, 20 ocurre 5 veces y 80 ocurre 1 vez.
7. Kelly obtuvo 85, 83, 92, 88 y 69 en sus primeras cinco pruebas de matemáticas. Ella necesita un promedio de 85 para obtener una B. ¿Qué calificación debe sacar en su última prueba para obtener una B?
8. ¿Qué medida —la media, la mediana o la moda— debe ser un miembro del conjunto de datos?
9. Los siguientes tiempos representan las duraciones de las llamadas telefónicas, en minutos, que hizo un estudiante del octavo grado en un fin de semana.

   10  2  16  8  55  2  18  11  9  5  4  7

   Halla la media, la mediana y la moda de las llamadas. ¿Qué medida representa mejor a los datos? Explica.
10. El precio de una casa es más alto que el de la mitad de las otras casas del área. ¿Usarías la media, la mediana, la moda o el rango para describirlo?

**En los Ejercicios 11 a 14, usa los datos de la tabla de la derecha.**

11. ¿Cuál es el rango de los datos?
12. Halla la mediana, el cuartil inferior, el cuartil superior y el rango intercuartil de los datos.
13. Identifica los valores atípicos.
14. Usa las medidas de variación para describir los datos de la tabla.

| Población de ciudades estadounidenses | |
|---|---|
| Detroit, MI | 918,849 |
| San Francisco, CA | 744,041 |
| Columbus, OH | 733,203 |
| Austin, TX | 709,893 |
| Providence, RI | 175,255 |

# 4·5 Combinaciones y permutaciones

## Diagramas de árbol

Un **diagrama de árbol** es un diagrama que se usa para mostrar el número total de resultados posibles de un experimento de probabilidad.

Un **resultado** es cualquiera de las consecuencias posibles de una acción. Por ejemplo, hay 6 resultados posibles cuando se lanza un cubo numérico estándar. Un **evento** es un resultado o una colección de resultados. Una lista organizada de todos los resultados posibles de llama *espacio muestral*.

A menudo necesitas contar los resultados. Por ejemplo, supón que tienes dos ruletas. Una ruleta tiene regiones de igual tamaño numeradas del 1 al 3 y la otra tiene regiones de igual tamaño numeradas 1 y 2. Supón que quieres saber cuántos diferentes números de dos dígitos puedes formar al girar la primera ruleta y después la segunda ruleta. Puedes hacer un *diagrama de árbol*.

Para hacer un diagrama de árbol, lista los resultados posibles de la primera ruleta.

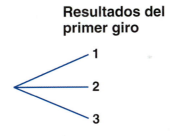

**Resultados del primer giro**

Combinaciones y permutaciones

Después, a la derecha de cada resultado, lista los resultados posibles de la segunda ruleta.

| Resultados del primer giro | Resultados del segundo giro | Diferentes números posibles |
|---|---|---|
| 1 | 1 | 1, 1 |
|   | 2 | 1, 2 |
| 2 | 1 | 2, 1 |
|   | 2 | 2, 2 |
| 3 | 1 | 3, 1 |
|   | 2 | 3, 2 |

Después de listar todas las posibilidades, puedes contar para ver si hay seis combinaciones de números posibles.

## 4•5 COMBINACIONES Y PERMUTACIONES

### EJEMPLO  Hacer un diagrama de árbol

Haz un diagrama de árbol para averiguar de cuántas maneras posibles pueden caer tres monedas si las lanzas al aire de una en una.

- Lista lo que pasa en la primera prueba.

    La primera moneda puede caer en cara o en cruz.

- Lista lo que pasa en la segunda y tercera prueba (y así sucesivamente). Lista los resultados.

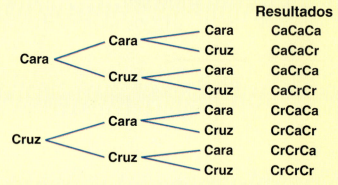

Entonces, hay ocho maneras en las que las monedas pueden caer.

También puedes hallar el número de posibilidades al multiplicar el número de opciones que hay en cada paso. En el problema de las tres monedas, 2 • 2 • 2 = 8 representa dos posibilidades para la primera moneda, dos posibilidades para la segunda moneda y dos posibilidades para la tercera moneda.

### Revísalo

En los Ejercicios 1 a 3, usa la multiplicación para resolver. Usa un diagrama de árbol si te es útil.

**1** Si lanzas tres cubos numéricos, y si cada uno tiene los números 1 al 6, ¿cuántos números posibles de tres dígitos puedes formar?

**2** ¿Cuántas rutas posibles hay de Creekside a Mountainville?

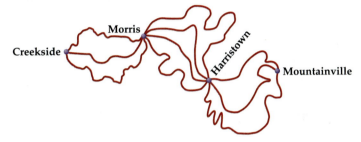

**3** Estás preparando pastelitos. Cada pastelito se hace ya sea con pan de chocolate o vainilla y con glaseado de chocolate, vainilla o fresa. Cada pastelito también tiene nueces picadas o chispas de dulce. ¿Cuántos diferentes tipos de pastelitos puedes preparar?

## Permutaciones

Sabes que puedes usar un diagrama de árbol para contar todos los resultados posibles. Un diagrama de árbol también muestra las maneras en que se pueden acomodar o listar las cosas. Una lista en la que el orden es importante se llama **permutación**. Supón que quieres alinear a Rita, Jacob y Zhao para una fotografía. Puedes usar un diagrama de árbol que muestre las diferentes maneras en que se podrían alinear.

| A la izquierda | En medio | A la derecha | Lista |
|---|---|---|---|
| Rita | Jacob | Zhao | RJZ |
| Rita | Zhao | Jacob | RZJ |
| Jacob | Rita | Zhao | JRZ |
| Jacob | Zhao | Rita | JZR |
| Zhao | Rita | Jacob | ZRJ |
| Zhao | Jacob | Rita | ZJR |

Hay 3 maneras de elegir a la primera persona, 2 maneras de elegir a la segunda y 1 manera de elegir a la tercera, entonces el número total de permutaciones es $3 \cdot 2 \cdot 1 = 6$. Recuerda que Rita, Jacob, Zhao es una permutación diferente de Zhao, Jacob, Rita.

$P(3, 3)$ representa el número de permutaciones de 3 cosas tomadas 3 a la vez. Por tanto $P(3, 3) = 6$.

### EJEMPLO  Encontrar permutaciones

Halla $P(6, 5)$.

Hay 6 opciones para el primer lugar, 5 para el segundo, 4 para el tercero, 3 para el cuarto y 2 para el quinto.

- Determina cuántas opciones hay para cada lugar.

$6 \cdot 5 \cdot 4 \cdot 3 \cdot 2 = 720$

- Halla el producto.

Entonces, $P(6, 5) = 720$.

## Notación factorial

Viste que para hallar el número de permutaciones de 8 cosas, hallas el producto $8 \cdot 7 \cdot 6 \cdot 5 \cdot 4 \cdot 3 \cdot 2 \cdot 1$. El producto $8 \cdot 7 \cdot 6 \cdot 5 \cdot 4 \cdot 3 \cdot 2 \cdot 1$ se llama 8 factorial. La notación abreviada de un factorial es 8! Entonces, $8! = 8 \cdot 7 \cdot 6 \cdot 5 \cdot 4 \cdot 3 \cdot 2 \cdot 1$.

 **Revísalo**

Halla cada valor.

- **4** $P(15, 2)$
- **5** $P(6, 6)$
- **6** Grandview Middle School lleva a cabo un concurso de oratoria. Hay 8 finalistas. ¿En cuántos órdenes diferentes se pueden pronunciar los discursos?
- **7** Una persona de una clase de 35 estudiantes será elegida como delegada en el Día del Gobierno y otra persona será elegida como suplente. ¿De cuántas maneras se pueden elegir al delegado y al suplente?

Halla el valor. Usa una calculadora si está disponible.

- **8** 3!
- **9** 5!
- **10** 9!

## Combinaciones

Cuando hallas el número de maneras de seleccionar al delegado y al suplente de una clase de 35, el orden en el que seleccionas a los estudiantes es importante. En vez de esto, supón que simplemente eliges a dos delegados. Entonces el orden no es importante. Es decir, cuando eliges a dos delegados es igual elegir a Elena y a Rahshan que elegir a Rahshan y a Elena. Una selección o lista en la que el orden no es importante se llama **combinación**.

Puedes usar el número de permutaciones para hallar el número de combinaciones. Digamos que quieres seleccionar a 2 estudiantes como delegados de un grupo de 6 estudiantes (Elena, Rahshan, Felicia, Hani, Toshi y Kelly).

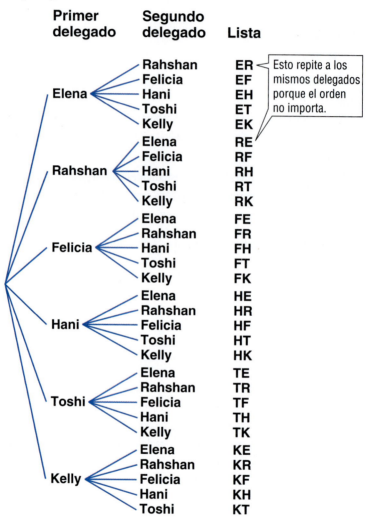

Esto repite a los mismos delegados porque el orden no importa.

Para hallar el número de combinaciones de seis estudiantes tomados al mismo tiempo, comienzas hallando las permutaciones. Tienes seis maneras de elegir al primer delegado y cinco maneras de elegir al segundo, entonces esto es $6 \cdot 5 = 30$. Pero el orden no importa, entonces algunas combinaciones se cuentan más de una vez. Por tanto, necesitas dividir el número de diferentes maneras en las que se pueden acomodar los delegados (2!).

$$C(6, 2) = \frac{P(6, 2)}{2!} = \frac{6 \cdot 5}{2 \cdot 1} = 15$$

### EJEMPLO  Encontrar combinaciones

Halla $C(6, 3)$.

$P(6, 3) = 6 \cdot 5 \cdot 4 = 120$ • Halla el número de permutaciones.

$\frac{120}{3!} = \frac{120}{3 \cdot 2 \cdot 1} = 20$ • Divide el número de maneras en las que se pueden acomodar los objetos.

Entonces, $C(6, 3) = 20$.

 **Revísalo**

Halla cada combinación.

**11** $C(9, 6)$

**12** $C(14, 2)$

**13** ¿Cuántas combinaciones diferentes de tres plantas puedes elegir en una docena de plantas?

**14** ¿Hay más combinaciones o permutaciones de dos libros en un total de cuatro? Explica.

# 4.5 Ejercicios

1. Haz un diagrama de árbol que muestre los resultados de lanzar una moneda y un cubo numérico que contiene los números 1 a 6.
2. Escribe todas las combinaciones de los dígitos 3, 5 y 7; usa sólo dos números a la vez.

**Halla cada valor.**

3. $P(7, 5)$
4. $C(8, 8)$
5. $P(9, 4)$
6. $C(7, 3)$
7. $5! \cdot 4!$
8. $P(8, 8)$
9. $P(4, 3)$

**Resuelve.**

10. Ocho amigos quieren jugar suficientes partidos de tenis (individuales) para asegurar que todos jueguen contra todos. ¿Cuántos partidos tienen que jugar?
11. En un torneo de ajedrez, se dan trofeos al primero, segundo, tercero y cuarto lugar. Veinte estudiantes entran al torneo. ¿Cuántas diferentes disposiciones de cuatro estudiantes ganadores puede haber?
12. Determina si lo siguiente es una permutación o una combinación.
    a. elegir un equipo de 5 jugadores de entre 20 personas
    b. acomodar a 12 personas en una línea para una fotografía
    c. elegir el primer, segundo y tercer lugar de 20 perros de competencia

# 4·6 Probabilidad

La **probabilidad** de un evento es un número del 0 al 1 que mide la posibilidad de que un evento ocurra.

## Probabilidad experimental

Una manera de hallar la probabilidad de un evento es realizar un experimento. Supón que se lanzan 20 veces un par de dados (uno rojo, uno azul) y en 6 ocasiones, la suma de los números que caen boca arriba es 9. Para hallar la probabilidad, comparas el número de veces que la suma es igual a 9 con el número de veces que lanzas el dado. En este caso, la **probabilidad experimental** del resultado 9 es $\frac{6}{20}$ ó $\frac{3}{10}$.

> **EJEMPLO** Determinar la probabilidad experimental
>
> Halla la probabilidad experimental de sacar una canica roja de una bolsa con 10 canicas de colores.
>
> - Realiza un experimento. Anota el número de pruebas y el resultado de cada prueba.
>
>   Elige una canica de la bolsa, anota su color y reemplázala. Repítelo 10 veces. Supón que sacas una canica roja, una verde, una azul, una verde, una roja, una azul, una azul, una roja, una verde y una azul.
>
> - Compara el número de veces que ocurre un resultado en un número de pruebas. ¿Cuál es la probabilidad para ese resultado?
>
>   Compara el número de canicas rojas con el número total de veces que se sacó una canica.
>
> Entonces, la probabilidad experimental de sacar una canica roja es $\frac{3}{10}$.

### Revísalo

Se lanzan 100 veces tres monedas de un centavo. Se muestran los resultados en la gráfica circular.

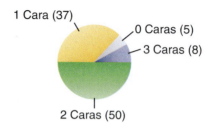

① Halla la probabilidad experimental de sacar dos caras.

② Halla la probabilidad experimental de no sacar ninguna cara.

③ Lanza una tachuela de cabeza plana 50 veces y anota el número de veces que cae boca arriba. Halla la probabilidad experimental de que caiga boca arriba. Compara tus respuestas con las de otros estudiantes.

## Probabilidad teórica

Sabes que puedes hallar la probabilidad experimental de sacar cara cuando lanzas una moneda al realizar un experimento y anotar los resultados. También puedes hallar la **probabilidad teórica**, la probabilidad que se basa en características o hechos conocidos.

$$P(\text{evento}) = \frac{\text{número de maneras en que ocurre un evento}}{\text{número de resultados}}$$

Por ejemplo, los resultados de lanzar una moneda son cara y cruz. Un evento es un resultado específico, como cara. Entonces la probabilidad de sacar cara $P(H) = \frac{\text{número de caras}}{\text{número de resultados}} = \frac{1}{2}$.

### EJEMPLO · Determinar la probabilidad teórica

Halla la probabilidad teórica de sacar una canica roja de una bolsa que contiene 5 canicas rojas, 8 azules y 7 blancas.

- Determina el número de maneras en que ocurre un evento.

    En este caso, el evento es sacar una canica roja. Hay 5 canicas rojas.

- Determina el número total de resultados. Usa una lista, multiplica o haz un *diagrama de árbol* (p. 213).

    Hay 20 canicas en la bolsa.

- Usa la fórmula.

$$P(\text{evento}) = \frac{\text{número de maneras en que ocurre un evento}}{\text{número de resultados}}$$

- Halla la probabilidad del evento deseado.

    En este caso, sacar una canica roja está representado por $P(\text{roja})$.

    $P(\text{roja}) = \frac{5}{20} = \frac{1}{4}$

Entonces, la probabilidad de sacar una canica roja es $\frac{1}{4}$.

### Revísalo

Halla cada probabilidad. Usa la ruleta para los Ejercicios 4 y 5.

**4** $P(\text{número par})$

**5** $P(\text{número mayor que 10})$

**6** $P(2)$ cuando se lanza un cubo numérico

**7** Se escriben las letras de la palabra *Mississippi* en pedazos de papel idénticos y se colocan en una caja. Si sacas un papel aleatoriamente, ¿cuál es la probabilidad de que sea una vocal?

**Expresar probabilidades**

Puedes expresar una probabilidad como una fracción, como se muestra arriba. Pero, al igual que puedes escribir una fracción como un decimal, una razón o un porcentaje, también puedes escribir una probabilidad en cualquiera de estas formas (p. 125).

La probabilidad de sacar cara cuando lanzas una moneda es de $\frac{1}{2}$. También puedes expresar la probabilidad así:

| Fracción | Decimal | Razón | Porcentaje |
|---|---|---|---|
| $\frac{1}{2}$ | 0.5 | 1:2 | 50% |

**Revísalo**

**Expresa las siguientes probabilidades como una fracción, un decimal, una razón y un porcentaje.**

**8** la probabilidad de sacar una canica roja de una bolsa que contiene 4 canicas rojas y 12 verdes

**9** la probabilidad de sacar un 8 cuando giras una ruleta dividida en ocho divisiones iguales numeradas del 1 al 8

**10** la probabilidad de sacar un chicle en forma de bola verde de una máquina que contiene 25 chicles verdes, 50 rojos, 35 blancos, 20 negros, 5 morados, 50 azules y 15 naranjas

**11** la probabilidad de ser elegido para presentar primero tu informe oral si tu maestro pone los nombres de los 25 estudiantes en una bolsa y saca uno

### APLICACIÓN  Fiebre de lotería

Lees el encabezado. Te dices a ti mismo, "Alguien *tiene* que ganar esta vez." Pero la verdad es que ¡estás equivocado! Las posibilidades de ganar la lotería de 6 números siempre son iguales; y sumamente escasas.

Comienza con los números del 1 al 7. Siempre hay 7 diferentes maneras de elegir 6 de 7 cosas. (Pruébalo tú mismo). Entonces, tus posibilidades de ganar una lotería de 6 números de 7 serían de $\frac{1}{7}$ o aproximadamente 14.3%. Supón que pruebas usando 6 de 10 números. Hay 210 diferentes maneras en que puedes hacer eso, lo que hace que la probabilidad de ganar una lotería de 6 de 10 números sea de $\frac{1}{210}$ ó 0.4%. Para una lotería de 6 de 20 números, hay 38,760 maneras posibles de elegir 6 números y sólo 1 de estas sería la ganadora. Eso es aproximadamente una posibilidad de ganar de 0.003%. ¿Entiendes?

Las posibilidades de ganar una lotería de 6 de 50 números son de 1 en 15,890,700 ó 1 en aproximadamente 16 millones. En comparación, piensa en las posibilidades de que te caiga un rayo, un suceso muy raro. Se estima que en Estados Unidos a cerca de 260 personas cada año les ha caído un rayo. Supón que la población de Estados Unidos es de aproximadamente 260 millones. ¿Tendrías mayor probabilidad de ganar la lotería o de que te cayera un rayo? Consulta las **SolucionesClave** para obtener la respuesta.

Probabilidad  **225**

## Cuadrículas de resultados

Otra manera de mostrar los resultados posibles de un experimento es usar una *cuadrícula de resultados*. La siguiente cuadrícula de resultados muestra los resultados de lanzar dos cubos numéricos y observar la suma de los dos números.

|  | 2do cubo numérico | | | | | |
|---|---|---|---|---|---|---|
| 1er cubo numérico | | 1 | 2 | 3 | 4 | 5 | 6 |
| | 1 | 2 | 3 | 4 | 5 | 6 | 7 |
| | 2 | 3 | 4 | 5 | 6 | 7 | 8 |
| | 3 | 4 | 5 | 6 | 7 | 8 | 9 |
| | 4 | 5 | 6 | 7 | 8 | 9 | 10 |
| | 5 | 6 | 7 | 8 | 9 | 10 | 11 |
| | 6 | 7 | 8 | 9 | 10 | 11 | 12 |

Puedes usar la cuadrícula para hallar la suma que ocurre más a menudo, que es 7.

### EJEMPLO    Hacer cuadrículas de resultados

Haz una cuadrícula de resultados que muestre los resultados de lanzar una moneda y un cubo numérico.

| Moneda | Cubo numérico | | | | | |
|---|---|---|---|---|---|---|
| | | 1 | 2 | 3 | 4 | 5 | 6 |
| | Cara | | | | | | |
| | Cruz | | | | | | |

- Lista los resultados del primer tipo en un lado.
- Lista los resultados del segundo tipo en la parte superior.

| Moneda | Cubo numérico | | | | | |
|---|---|---|---|---|---|---|
| | | 1 | 2 | 3 | 4 | 5 | 6 |
| | Cara | H1 | H2 | H3 | H4 | H5 | H6 |
| | Cruz | T1 | T2 | T3 | T4 | T5 | T6 |

- Llena los resultados.

Una vez que hayas completado la cuadrícula de resultados, te será fácil contar los resultados esperados y determinar las probabilidades.

## Revísalo

**12** Haz una cuadrícula de resultados que muestre los pares de letras que resultan tras girar la ruleta dos veces.

|  | Segundo giro | | | |
|---|---|---|---|---|
| **Primer giro** | **R** | **Az** | **V** | **Am** |
| R |  |  |  |  |
| Az |  |  |  |  |
| V |  |  |  |  |
| Am |  |  |  |  |

**13** ¿Cuál es la probabilidad de caer en el color verde si giras la ruleta del Ejercicio 12 dos veces?

## Línea de probabilidad

Sabes que la probabilidad de un evento es un número entre 0 y 1. Una manera de mostrar las probabilidades y cómo se relacionan entre sí es usar una *línea de probabilidad*. La siguiente línea de probabilidad muestra los posibles rangos de valores de probabilidad:

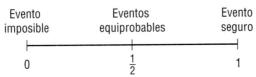

La línea muestra que los eventos que son seguros tienen una probabilidad de 1. Tal evento es la probabilidad de sacar un número entre el 0 y el 7 cuando lanzas un cubo numérico estándar. Un evento que no puede ocurrir tiene una probabilidad de cero. La probabilidad de sacar un 8 cuando giras una ruleta que muestra 0, 2 y 4 es de 0. Los eventos que son equiprobables, como sacar cara o cruz cuando lanzas una moneda, tienen una probabilidad de $\frac{1}{2}$.

## EJEMPLO  Mostrar probabilidades en una línea de probabilidad

Supón que lanzas dos cubos numéricos estándar. Muestra las probabilidades de sacar una suma de 4 y una suma de 7 en una línea de probabilidad.

En la cuadrícula de resultados de la página 226, puedes ver que hay 3 sumas de 4 y 6 sumas de 7, de 36 sumas posibles.

- Calcula las probabilidades de los eventos dados.

$P(\text{suma de 4}) = \frac{3}{36} = \frac{1}{12}$

$P(\text{suma de 7}) = \frac{6}{36} = \frac{1}{6}$

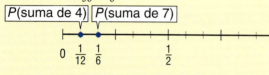

- Dibuja una recta numérica y rotúlala del 0 al 1. Traza las probabilidades en la recta numérica.

### Revísalo

**Dibuja una línea de probabilidad para cada evento.**

**14** la probabilidad de sacar cruz en un lanzamiento de moneda

**15** la probabilidad de sacar un 1 o un 2 en un lanzamiento de un dado

**16** la probabilidad de ser elegido si hay cuatro personas y la misma posibilidad de que cualquiera sea elegida

**17** la probabilidad de sacar un chicle en forma de bola verde de la máquina si hay 25 chicles de cada color: verde, amarillo, rojo y azul

# Eventos dependientes y eventos independientes

Si lanzas una moneda y un cubo numérico, el resultado de uno no afecta al otro. Estos son ejemplos de *eventos independientes*. En los **eventos independientes**, el resultado de un evento no afecta al otro evento. Para hallar la probabilidad de sacar cara y después un 5, puedes hallar la probabilidad de cada evento y después multiplicarla. La probabilidad de sacar cara es de $\frac{1}{2}$ y la probabilidad de sacar un 5 en un lanzamiento de un cubo numérico es de $\frac{1}{6}$. Entonces la probabilidad de sacar cara y un 5 es de $\frac{1}{2} \cdot \frac{1}{6} = \frac{1}{12}$.

Supón que tienes 4 galletas de avena y 6 de pasas en una bolsa. La probabilidad de que saques una galleta de avena si la eliges aleatoriamente es de $\frac{4}{10} = \frac{2}{5}$. Sin embargo, cuando sacas una galleta de avena, sólo quedan 9 galletas, 3 de las cuales son de avena. Entonces la probabilidad de que un amigo elija una galleta de avena cuando ya has sacado una es de $\frac{3}{9} = \frac{1}{3}$. Estos eventos se llaman **eventos dependientes** porque la probabilidad de uno depende del otro.

En el caso de los eventos dependientes, sigues multiplicando para obtener la probabilidad de ambos eventos. Entonces la probabilidad de que tu amigo saque una galleta de avena después de que tú has elegido una es de $\frac{2}{5} \cdot \frac{1}{3} = \frac{2}{15}$.

Para hallar la probabilidad de eventos dependientes y eventos independientes:
- Halla la probabilidad del primer evento.
- Halla la probabilidad del segundo evento.
- Halla el producto de las dos probabilidades.

**Revísalo**

Halla la probabilidad. Después determina si los eventos son dependientes o independientes.

**18** Halla la probabilidad de sacar un número par y un número impar si lanzas dos cubos numéricos. ¿Los eventos son dependientes o independientes?

**19** Sacas dos canicas de una bolsa que contiene seis canicas rojas y catorce canicas blancas. ¿Cuál es la probabilidad de que saques dos canicas blancas? ¿Los eventos son dependientes o independientes?

## Muestreo con y sin reemplazo muestral

Si sacas una carta de un mazo, la probabilidad de que sea un as es de $\frac{4}{52}$, ó $\frac{1}{13}$. Si vuelves a poner la carta en el mazo y sacas otra carta, la probabilidad de que sea un as sigue siendo de $\frac{1}{13}$, y los eventos son independientes. Esto se llama **muestreo con reemplazo**.

Si no vuelves a poner la carta en el mazo, la probabilidad de sacar un as la segunda vez depende de lo que sacaste la primera. Si sacaste un as, sólo quedarán tres ases en 51 cartas, entonces la probabilidad de sacar un segundo as es de $\frac{3}{51}$, ó $\frac{1}{17}$. En el muestreo sin reemplazo, los eventos son dependientes.

### Revísalo
**Halla la probabilidad de cada evento.**

**20** Sacas una carta de un mazo y después la vuelves a poner en el mazo. Después sacas otra carta. ¿Cuál es la probabilidad de que saques una espada y después un corazón?

**21** Vuelve a responder la pregunta sin reemplazar la carta.

**22** En una caja hay 8 pelotas, 4 negras y 4 blancas. Si sacas una pelota negra, ¿cuál es la probabilidad de que la siguiente pelota sea negra?

**23** Tienes una bolsa con 5 canicas amarillas, 6 canicas azules y 4 canicas rojas. Si se sacan dos canicas, una justo después de la otra, y no se reemplazan, ¿cuál es la probabilidad de que cada canica sea roja o amarilla?

# 4·6 Ejercicios

Usa la ruleta que se muestra en los Ejercicios 1 y 2. Halla cada probabilidad como una fracción, un decimal, una razón y un porcentaje.

1. $P(4)$
2. $P(\text{número impar})$
3. Si lanzas una moneda 48 veces y sacas 26 caras, ¿cuál es la probabilidad de que saques cara? ¿Esta probabilidad es experimental o teórica?
4. Si lanzas un cubo numérico, ¿cuál es la probabilidad de que saques 6? ¿Esta probabilidad es experimental o teórica?
5. Dibuja una línea de probabilidad que muestre la probabilidad de sacar un número menor que 6 cuando lanzas un cubo numérico numerado del 1 al 6.
6. Haz una cuadrícula de resultados que muestre los resultados de girar dos ruletas divididas en cuatro secciones iguales rotuladas del 1 al 4.
7. Halla la probabilidad de sacar dos reyes rojos de un mazo de cartas si reemplazas las cartas cuando las sacas.
8. Halla la probabilidad de sacar dos reyes rojos de un mazo de cartas si no reemplazas las cartas cuando las sacas.
9. Vuelve a observar los Ejercicios 7 y 8. ¿En qué ejercicio los eventos son dependientes?
10. Quieres elegir un equipo de voleibol de un grupo combinado de 11 niños y 13 niñas. El equipo consiste en 6 jugadores. ¿Cuál es la probabilidad de elegir a una niña en segundo lugar si se eligió a un niño en primer lugar?

# Datos, estadística y probabilidad

**¿Qué has aprendido?** Puedes usar los siguientes problemas y lista de palabras para ver qué es lo que ya sabes de este capítulo. Si quieres saber más acerca de un problema o palabra en particular busca el número del tema (*por ejemplo,* Lección 4·2).

## Conjunto de problemas

1. Mientras realizaba una encuesta en el centro comercial, Salvador preguntó: "¿Qué piensa sobre la hermosa nueva arquitectura paisajista del centro comercial?" ¿La pregunta estaba sesgada o no sesgada? (Lección 4·1)

Usa el siguiente diagrama de caja para responder los Ejercicios 2–4. (Lección 4·2)

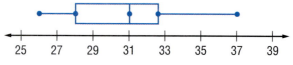
Mejor kilometraje de la gasolina en carretera (millas por galón)

2. Según el diagrama de caja, ¿cuál es el mayor kilometraje por galón en carretera que puedes esperar de un vehículo?
3. ¿Cuál es la mediana de las millas por galón en la carretera?
4. ¿Qué porcentaje de vehículos obtiene menos de 31 millas por galón en la carretera?

Usa esta información para los Ejercicios 5 y 6. El gerente de una librería comparó los precios de 100 nuevos libros con el número de páginas de cada libro para ver si había una relación entre ellos. En cada libro, el gerente hizo un par ordenado de la forma (número de páginas, precio). (Lección 4·3)

5. ¿Qué tipo de gráfica formarán estos datos?
6. En la gráfica, muchos de estos 100 puntos parecen descansar sobre una línea recta. ¿Cómo se llama esta línea?

7. Halla la media, la mediana, la moda y el rango de los números 42, 43, 19, 16, 16, 36 y 17. (Lección 4·4)

8. $C(6, 3) =$ _____ (Lección 4·5)

Usa la siguiente información para responder los Ejercicios 9 y 10. Una bolsa contiene 4 canicas rojas, 3 azules, 2 verdes y 1 negra. (Lección 4·6)

9. Se saca una canica. ¿Cuál es la probabilidad de que sea roja?

10. Se sacan tres canicas. ¿Cuál es la probabilidad de que 2 sean negras y 1 sea verde?

## Palabras Clave

Escribe las definiciones de las siguientes palabras.

combinación (Lección 4·5)
correlación (Lección 4·3)
cuartil inferior (Lección 4·4)
cuartil superior (Lección 4·4)
cuartiles (Lección 4·4)
diagrama de árbol (Lección 4·5)
diagrama de caja (Lección 4·2)
diagrama de dispersión (Lección 4·3)
diagrama de tallo y hojas (Lección 4·2)
distribución bimodal (Lección 4·3)
distribución normal (Lección 4·3)
distribución plana (Lección 4·3)
distribución polarizada (Lección 4·3)
evento (Lección 4·5)
eventos dependientes (Lección 4·6)
eventos independientes (Lección 4·6)
factorial (Lección 4·5)
histograma (Lección 4·2)
línea de ajuste óptimo (Lección 4·3)
media (Lección 4·4)

mediana (Lección 4·4)
medidas de variación (Lección 4·4)
moda (Lección 4·4)
muestra (Lección 4·1)
muestra aleatoria (Lección 4·1)
muestra sesgada (Lección 4·1)
muestreo con reemplazo muestral (Lección 4·6)
permutación (Lección 4·5)
población (Lección 4·1)
probabilidad (Lección 4·6)
probabilidad experimental (Lección 4·6)
probabilidad teórica (Lección 4·6)
promedio ponderado (Lección 4·4)
rango (Lección 4·4)
rango intercuartil (Lección 4·4)
resultado (Lección 4·5)
valor atípico (Lección 4·4)

# TemaClave 5

## Lógica

**¿Qué sabes?**

Puedes usar los siguientes problemas y lista de palabras para ver qué es lo que ya sabes de este capítulo. Las respuestas a los problemas están en la sección de **SolucionesClave** que está al final del libro. Las definiciones de las palabras están en la sección de **PalabrasClave** que está al principio del libro. Si quieres saber más acerca de un problema o palabra en particular busca el número del tema (*por ejemplo,* Lección 5•2).

## Conjunto de problemas

Di si cada enunciado es *verdadero* o *falso*.

1. El inverso de un enunciado condicional se forma al intercambiar la hipótesis con la conclusión. (Lección 5•1)
2. Si un enunciado condicional es verdadero, entonces su opuesto relacionado es siempre falso. (Lección 5•1)
3. Cada conjunto es un subconjunto de sí mismo. (Lección 5•3)
4. Un contraejemplo muestra que un enunciado es falso. (Lección 5•2)
5. La unión de dos conjuntos se forma al combinar todos los elementos de ambos conjuntos. (Lección 5•3)
6. La intersección de dos conjuntos puede ser un conjunto vacío. (Lección 5•3)

Escribe cada condicional en forma de Si..., entonces... (Lección 5•1)

7. El avión vuela a Bélgica el martes.
8. El banco está cerrado el domingo.

Escribe el opuesto de cada enunciado condicional. (Lección 5•1)

9. Si $x = 7$, entonces $x^2 = 49$.
10. Si un ángulo mide menos de 90°, entonces el ángulo es agudo.

**Escribe la negación de cada enunciado.** (Lección 5·1)

11. El patio de juegos cerrará a la puesta del sol.
12. Estas dos líneas forman un ángulo.

**Escribe el inverso del enunciado condicional.** (Lección 5·1)

13. Si dos líneas se intersecan, entonces éstas forman cuatro ángulos.

**Escribe el contrapositivo del enunciado condicional.** (Lección 5·1)

14. Si un pentágono tiene cinco lados iguales, entonces es equilátero.

**Halla un contraejemplo que muestre que cada uno de estos enunciados es falso.** (Lección 5·2)

15. El martes es el único día de la semana que comienza con la letra M.
16. Los catetos de un trapecio son iguales.

**Utiliza el diagrama de Venn para los Ejercicios 17–20.** (Lección 5·3)

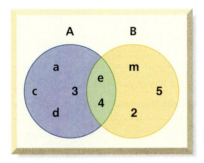

17. Lista los elementos del conjunto A.
18. Lista los elementos del conjunto B.
19. Halla A ∪ B.
20. Halla A ∩ B.

## PalabrasClave

conjunto (Lección 5·3)
contraejemplo (Lección 5·2)
contrapositivo (Lección 5·1)
diagrama de Venn (Lección 5·3)

intersección (Lección 5·3)
inverso (Lección 5·1)
opuesto (Lección 5·1)
unión (Lección 5·3)

# 5·1 Enunciados de Si..., entonces

## Enunciados condicionales

Un *enunciado condicional* es aquel que se puede expresar en forma de *Si..., entonces...* La parte de *si* de un condicional es la *hipótesis* y la parte de *entonces* es la *conclusión*. Por lo general, puedes reescribir un enunciado que tenga dos ideas relacionadas en forma de condicional al hacer que una de las ideas sea la hipótesis y la otra la conclusión.

Enunciado: Todos los miembros del equipo universitario de natación son estudiantes del último año.

Enunciado condicional:

> hipótesis
> Si una persona está en el equipo de natación de la escuela, entonces esta persona es estudiante del último año.
> conclusión

### EJEMPLO  Formar enunciados condicionales

Escribe este condicional en forma de Si..., entonces...
Julie va a nadar solamente en agua cuya temperatura es superior a 80°F.

- Halla las dos ideas.

   (1) Julie va a nadar. (2) La temperatura del agua es superior a 80°F.

- Decide cuál idea será la hipótesis y cuál será la conclusión.

   Hipótesis: Julie va a nadar.
   Conclusión: La temperatura del agua es superior a 80°F.

- Coloca la hipótesis en el término de *Si* y la conclusión en el término de *entonces*. De ser necesario, añade palabras para que tu oración tenga sentido.

   Si Julie va a nadar, entonces el agua está a una temperatura superior a 80°F.

### Revísalo
**Escribe cada enunciado en forma de Si..., entonces...**

① Rectas perpendiculares se cruzan para formar ángulos rectos.

② Un entero que termina en 0 ó 5 es un múltiplo de 5.

③ Corredores participan en maratones.

## Opuesto de un condicional

Cuando intercambias la hipótesis con la conclusión en un enunciado condicional, formas un nuevo enunciado llamado el **opuesto**.

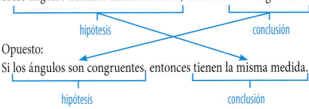

Condicional:
Si los ángulos tienen la misma medida, entonces son congruentes.

hipótesis         conclusión

Opuesto:
Si los ángulos son congruentes, entonces tienen la misma medida.

hipótesis         conclusión

El opuesto de un condicional puede o no presentar el mismo *valor de verdad* que el condicional sobre el cual se basa. En otras palabras, la verdad del opuesto puede no tener relación, desde el punto de vista de la lógica, con la verdad del enunciado original.

### Revísalo
**Escribe el opuesto de cada condicional.**

④ Si un entero termina en 1, 3, 5, 7 ó 9, entonces el entero es impar.

⑤ Si Jacy tiene 15 años, entonces es demasiado joven para votar.

⑥ Si está lloviendo, entonces verás nubes en cúmulos.

## Negaciones y el inverso de un condicional

La *negación* de un enunciado determinado contiene el valor de verdad opuesto de dicho enunciado. Esto significa que si el enunciado es verdadero, la negación es falsa; si el enunciado es falso, la negación es verdadera.

Enunciado: Un cuadrado es un cuadrilátero. (verdadero)

Negación: Un cuadrado no es un cuadrilátero. (falso)

Enunciado: Un pentágono tiene cuatro lados. (falso)

Negación: Un pentágono no tiene cuatro lados. (verdadero)

Cuando niegas la hipótesis y la conclusión de un enunciado condicional, formas un nuevo enunciado llamado el **inverso**.

Condicional: Si $3x = 6$, entonces $x = 2$.

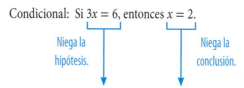

Inverso: Si $3x \neq 6$, entonces $x \neq 2$.

El inverso de un condicional puede o no presentar el mismo valor de verdad que el condicional.

### Revísalo

**Escribe la negación de cada enunciado.**

**7** Un rectángulo tiene cuatro lados.

**8** Se comieron las rosquillas antes del mediodía.

**Escribe el inverso de cada condicional.**

**9** Si un entero termina en 0 ó 5, entonces es un múltiplo de 5.

**10** Si estoy en Seattle, entonces estoy en el estado de Washington.

## Contrapositivo de un condicional

El **contrapositivo** de un condicional se forma cuando niegas la hipótesis y la conclusión y luego las intercambias.

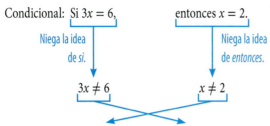

Contrapositivo: Si $x \neq 2$, entonces $3x \neq 6$.

El contrapositivo de un enunciado condicional tiene el mismo valor de verdad que el condicional.

### Revísalo

**Di si el enunciado es *verdadero* o *falso*.**

**11** Si un enunciado condicional es verdadero, entonces su contrapositivo relacionado es siempre verdadero.

**Escribe el contrapositivo de cada condicional.**

**12** Si un ángulo mide 90°, entonces el ángulo es recto.

**13** Si $x \neq 3$, entonces $2x \neq 6$.

**14** Si nieva, entonces se suspenderán las clases.

**15** Si tienes más de 12 años, entonces compras boletos de adulto.

**16** Si compraste tus boletos con anticipación, entonces pagaste menos.

## 5·1 Ejercicios

**Escribe cada condicional en forma de Si..., entonces...**

1. Las rectas perpendiculares forman ángulos rectos.
2. Los enteros positivos son mayores que cero.
3. Todos en ese pueblo votaron en la última elección.
4. Los triángulos equiláteros tienen tres lados iguales.
5. Los números que terminan en 0, 2, 4, 6 u 8 son números pares.
6. Elena visita a su tía todos los viernes.

**Escribe el opuesto de cada condicional.**

7. Si un triángulo es equilátero, entonces es isósceles.
8. Si Chenelle tiene más de 21 años, entonces puede votar.
9. Si un número es factor de 8, entonces es factor de 24.
10. Si $x = 4$, entonces $3x = 12$.

**Escribe la negación de cada enunciado.**

11. Todos los edificios son de tres pisos.
12. $x$ es múltiplo de $y$.
13. Las líneas del diagrama se intersecan en el punto $P$.
14. Un triángulo tiene tres lados.

**Escribe el inverso de cada condicional.**

15. Si $5x = 15$, entonces $x = 3$.
16. Si hace buen tiempo, entonces iré en auto al trabajo.

**Escribe el contrapositivo de cada condicional.**

17. Si $x = 6$, entonces $x^2 = 36$.
18. Si el perímetro de un cuadrado es de 8 pulgadas, entonces cada lado mide 2 pulgadas.

**Escribe el opuesto, el inverso y el contrapositivo de cada condicional.**

19. Si un rectángulo tiene una longitud de 4 pies y un ancho de 2 pies, entonces su perímetro es de 12 pies.
20. Si un triángulo tiene tres lados de diferentes longitudes, entonces es escaleno.

# 5·2 Contraejemplos

## Contraejemplos

En el campo de la lógica y de las matemáticas, los enunciados de Si..., entonces... pueden ser verdaderos o falsos. Para mostrar que un enunciado es falso, halla un ejemplo que concuerde con la hipótesis pero no con la conclusión. Este tipo de ejemplo se llama **contraejemplo**.

Al leer el siguiente enunciado condicional, puede que te sientas tentado a pensar que es verdadero.

Si un polígono tiene cuatro lados iguales, entonces es un cuadrado. No obstante, el enunciado es falso ya que existe un contraejemplo: el rombo. El rombo concuerda con la hipótesis (tiene cuatro lados iguales), pero no concuerda con la conclusión (un rombo no es un cuadrado).

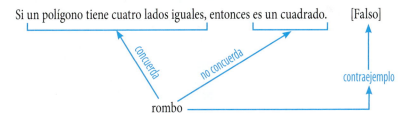

 **Revísalo**

Di si cada enunciado y su opuesto son *verdaderos* o *falsos*. Si un enunciado es falso, da un contraejemplo.

1. Enunciado: Si dos rectas en el mismo plano son paralelas, entonces no se intersecan.
   Opuesto: Si dos rectas en el mismo plano no se intersecan, entonces son paralelas.

2. Enunciado: Si un ángulo mide 90°, entonces es un ángulo recto.
   Opuesto: Si un ángulo es recto, entonces mide 90°.

**APLICACIÓN** **150,000... pero ¿quién está contando?**

¿Piensas que en Estados Unidos hay dos personas con exactamente el mismo número de cabellos en su cabeza? En realidad, puedes probar que sí; no al contar los cabellos de la cabeza de cada uno, sino mediante la lógica.

Considera estos enunciados:
   A. Como máximo, hay aproximadamente 150,000 cabellos en la cabellera humana.
   B. La población de los Estados Unidos es mayor que 150,000.

Debido a que ambos enunciados A y B son verdaderos, entonces hay dos personas con exactamente el mismo número de cabellos en su cabeza en Estados Unidos.

Éste es el razonamiento: si en realidad contaste los cabellos, cada una de las primeras 150,000 personas podría haber tenido un número diferente de cabellos. La persona 1 podría haber tenido 1 cabello; la persona 2, 2 cabellos y así sucesivamente hasta la persona 150,000. La persona 150,001 debería tener un número de cabellos entre 1 y 150,000, lo cual habría correspondido con el número de cabellos de alguna de las cabezas previamente contadas.

¿Puedes probar que en tu ciudad hay dos personas con el mismo número de cabellos en sus cabezas?

Ve **Soluciones**Clave para obtener la respuesta.

**CONTRAEJEMPLOS 5•2**

# 5·2 Ejercicios

**Halla un contraejemplo que muestre que cada enunciado es falso.**

1. Si un número es factor de 18, entonces es factor de 24.
2. Si una figura es un cuadrilátero, entonces es un paralelogramo.
3. Si $x + y$ es un número par, entonces $x$ y $y$ son números pares.

**Di si cada condicional es *verdadero* o *falso*. Si es falso, da un contraejemplo.**

4. Si un número es primo, entonces es un número impar.
5. Si $xy$ es un número impar, entonces tanto $x$ como $y$ son números impares.
6. Si dibujas una recta a través de un cuadrado, entonces formas dos triángulos.

**Di si cada enunciado y su opuesto son *verdaderos* o *falsos*. Si es falso, da un contraejemplo.**

7. Enunciado: Si dos ángulos miden 30°, entonces los ángulos son congruentes.
   Opuesto: Si dos ángulos son congruentes, entonces miden 30°.
8. Enunciado: Si $6x = 54$, entonces $x = 9$.
   Opuesto: Si $x = 9$, entonces $6x = 54$.

**Di si el enunciado y su inverso son *verdaderos* o *falsos*. Si es falso, da un contraejemplo.**

9. Enunciado: Si un ángulo mide 120°, entonces es un ángulo obtuso.
   Inverso: Si un ángulo no mide 120°, entonces no es un ángulo obtuso.

**Di si el enunciado y su contrapositivo son *verdaderos* o *falsos*. Si es falso, da un contraejemplo.**

10. Enunciado: Si un triángulo es isósceles, entonces es equilátero.
    Contrapositivo: Si un triángulo no es equilátero, entonces no es isósceles.
11. Escribe tu propio condicional falso y da un contraejemplo que muestre que es falso.

# 5·3 Conjuntos

## Conjuntos y subconjuntos

Un **conjunto** es una colección de objetos. Cada objeto se denomina *miembro* o *elemento* del conjunto. Por lo general los conjuntos se nombran con letras mayúsculas.

$$A = \{1, 2, 3, 4\} \qquad B = \{a, b, c, d\}$$

Cuando un conjunto no tiene elementos, es un *conjunto vacío*. Para indicar el conjunto vacío, se escribe { } ó ∅.

Cuando todos los elementos de un conjunto también son elementos de otro conjunto, el primer conjunto es un *subconjunto* del otro conjunto.

$\{2, 4\} \subset \{1, 2, 3, 4\}$  (⊂ es el símbolo de subconjunto.)

Recuerda que cada conjunto es un subconjunto de sí mismo y que el conjunto vacío es un subconjunto de todos los conjuntos.

### Revísalo

Di si cada enunciado es *verdadero* o *falso*.

**1** $\{5\} \subset \{$números pares$\}$   **2** $\emptyset \subset \{3, 5\}$

**3** $\{2\} \subset \{2\}$

Halla todos los subconjuntos de cada conjunto.

**4** $\{1, 4\}$   **5** $\{m\}$

**6** $\{a, b, c\}$

## Unión de conjuntos

La **unión** de dos conjuntos se forma al crear un nuevo conjunto que contenga todos los elementos de los dos conjuntos.

$J = \{1, 3, 5, 7\} \qquad L = \{2, 4, 6, 8\}$
$J \cup L = \{1, 2, 3, 4, 5, 6, 7, 8\}$  (∪ es el símbolo de unión.)

Si los conjuntos tienen elementos en común, lista los elementos en común sólo una vez en la intersección.

$P = \{r, s, t, v\} \qquad Q = \{a, k, r, t, w\}$
$P \cup Q = \{a, k, r, s, t, v, w\}$

> **Revísalo**
> Halla la unión de cada par de conjuntos.
> 7  {1, 2} ∪ {9, 10}
> 8  {m, a, t, h} ∪ {m, a, p}
> 9  {★, $, ♪, %, ▲, ∞} ∪ {∞, %, $, #}

## Intersección de conjuntos

La **intersección** de dos conjuntos se forma al crear un nuevo conjunto que contenga todos los elementos que son comunes a ambos conjuntos.

A = { 8, 12, 16, 20}

B = { 4, 8, 12}

A ∩ B = {8, 12}   (∩ es el símbolo de intersección.)

Si los conjuntos no tienen elementos en común, la intersección es un conjunto vacío ∅.

> **Revísalo**
> Halla la intersección de cada par de conjuntos.
> 10  {9} ∩ {9, 18}
> 11  {a, c, t} ∩ {b, d, u}
> 12  {★, $, ♪, %, ▲, ∞} ∩ {∞, %, $, #}

## Diagramas de Venn

El **diagrama de Venn** muestra cómo los elementos de dos o más conjuntos se relacionan entre sí. Cuando los círculos en un diagrama de Venn se entrecruzan, la sección superpuesta contiene los elementos que son comunes a ambos conjuntos.

Al evaluar los diagramas de Venn, deberás identificar cuidadosamente las secciones superpuestas para ver qué elementos de los conjuntos están en esas secciones. La sección en blanco del diagrama muestra dónde los tres conjuntos se entrecruzan.

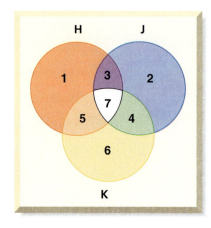

H = {1, 3, 5, 7}
J = {2, 3, 4, 7}
K = {4, 5, 6, 7}

H ∪ J = {1, 2, 3, 4, 5, 7}
H ∪ K = {1, 3, 4, 5, 6, 7}
J ∪ K = {2, 3, 4, 5, 6, 7}
H ∪ J ∪ K = {1, 2, 3, 4, 5, 6, 7}

H ∩ J = {3, 7}
H ∩ K = {5, 7}
J ∩ K = {7, 4}
H ∩ J ∩ K = {7}

### Revísalo

Utiliza el siguiente diagrama de Venn para los Ejercicios 13-16. Lista los elementos en los siguientes conjuntos.

**13** X
**14** X ∪ Z
**15** Y ∩ Z
**16** X ∩ Y ∩ Z

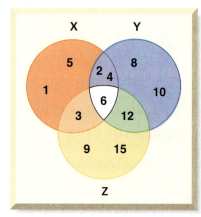

# 5·3 Ejercicios

**Di si cada enunciado es *verdadero* o *falso*.**
1. {1, 2, 3} ⊂ {números naturales}
2. {1, 2, 3} ⊂ {1, 2}
3. {1, 2, 3} ⊂ {números pares}
4. ∅ ⊂ {1, 2, 3}

**Halla la unión de cada par de conjuntos.**
5. {2, 3} ∪ {4, 5}
6. {x, y} ∪ {y, z}
7. {r, o, y, a, l} ∪ {m, o, a, t}
8. {2, 5, 7, 10} ∪ {2, 7}

**Halla la intersección de cada par de conjuntos.**
9. {1, 3, 5, 7} ∩ {6, 7, 8}
10. {6, 8, 10} ∩ {7, 9, 11}
11. {r, o, y, a, l} ∩ {m, o, a, t}
12. ∅ ∩ {4, 5}

**Utiliza el diagrama de Venn de la derecha para los Ejercicios 13–16.**

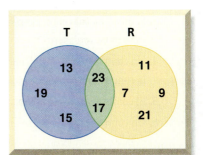

13. Lista los elementos del conjunto T.
14. Lista los elementos del conjunto R.
15. Halla T ∪ R.
16. Halla T ∩ R.

**Utiliza el diagrama de Venn de la derecha para los Ejercicios 17–25.**

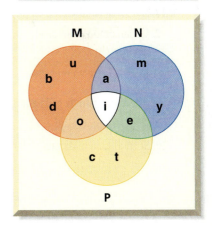

17. Lista los elementos del conjunto M.
18. Lista los elementos del conjunto N.
19. Halla P.
20. Halla M ∪ N.
21. Halla N ∪ P.
22. Halla M ∪ P.
23. Halla M ∩ N.
24. Halla P ∩ N.
25. Halla M ∩ N ∩ P.

# Lógica

## ¿Qué has aprendido?

Puedes usar los siguientes problemas y lista de palabras para ver qué es lo que ya sabes de este capítulo. Si quieres saber más acerca de un problema o palabra en particular busca el número del tema (*por ejemplo,* Lección 5·2).

### Conjunto de problemas

**Di si cada enunciado es *verdadero* o *falso*.**

1. Un enunciado condicional es siempre verdadero. (Lección 5·1)
2. El opuesto de un condicional se forma al intercambiar la hipótesis con la conclusión. (Lección 5·1)
3. Si un enunciado condicional es verdadero, entonces su inverso relacionado es siempre verdadero. (Lección 5·2)
4. Un contraejemplo de un condicional concuerda con la hipótesis pero no con la conclusión. (Lección 5·2)
5. El conjunto vacío es un subconjunto de cada conjunto. (Lección 5·3)
6. Un contraejemplo es suficiente para mostrar que un enunciado es falso. (Lección 5·2)

**Escribe cada condicional en forma de Si..., entonces...** (Lección 5·1)

7. Un cuadrado es un cuadrilátero con cuatro lados iguales y cuatro ángulos iguales.
8. Un ángulo recto mide 90°.

**Escribe el opuesto de cada enunciado condicional.** (Lección 5·1)

9. Si $y = 9$, entonces $y^2 = 81$.
10. Si un ángulo mide más de 90° y menos de 180°, entonces el ángulo es obtuso.

**Escribe la negación de cada enunciado.** (Lección 5·1)

11. ¡Me alegro de que sea viernes!
12. Estas dos rectas son perpendiculares.

**Escribe el inverso del enunciado condicional.** (Lección 5·1)

13. Si el tiempo está cálido, entonces haremos una caminata.

**Escribe el contrapositivo del enunciado condicional.** (Lección 5·1)

14. Si un cuadrilátero tiene dos pares de lados paralelos, entonces es un paralelogramo.

**Halla un contraejemplo que muestre que el enunciado es falso.** (Lección 5·2)

15. El número 24 tiene solamente factores pares.
16. Halla todos los subconjuntos de {7, 8, 9}.

**Utiliza el diagrama de Venn para los Ejercicios 17–21.** (Lección 5·3)

17. Lista los elementos en el conjunto A.
18. Lista los elementos en el conjunto C.
19. Halla A ∪ B.
20. Halla B ∩ C.
21. Halla A ∩ B ∩ C.

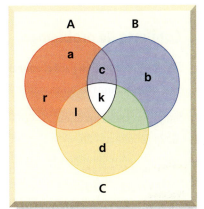

**Palabras Clave**

Escribe las definiciones de las siguientes palabras.

**conjunto** (Lección 5·3)
**contraejemplo** (Lección 5·2)
**contrapositivo** (Lección 5·1)
**diagrama de Venn** (Lección 5·3)

**intersección** (Lección 5·3)
**inverso** (Lección 5·1)
**opuesto** (Lección 5·1)
**unión** (Lección 5·3)

# TemaClave 6

## Álgebra

**¿Qué sabes?**

Puedes usar los siguientes problemas y lista de palabras para ver qué es lo que ya sabes de este capítulo. Las respuestas a los problemas están en la sección **SolucionesClave** que está al final del libro. Las definiciones de las palabras están en **PalabrasClave** que está al principio del libro. Si quieres saber más acerca de un problema o palabra en particular busca el número del tema (*por ejemplo,* Lección 6·2).

### Conjunto de problemas

**Escribe una ecuación para el enunciado.** (Lección 6·1)

1. 4 veces la suma de un número y 2 es 4 menos que dos veces el número.

**Simplifica cada expresión.** (Lección 6·2)

2. $2a + 5b - a - 2b$

3. $4(3n - 1) - (n + 6)$

4. Si un auto recorre 55 millas por hora, ¿en cuánto tiempo recorre 165 millas? (Lección 6·3)

**Resuelve cada ecuación. Comprueba tu solución.** (Lección 6·4)

5. $\dfrac{y}{6} - 1 = 8$

6. $5(2n - 3) = 4n + 9$

**Usa una proporción para resolver el Ejercicio 7.** (Lección 6·5)

7. En una clase, la razón de niños a niñas es de $\dfrac{3}{4}$. Si hay 12 niños en la clase, ¿cuántas niñas hay?

**Resuelve cada desigualdad. Grafica la solución.** (Lección 6·6)

8. $x + 7 < 5$

9. $3x + 5 \geq 17$

10. $-4n + 11 < 3$

Localiza cada punto en el plano coordenado e identifica en qué cuadrante o en qué eje descansa. (Lección 6·7)

**11.** $A(4, -3)$  **12.** $B(-2, -1)$  **13.** $C(0, 1)$  **14.** $D(-3, 0)$

Escribe la ecuación de la recta que contiene los puntos. (Lección 6·8)

**15.** $(-2, -6)$ y $(5, 1)$

## Palabras Clave

cociente (Lección 6·1)
coeficiente (Lección 6·2)
constante de variación (Lección 6·9)
cuadrante (Lección 6·7)
desigualdad (Lección 6·6)
dominio (Lección 6·7)
ecuación (Lección 6·1)
eje $x$ (Lección 6·7)
eje $y$ (Lección 6·7)
elevación (Lección 6·8)
equivalente (Lección 6·1)
expresión (Lección 6·1)
expresión equivalente (Lección 6·2)
función (Lección 6·7)
intersección $y$ (Lección 6·8)
inverso aditivo (Lección 6·4)
origen (Lección 6·7)
par ordenado (Lección 6·7)
pendiente (Lección 6·8)
producto (Lección 6·1)
producto cruzado (Lección 6·5)
propiedad asociativa (Lección 6·2)
propiedad conmutativa (Lección 6·2)

propiedad de identidad (Lección 6·2)
propiedad de igualdad de la división (Lección 6·2)
propiedad de igualdad de la multiplicación (Lección 6·4)
propiedad de igualdad de la resta (Lección 6·4)
propiedad de igualdad de la suma (Lección 6·4)
propiedad distributiva (Lección 6·2)
proporción (Lección 6·5)
punto (Lección 6·7)
rango (Lección 6·7)
razón (Lección 6·5)
secuencias aritméticas (Lección 6·7)
sistema de ecuaciones (Lección 6·10)
tasa (Lección 6·5)
tasa unitaria (Lección 6·5)
término (Lección 6·1)
términos semejantes (Lección 6·2)
trayecto (Lección 6·8)
variable (Lección 6·1)
variación directa (Lección 6·9)

# 6·1 Escribir expresiones y ecuaciones

## Expresiones

En las matemáticas, el valor de un número en particular podría ser una incógnita. Una **variable** es un símbolo, por lo general una letra, que se usa para representar a un número desconocido. Las siguientes son algunas de las variables que se usan comúnmente.

$$x \quad n \quad y \quad a$$

Un **término** es un número, una variable, o un número y una variable combinados por la multiplicación o la división. Algunos ejemplos de términos son los siguientes.

$$w \quad 5 \quad 3x \quad \frac{y}{8}$$

Una **expresión** es un término o una colección de términos separado por signos de suma o resta. Abajo se listan algunas expresiones, con su número de términos.

| Expresión | Número de términos | Descripción |
|---|---|---|
| $4z$ | 1 | un número multiplicado por una variable |
| $5y + 3$ | 2 | términos separados por $+$ |
| $2x + 8y - 6$ | 3 | términos separados por $+$ ó $-$ |
| $\frac{7ac}{b}$ | 1 | todas las multiplicaciones y divisiones |

**Revísalo**

Cuenta el número de términos que hay en cada expresión.

① $5x + 12$
② $3abc$
③ $9xy - 3c - 8$
④ $3a^2b + 2ab$

## Escribir expresiones de suma

Para escribir una expresión, a menudo tienes que interpretar una frase escrita. Por ejemplo, la frase "tres sumado a algún número" se podría escribir como la expresión $x + 3$, donde la variable $x$ representa el número desconocido.

Observa que las palabras "sumado a" indican que la operación entre el tres y el número desconocido es la suma. Otras palabras o frases que indican la suma son "más que", "más" y "aumenta en". Otra palabra que indica la suma es "sumar". La suma es el resultado de juntar los términos.

Abajo se listan algunas frases comunes de suma y sus expresiones correspondientes.

| Frase | Expresión |
| --- | --- |
| cuatro más que algún número | $y + 4$ |
| un número al que se le aumenta ocho | $n + 8$ |
| cinco más algún número | $5 + a$ |
| la suma de un número y siete | $x + 7$ |

### Revísalo

**Escribe una expresión para cada frase.**

5. un numero sumado a siete
6. la suma de un número y diez
7. un número al que se le aumenta tres
8. uno más que algún número

## Escribir expresiones de resta

La frase "cinco restado de algún número" podría escribirse como la expresión $x - 5$, donde la variable $x$ representa el número desconocido. Observa que las palabras "restado de" indican que la operación entre el número desconocido y el cinco es la resta.

Otras palabras y frases que indican la resta son "menor que", "menos" y "disminuido en". Otra palabra que indica la resta es "diferencia". La diferencia es el resultado de la resta de dos términos.

En una expresión de resta, el orden de los términos es muy importante. Debes saber qué término se está restando y a qué término se le restará. Para interpretar la frase "seis menos que un número", reemplaza "un número" por un ejemplo numérico como 10. ¿Cuánto es 6 menos que 10? La respuesta es 4 y se expresa como $10 - 6$, no $6 - 10$. Por tanto, la frase "seis menos que un número" se traduce a la expresión $x - 6$.

Abajo aparecen algunas frases comunes de resta y sus expresiones correspondientes.

| Frase | Expresión |
|---|---|
| dos menos que algún número | $z - 2$ |
| un numero al que se le disminuye seis | $a - 6$ |
| nueve menos algún número | $9 - n$ |
| la diferencia entre un número y tres | $x - 3$ |

 **Revísalo**

Escribe una expresión para cada frase.

- **9** un número restado de 14
- **10** la diferencia entre un número y dos
- **11** algún número disminuido en ocho
- **12** nueve menos que algún número

## Escribir expresiones de multiplicación

La frase "seis multiplicado por algún número" podría escribirse como la expresión $6x$, donde la variable $x$ representa el número desconocido. Observa que las palabras "multiplicado por" indican que la operación entre el número desconocido y el seis es la multiplicación.

Otras palabras y frases que indican la multiplicación son "por", "dos veces" y "de". "Dos veces" se usa para indicar que algo es "doble". "De" se usa principalmente con fracciones y porcentajes. Otra palabra que indica la multiplicación es **producto**. El producto es el resultado de la multiplicación de los términos.

Éstas son algunas frases comunes de multiplicación y sus expresiones correspondientes.

| Frase | Expresión |
|---|---|
| siete veces algún número | 7x |
| dos veces un número | 2y |
| un tercio de algún número | $\frac{1}{3}n$ |
| el producto de un número y cuatro | 4a |

### Revísalo
Escribe una expresión para cada frase.

**13** un número multiplicado por tres

**14** el producto de un número y siete

**15** el 35% de algún número

**16** 12 veces algún número

## Escribir expresiones de división

La frase "siete dividido entre algún número" podría escribirse como la expresión $\frac{7}{x}$, donde la variable *x* representa el número desconocido. Observa que las palabras "dividido entre" indican que la operación entre el número desconocido y el seis es la división.

Otras palabras y frases que indican la división son "razón de" y "dividir". Otra palabra que indica la división es **cociente**. El cociente es el resultado de la división de dos términos.

Abajo se listan algunas frases comunes de división y sus expresiones correspondientes.

| Frase | Expresión |
|---|---|
| el cociente de 18 y algún número | $\frac{18}{n}$ |
| un número dividido entre 4 | $\frac{x}{4}$ |
| la razón de 12 y algún número | $\frac{12}{y}$ |
| el cociente de un número y 9 | $\frac{n}{9}$ |

### Revísalo
**Escribe una expresión para cada frase.**

**17** un número dividido entre 7

**18** el cociente de 16 y un número

**19** la razón de 40 y algún número

**20** el cociente de algún número y 11

## Escribir expresiones de dos operaciones

Para escribir la frase "cuatro sumado al producto de cinco y algún número" como una expresión, primero observa que "cuatro sumado a" significa "algo más cuatro". Ese "algo" es el "producto de cinco y algún número", que se puede expresar como $5x$, porque "producto" indica la multiplicación. Por tanto, la expresión matemática es $5x + 4$. Éstos son algunos ejemplos más.

| Frase | Expresión | Piensa |
|---|---|---|
| dos menos que el cociente de un número y cinco | $\frac{x}{2} - 2$ | "dos menos que" significa "algo $- 2$"; "cociente" indica la división. |
| tres veces la suma de un número y cuatro | $3(x + 4)$ | Escribe la suma dentro del paréntesis para que toda la suma se multiplique por tres. |
| cinco más que seis veces un número | $6x + 5$ | "cinco más que" significa "algo $+ 5$"; "por" indica la multiplicación. |

**Revísalo**

Escribe cada frase como una expresión.

**21** 12 menos que el producto de ocho y un número

**22** 1 restado del cociente de cuatro y un número

**23** dos veces la diferencia entre un número y seis

## Escribir ecuaciones

Una expresión es una frase; una **ecuación** es un enunciado matemático. Una ecuacion indica que dos expresiones son **equivalentes**, o iguales. El símbolo que se usa en una ecuacion es el signo de igual, =.

Para escribir la siguiente frase como una ecuación, primero identifica la palabra o la frase que indica que algo es igual. "Dos menos que el producto de un número y cinco es lo mismo que seis más que el número". En este enunciado, lo que es igual se indica con la frase "es lo mismo que". En otros enunciados, igual se podría indicar con "es", "el resultado es", "obtienes" o "es igual a."

Cuando hayas identificado la ubicación del signo de igual, puedes traducir y escribir las expresiones que corresponden a los lados izquierdo y derecho de la ecuación.

| 2 menos que el producto de un número y 5 | Es lo mismo que | 6 más que el número |
|---|---|---|
| $5x - 2$ | $=$ | $x + 6$ |

 **Revísalo**

Escribe una ecuación para cada enunciado.

**24** Ocho restado de un número es lo mismo que el producto de cinco y el número.

**25** Cinco menos que cuatro veces un número es cuatro más que dos veces el número.

**26** Cuando se agrega uno al cociente de un número y seis, el resultado es nueve menos que el número.

# 6·1 Ejercicios

**Cuenta el número de términos que hay en cada expresión.**
1. $4x + 2y - 3z$
2. $4n - 20$

**Escribe una expresión para cada frase.**
3. ocho más que un número
4. la suma de un número y nueve
5. cinco menos que un número
6. la diferencia entre un número y cuatro
7. la mitad de algún número
8. dos veces un número
9. el producto de un número y seis
10. un número dividido entre ocho
11. la razón de diez y algún número
12. el cociente de un número y cinco
13. cuatro más que el producto de un número y tres
14. cinco menos que dos veces un número
15. dos veces la suma de ocho y un número

**Escribe una ecuación para cada enunciado.**
16. Ocho más que el cociente de un número y seis es igual a dos menos que el número.
17. Si se resta el nueve de dos veces un número, el resultado es once.
18. Tres veces la suma de un número y cinco es cuatro más dos veces el número.
19. ¿Cuál de las siguientes palabras se usa para indicar la multiplicación?
    A. suma
    B. diferencia
    C. producto
    D. cociente
20. ¿Cuál de las siguientes frases no indica resta?
    A. menos que
    B. diferencia
    C. disminuye en
    D. razón de

# 6•2 Simplificar expresiones

## Términos

Un término que contiene sólo un número se llama término *constante*. Compara los términos 7 y 5x. Observa que el valor de 7 nunca cambia, permanece constante. El valor de 5x cambia a medida que cambia el valor de x. Si x = 2, entonces 5x = 5(2) = 10; y si x = 3, entonces 5x = 5(3) = 15.

El factor numérico de un término que contiene una variable se llama **coeficiente** de la variable. En el término 5x, el 5 es el coeficiente de x.

**Revísalo**
Decide si cada término es un término constante.
 6x  9  8(n + 2)  5

## La propiedad conmutativa de la suma y la multiplicación

La **propiedad conmutativa** de la suma establece que el orden en que se suman los términos se puede cambiar sin afectar a la suma.
   4 + 9 = 9 + 4  y  x + 5 = 5 + x.

La propiedad conmutativa de la multiplicación establece que el orden en que se multiplican los términos se puede cambiar sin afectar al producto.
   2(8) = 8(2)  y  y • 6 = 6y.

La propiedad conmutativa no es válida para la resta ni la división. El orden de los términos sí afecta al resultado.
   7 − 3 = 4  pero  3 − 7 = −4.
   6 ÷ 2 = 3  pero  2 ÷ 6 = $\frac{1}{3}$.

**Revísalo**

Reescribe cada expresión usando la propiedad conmutativa de la suma o la multiplicación.

**5** $2x + 5$

**6** $n \cdot 7$

**7** $9 + 4y$

**8** $5 \cdot 6$

## La propiedad asociativa de la suma y la multiplicación

La **propiedad asociativa** de la suma establece que la forma en que los números se agrupan cuando se suman no afecta a la suma.

$(2 + 3) + 4 = 2 + (3 + 4)$ y $(y + 5) + 9 = y + (5 + 9)$.

La propiedad asociativa de la multiplicación establece que la forma en que los números se agrupan cuando se multiplican no afecta al producto.

$(3 \cdot 4) \cdot 5 = 3 \cdot (4 \cdot 5)$ y $6 \cdot (4y) = (6 \cdot 4)y$.

La propiedad asociativa no es válida para la resta o la división. La forma en que los números se agrupan sí afecta al resultado.

$(9 - 7) - 5 = -3$ pero $9 - (7 - 4) = 6$.
$(12 \div 6) \div 2 = 1$ pero $12 \div (6 \div 2) = 4$.

**Revísalo**

Reescribe cada expresión usando la propiedad asociativa de la suma o la multiplicación.

**9** $(4 + 8) + 11$

**10** $(5 \cdot 2) \cdot 9$

**11** $(2x + 5y) + 4$

**12** $7 \cdot (8n)$

## La propiedad distributiva

La **propiedad distributiva** de la multiplicación sobre la suma establece que multiplicar una suma por un número da el mismo resultado que multiplicar cada sumando por ese número y después sumar los productos.

Entonces, $4(3 + 5) = (4 \cdot 3) + (4 \cdot 5)$.

¿Cómo multiplicarías 6 · 99 mentalmente? Podrías pensar que 600 − 6 = 594. Si lo hiciste, usaste la propiedad distributiva.

6(100 − 1) = 6(100 + (−1))   • Reescribe 100 − 1 como 100 + (−1).

6(100 + (−1))   • Reescribe el factor de 6 para cada término que está dentro del paréntesis.

= 6 · 100 − 6 · 1
= 600 − 6 = 594   • Simplifica, usando el orden de las operaciones.

La propiedad distributiva no es válida para la division.
    4 ÷ (3 + 5) ≠ (4 ÷ 3) + (4 ÷ 5)

 **Revísalo**
Usa la propiedad distributiva para hallar cada producto.

 5 · 96    4 · 103    9 · 199    4 · 318

## Propiedades de cero y uno

La <mark>propiedad de identidad</mark> de la suma establece que la suma de cualquier número y 0 es ese número. La identidad aditiva es 0 porque $a + 0 = a$ y $0 + a = a$. La propiedad de identidad de la multiplicación establece que el producto de cualquier número y 1 es ese número. La identidad multiplicativa es 1 porque $a · 1 = a$ y $1 · a = a$. La resta y la división no tienen propiedades de identidad.

La propiedad de cero de la multiplicación establece que el producto de cero y cualquier número es cero: $a · 0 = 0$ y $0 · a = 0$. Dado que no puedes dividir un número entre cero, cualquier número dividido entre cero es indefinido.

 **Revísalo**
Nombra la propiedad que muestra cada enunciado.

 $\sqrt{9} · 1 = \sqrt{9}$
 $6x + 0 = 6x$
 $325 · 0 = 0$

## Expresiones equivalentes

Se puede usar la propiedad distributiva para escribir una **expresión equivalente**. Las expresiones equivalentes son maneras diferentes de escribir una expresión.

### EJEMPLO — Escribir una expresión equivalente

Escribe una expresión equivalente para $2(6x - 4)$.

$2(6x - 4)$
$2 \cdot 6x - 2 \cdot 4$
$12x - 8$

- Distribuye el factor de 2 en cada término dentro del paréntesis.
- Simplifica.

Entonces, $2(6x - 4) = 12x - 8$.

## Distribuir cuando el factor es negativo

La propiedad distributiva se aplica de la misma manera si el factor que se va a distribuir es negativo.

### EJEMPLO — Escribir una expresión equivalente

Escribe una expresión equivalente para $-3(5x - 6)$.

$-3(5x - 6)$
$-3 \cdot 5x - (-3) \cdot 6$
$-15x + 18$

- Distribuye el factor en cada término dentro del paréntesis.
- Simplifica. Recuerda: $(-3) \cdot 6 = -18$ y $-(-18) = +18$.

Entonces, $-3(5x - 6) = -15x + 18$.

### Revísalo

Escribe una expresión equivalente usando la propiedad distributiva.

**20** $2(7x + 4)$     **21** $8(3n - 2)$
**22** $-1(7y - 4)$     **23** $-3(-3x + 5)$

## La propiedad distributiva con factores comunes

En la expresión $6x + 9$, puedes usar la propiedad distributiva para factorizar el máximo común divisor y escribir una expresión equivalente. Reconoce que el máximo común divisor de los dos términos es 3.

Reescribe la expresión como $3 \cdot 2x + 3 \cdot 3$. Después escribe el máximo común divisor 3 frente al paréntesis y los factores restantes dentro del paréntesis: $3(2x + 3)$.

**EJEMPLO** Factorizar el factor común

Factoriza el máximo común divisor de la expresión $8n - 20$.

$4 \cdot 2n - 4 \cdot 5$ • Halla un factor común y reescribe la expresión.

$4 \cdot (2n - 5)$ • Usa la propiedad distributiva.

Entonces, $8n - 20 = 4 \cdot (2n - 5)$.

 **Revísalo**

Factoriza el máximo común divisor de cada expresión.

**24**  $7x + 35$

**25**  $18n - 15$

**26**  $15c + 60$

**27**  $40a - 100$

## Términos semejantes

Los **términos semejantes** son términos que contienen exactamente las mismas variables. Los términos constantes son *términos semejantes* porque no contienen variables. Los siguientes son algunos ejemplos de términos semejantes.

| Términos semejantes | Razón |
|---|---|
| $4x$ y $5x$ | Ambos contienen la misma variable. |
| 5 y 13 | Ambos son términos constantes. |
| $3n^2$ y $9n^2$ | Ambos contienen la misma variable con el mismo exponente. |

A continuación hay algunos ejemplos de términos que no son semejantes.

| No son términos semejantes | Razón |
|---|---|
| $7x$ y $9y$ | Las variables son diferentes. |
| $2n$ y 6 | Un término tiene una variable; el otro es constante. |
| $8x^2$ y $8x$ | Las variables son iguales, pero los exponentes son diferentes. |

Los términos semejantes se pueden combinar en un solo término con la suma o la resta. Considera la expresión $3x + 5x$. Observa que los dos términos tienen un factor común, $x$. Usa la propiedad distributiva para escribir $x(3 + 5)$. La expresión se simplifica a $8x$, entonces $3x + 5x = 8x$.

### EJEMPLO  Combinar términos semejantes

Simplifica $6n - 8n$.

$n(6 - 8)$    • Reconoce que la variable es un factor común. Reescribe la expresión usando la propiedad distributiva.

$n(-2)$    • Simplifica.

$-2n$    • Usa la propiedad conmutativa de la multiplicación.

Entonces, $6n - 8n = -2n$.

**Revísalo**

Combina los términos semejantes.

- **28** $3y + 8y$
- **29** $9x - 4x$
- **30** $7a + 6a + a$
- **31** $2n - 5n$

## Simplificar expresiones

Las expresiones se simplifican cuando se han combinado todos los términos semejantes. Los términos que no son semejantes no se pueden combinar. En la expresión $5x - 7y + 8x$ hay tres términos. Dos de ellos son términos semejantes, $5x$ y $8x$, que suman $13x$. La expresión se puede simplificar a $13x - 7y$.

| **EJEMPLO** | **Simplificar expresiones** |
|---|---|
| Simplifica la expresión $2(4x - 5) - 12x + 17$. | |
| $2 \cdot 4x - 2 \cdot 5 - 12x + 17$ | • Usa la propiedad distributiva. |
| $8x - 10 - 12x + 17$ | • Simplifica. |
| $-4x + 7$ | • Combina los términos semejantes. |
| Entonces, $2(4x - 5) - 12x + 17 = -4x + 7$. | |

 **Revísalo**

Simplifica cada expresión.

- **32** $4y + 5z - y + 3z$
- **33** $x + 4(3x - 5)$
- **34** $15a + 8 - 2(3a + 2)$
- **35** $2(5n - 3) - (n - 2)$

# 6•2 Ejercicios

**Decide si cada término es un término constante.**

1. $4n$
2. $-9$

3. Identifica los coeficientes de la expresión $4x - 7 + 6x + 10$.

**Reescribe cada expresión usando la propiedad conmutativa de la suma o la multiplicación.**

4. $9 + 5$
5. $n \cdot 4$
6. $8x + 11$

**Reescribe cada expresión usando la propiedad asociativa de la suma o la multiplicación.**

7. $2 + (7 + 14)$
8. $(8 \cdot 5) \cdot 3$
9. $3 \cdot (6n)$

**Usa la propiedad distributiva para hallar cada producto.**

10. $8 \cdot 99$
11. $6 \cdot 108$

**Menciona la propiedad que muestra cada enunciado.**

12. $\sqrt{8} + 0 = \sqrt{8}$
13. $a^3 \cdot 1 = a^3$

**Escribe una expresión equivalente.**

14. $-7(2n + 8)$
15. $12(3a - 10)$

**Factoriza el factor común de cada expresión.**

16. $8x + 32$
17. $6n - 9$
18. $30a - 50$

**Combina los términos semejantes.**

19. $14x - 8x$
20. $7n + 8n - n$
21. $2a - 11a$

**Simplifica cada expresión.**

22. $8a + b - 3a - 5b$
23. $3x + 2(6x - 5) + 8$

24. ¿Qué propiedad se ilustra en $7(2x + 1) = 14x + 7$?
   A. Propiedad conmutativa de la multiplicación
   B. Propiedad distributiva
   C. Propiedad asociativa de la suma
   D. El ejemplo no ilustra ninguna propiedad.

# 6•3 Evaluar expresiones y fórmulas

## Evaluar expresiones

Puedes *evaluar* una expresión algebraica para diferentes valores de la variable. Para evaluar $5x - 3$ para $x = 4$, *sustituye x* por 4: $5(4) - 3$.

Usa el orden de las operaciones para simplificar: primero multiplica, después resta. Entonces, $5(4) - 3 = 20 - 3 = 17$.

### EJEMPLO  Evaluar una expresión

Evalúa la expresión $3x^2 - 4x + 5$, cuando $x = -2$.

$3(-2)^2 - 4(-2) + 5$ • Sustituye *x* por el valor numérico.

$3 \cdot 4 - 4(-2) + 5$ • Usa el orden de las operaciones para simplificar. Evalúa la potencia.

$12 + 8 + 5 = 25$ • Multiplica y después suma de izquierda a derecha.

Entonces, cuando $x = -2$, significa que $3x^2 - 4x + 5 = 25$.

**Revísalo**

Evalúa cada expresión para el valor dado.

① $9x - 14$ para $x = 4$
② $5a + 7 + a^2$ para $a = -3$
③ $\frac{n}{3} + 2n - 5$ para $n = 12$
④ $2(y^2 - 2y + 1) + 4y$ para $y = 3$

## Evaluar fórmulas

El interés es la cantidad de dinero que se paga o se gana por el uso del dinero. Si inviertes dinero en una cuenta de ahorros, ganas intereses del banco. En un préstamo, pagas intereses al banco. La cantidad de dinero que se invierte o se presta se llama principal. La tasa de interés, $I$, es el porcentaje que se cobra o paga durante un período dado de tiempo, $t$, en años. Para resolver problemas de interés simple ($I$), se puede usar la fórmula $I = prt$.

### EJEMPLO  Encontrar el interés simple

Halla el interés simple de $10,000 a $4 por 2 años.

$I = prt$ • Escribe la fórmula del interés simple.

$I = (10,000)(0.04)(2)$ • Sustituye $p$, $r$ y $t$ con los valores en la fórmula del interés simple.

$I = \$800$ • Simplifica.

Entonces, el interés simple es $800.

### Revísalo
Halla el interés simple al centavo más cercano.

**5**  $5,000 a 6% por 10 años
**6**  $135,000 a 6.25% por 30 años
**7**  $26,000 a 6.86% por 4 años

### La fórmula de la distancia recorrida

La distancia recorrida por una persona, vehículo y objeto depende de la tasa y de la cantidad de tiempo recorrido. Se puede usar la fórmula $d = rt$ para hallar la distancia recorrida, $d$, si se conoce la tasa, $r$, y la cantidad de tiempo, $t$.

### EJEMPLO: Encontrar la distancia recorrida

Halla la distancia que ha recorrido un tren que promedia 60 millas por hora durante $3\frac{1}{4}$ de horas.

$d = (60) \cdot \left(3\frac{1}{4}\right)$ • Sustituye las variables en la fórmula de distancia ($d = rt$).

$60 \left(\frac{13}{4}\right) = 195$ • Multiplica.

Entonces, el tren recorrió 195 millas.

### Revísalo

Calcula la distancia recorrida.

8. Una persona recorre 12 millas por hora durante 3 horas.
9. Un avión vuela a 750 kilómetros por hora durante $2\frac{1}{2}$ horas.
10. Una persona conduce un auto a 55 millas por hora durante 8 horas.
11. Un caracol se mueve a 2.3 pies por hora durante 4 horas.

### APLICACIÓN: Maglev

Los trenes Maglev (abreviatura de *levitación magnética*) flotan sobre la vía. La fuerza magnética levanta y propulsa a los trenes. Sin la fricción de las vías, los maglev viajan a velocidades de 150 a 300 millas por hora. ¿Son los trenes del futuro? A una velocidad de 200 millas por hora sin paradas, ¿cuánto tiempo le tomaría recorrer la distancia entre estas ciudades? Redondea al cuarto de hora más cercano.

235 millas de Boston, MA a Nueva York, NY
440 millas de Los Angeles, CA, a San Francisco, CA
750 millas de Mobile, AL, a Miami, FL
Consulta las **SolucionesClave** para obtener las respuestas.

# 6·3 Ejercicios

**Evalúa cada expresión para el valor dado.**

1. $6x - 11$ para $x = 5$
2. $5a^2 + 7 - 3a$ para $a = 4$
3. $\frac{n}{6} - 3n + 10$ para $n = -6$
4. $3(4y - 1) - \frac{12}{y} + 8$ para $y = 2$

**Usa la fórmula $I = prt$ para calcular el interés simple.**

5. Johnny pidió prestados $12,000 para comprar un auto. Si la tasa de interés anual simple era de 18%, ¿cuánto interés pagará por un préstamo a cinco años?
6. Jamil invirtió $500 en una cuenta de ahorros a 3 años. Halla la cantidad total que hay en su cuenta si gana un interés anual simple de 3.25%.
7. Susana pidió prestados $5,000 a una tasa de interés anual simple de 4.5%. ¿Cuánto interés pagará por un préstamo a 2 años?

**Usa la fórmula $d = rt$ para hallar la distancia recorrida.**

8. Halla la distancia recorrida por un corredor que corre a 6 millas por hora durante $1\frac{1}{2}$ horas.
9. Un piloto de autos de carrera promedió 180 millas por hora. Si el piloto terminó la carrera en $2\frac{1}{2}$ horas, ¿de cuántas millas era la carrera?
10. La velocidad de la luz es de aproximadamente 186,000 millas por segundo. ¿Aproximadamente que tan lejos viaja la luz en 5 segundos?

# 6·4 Resolver ecuaciones lineales

## Inversos aditivos

La suma de cualquier término y su **inverso aditivo** es 0. El inverso aditivo de 7 es −7, porque $7 + (−7) = 0$; y el inverso aditivo de $−8n$ es $8n$, porque $−8n + 8n = 0$.

**Revísalo**
Da el inverso aditivo de cada término.

① 4  ② $−x$
③ −35  ④ $10y$

## Resolver ecuaciones de suma o resta

Para resolver una ecuación, la variable necesita estar sola o despejada en un lado del signo de igual. La **propiedad de igualdad de la resta** establece que si el mismo número se resta de cada lado de una ecuación, los dos lados permanecen iguales. Considera la ecuación $x + 3 = 11$. Para despejar $x$ en esta ecuación, resta 3 de cada lado.

---

**EJEMPLO** Resolver ecuaciones de suma

Resuelve $x + 5 = 9$.
$x + 5 − 5 = 9 − 5$    • Despeja $x$ al restar 5 de cada lado.
$x = 4$    • Simplifica.
$(4) + 5 \stackrel{?}{=} 9$    • Comprueba al sustituir la variable con la solución
$9 = 9$    de la ecuación original.
Entonces, $x = 4$.

La **propiedad de igualdad de la suma** establece que si el mismo número se suma a cada lado de una ecuación, los dos lados permanecen iguales.

| EJEMPLO | Resolver ecuaciones de resta |
|---|---|
| Resuelve $n - 8 = 7$. | |
| $n - 8 + 8 = 7 + 8$ | • Despeja $n$ al sumar 8 a cada lado. |
| $n = 15$ | • Simplifica. |
| $(15) - 8 \stackrel{?}{=} 7$ | • Comprueba al sustituir la variable con la solución |
| $7 = 7$ | de la ecuación original. |
| Entonces, $n = 15$. | |

### Revísalo

Resuelve cada ecuación. Comprueba tu solución.

**5** $x + 4 = 13$
**6** $n - 5 = 11$
**7** $y + 10 = 3$

## Resolver ecuaciones por multiplicación o división

La **propiedad de igualdad de la división** establece que si cada lado de la ecuación se divide entre el mismo número diferente de cero, los dos lados permanecen iguales.

| EJEMPLO | Resolver ecuaciones de multiplicación usando la propiedad de igualdad de la división |
|---|---|
| Resuelve $3x = 15$. | |
| $\frac{3x}{3} = \frac{15}{3}$ | • Despeja $x$ al dividir 3 a cada lado. |
| $x = 5$ | • Simplifica. |
| $3(5) \stackrel{?}{=} 15$ | • Comprueba al sustituir la variable con la solución |
| $15 = 15$ | de la ecuación original. |
| Entonces, $x = 5$. | |

La **propiedad de la igualdad de la multiplicación** establece que si cada lado de la ecuación se multiplica por el mismo número, los dos lados permanecen iguales. Para despejar $x$ en la ecuación $\frac{x}{7} = 4$, multiplica cada lado por 7.

### EJEMPLO: Resolver ecuaciones de división usando la propiedad de igualdad de la multiplicación

Resuelve la ecuación $\frac{n}{6} = 3$.

$\frac{n}{6} \cdot 6 = 3 \cdot 6$ • Despeja $n$ al multiplicar 6 a cada lado.

$n = 18$ • Simplifica.

$\frac{(18)}{6} \stackrel{?}{=} 3$ • Comprueba al sustituir la variable con la solución de la ecuación original.

$3 = 3$

Entonces, $n = 18$.

### Revísalo
Resuelve cada ecuación. Comprueba tu solución.

 $5x = 35$       $\frac{y}{8} = 4$       $9n = -27$

### APLICACIÓN: Horas de mayor audiencia

Durante una semana, los programas de televisión de mayor audiencia se midieron así:

| Índice de audiencia (%) | Programa |
|---|---|
| 23.3 | Drama |
| 21.6 | Comedia |
| 20.5 | Película |
| 17.0 | Caricaturas |
| 17.6 | Comedia de situación |

Considera que $a$ es igual al número de familias que ven la televisión. Si el número de familias que vio el programa de comedia fue de 35 millones, ¿cuántas familias en total vieron la televisión? Consulta **SolucionesClave** para obtener la respuesta.

## Resolver ecuaciones de dos pasos

Considera la ecuación $4x - 7 = 13$. Este tipo de ecuación a veces se conoce como una ecuación de "dos pasos" porque contiene dos operaciones. Para resolver este tipo de ecuación, anulas cada operación para despejar el término que contiene la variable.

### EJEMPLO   Resolver ecuaciones de dos pasos

Resuelve $4x - 7 = 13$.

$4x - 7 + 7 = 13 + 7$
- Despeja el término que contiene la variable al sumar 7 a cada lado

$4x = 20$
- Simplifica.

$\frac{4x}{4} = \frac{20}{4}$
- Divide entre 4 de cada lado para despejar la variable.

$x = 5$

$4(5) - 7 \stackrel{?}{=} 13$
- Comprueba al sustituir la variable con la solución de la ecuación original.

$20 - 7 = 13$
- Simplifica, usando el orden de las operaciones.

Entonces, $x = 5$.

Resuelve $\frac{n}{4} + 8 = 2$.

$\frac{n}{4} + 8 - 8 = 2 - 8$
- Despeja el término que contiene la variable al restar 8 de cada lado.

$\frac{n}{4} = -6$
- Simplifica.

$\frac{n}{4} \cdot 4 = -6 \cdot 4$
- Multiplica cada lado por 4 para despejar la variable.

$n = -24$

$\frac{(-24)}{4} + 8 \stackrel{?}{=} 2$
- Comprueba al sustituir la variable con la solución de la ecuación original.

$-6 + 8 = 2$
- Simplifica, usando el orden de las operaciones.

Entonces, $n = -24$.

### Revísalo

Resuelve cada ecuación. Comprueba tu solución.

**11** $6x + 11 = 29$

**12** $\frac{y}{5} - 3 = 7$

**13** $2n + 15 = 1$

**14** $\frac{a}{3} + 11 = 9$

## Resolver ecuaciones con la variable a cada lado

Considera la ecuación $5x + 4 = 8x - 5$. Observa que cada lado de la ecuación tiene un término que contiene la variable. Para resolver esta ecuación, usas las propiedades de igualdad de la suma o la resta para escribir ecuaciones equivalentes con las variables compiladas en lado del signo de igual y los términos constantes en el otro lado del signo de igual. Después resuelve la ecuación.

**EJEMPLO**    Resolver una ecuación con variables a cada lado

Resuelve $5x + 4 = 8x - 5$.

$5x + 4 - 5x = 8x - 5 - 5x$    • Resta $5x$ de cada lado para compilar los términos que contienen la variable en un lado del signo de igual.

$4 = 3x - 5$    • Simplifica al combinar los términos semejantes.

$4 + 5 = 3x - 5 + 5$    • Suma 5 a cada lado para compilar los términos constantes en el otro lado del signo de igual.

$9 = 3x$    • Simplifica.

$\dfrac{9}{3} = \dfrac{3x}{3}$    • Divide cada lado entre 3 para despejar a la variable.

$3 = x$    • Simplifica.

$5(3) + 4 \stackrel{?}{=} 8(3) - 5$    • Comprueba al sustituir la variable con la solución de la ecuación original.

$15 + 4 \stackrel{?}{=} 24 - 5$    • Simplifica, usando el orden de las operaciones.

Entonces, $x = 3$.

**Revísalo**

Resuelve cada ecuación. Comprueba tu solución.

**15**  $2m - 36 = 6m$

**16**  $9n - 4 = 6n + 8$

**17**  $12x + 9 = 2x - 11$

**18**  $3a + 24 = 9a - 12$

## Ecuaciones de la propiedad distributiva

Tal vez tengas que usar la propiedad distributiva para resolver una ecuación.

**EJEMPLO** Resolver ecuaciones usando la propiedad distributiva

$3x - 4(2x + 5) = 3(x - 2) + 10$  • Aplica la propiedad distributiva.

$3x - 8x - 20 = 3x - 6 + 10$  • Combina los términos semejantes.

$-5x - 20 = 3x + 4$

$-5x - 20 + 5x = 3x + 4 + 5x$  • Suma $5x$ de cada lado para compilar los términos $x$ en un lado de la ecuación.

$-20 = 8x + 4$  • Combina los términos semejantes.

$-20 - 4 = 8x + 4 - 4$  • Resta 4 de cada lado para compilar los términos constantes en el otro lado de la ecuación.

$-24 = 8x$  • Combina los términos semejantes.

$-\dfrac{24}{8} = \dfrac{8x}{8}$  • Divide cada lado entre 8 para despejar la variable.

$-3 = x$  • Simplifica.

Comprueba la solución.

$3(-3) - 4(2(-3) + 5) \stackrel{?}{=} 3((-3) - 2) + 10$  • Evalúa la ecuación original para $x = -3$.

$3(-3) - 4(-6 + 5) \stackrel{?}{=} 3(-5) + 10$

$3(-3) - 4(-1) \stackrel{?}{=} -15 + 10$

$-9 + 4 \stackrel{?}{=} -5$

$-5 = -5$  • La solución es correcta.

### Revísalo

Resuelve cada ecuación. Comprueba tu solución.

**19** $5(n - 3) = 10$

**20** $9 + 3(-2t - 5) = 6$

**21** $7x - (2x + 3) = 9(x - 1) - 5x$

## Resolver una variable en una fórmula

Se puede usar la fórmula $d = rt$ para hallar la distancia recorrida $d$, al multiplicar la tasa $r$ por el tiempo $t$. Puedes resolver la fórmula del tiempo $t$ al dividir cada lado entre $r$.

$d = rt$ • Divide cada lado entre $r$.

$\dfrac{d}{r} = \dfrac{rt}{r}$ • Simplifica.

$\dfrac{d}{r} = t$

### EJEMPLO  Resolver una variable

Resuelve $P = 2w + 2\ell$ para $w$.

$P = 2w + 2\ell$

$P - 2\ell = 2w + 2\ell - 2\ell$ • Para despejar el término que contiene $w$, resta $2\ell$ de cada lado.

$P - 2\ell = 2w$ • Combina los términos semejantes.

$\dfrac{P - 2\ell}{2} = \dfrac{2w}{2}$ • Para despejar $w$, divide cada lado entre 2.

$\dfrac{P - 2\ell}{2} = w$ • Simplifica.

### Revísalo

Resuelve la variable indicada en cada fórmula.

**22** $A = \ell w$, resuelve $w$

**23** $2y - 3x = 8$, resuelve $y$

**24** $3a + 6b = 9$, resuelve $b$

# 6·4 Ejercicios

**Da el inverso aditivo de cada término.**

1. 8
2. $-6x$

**Resuelve cada ecuación. Comprueba tu solución.**

3. $x + 8 = 15$
4. $n - 3 = 9$
5. $\dfrac{y}{5} = 9$
6. $4a = -28$
7. $x + 14 = 9$
8. $n - 12 = 4$
9. $7x = 63$
10. $\dfrac{a}{6} = -2$
11. $3x + 7 = 25$
12. $\dfrac{y}{9} - 2 = 5$
13. $4n + 11 = 7$
14. $\dfrac{a}{5} + 8 = 5$
15. $13n - 5 = 10n + 7$
16. $y + 8 = 3y - 6$
17. $7x + 9 = 2x - 1$
18. $6a + 4 = 7a - 3$
19. $8(2n - 5) = 4n + 8$
20. $9y - 5 - 3y = 4(y + 1) - 5$
21. $8x - 3(x - 1) = 4(x + 2)$
22. $14 - (6x - 5) = 5(2x - 1) - 4x$

**Resuelve la variable que se indica en cada fórmula.**

23. $d = rt$, resuelve $r$
24. $A = \ell w$, resuelve $\ell$
25. $4y - 5x = 12$, resuelve $y$
26. $8y + 3x = 11$, resuelve $y$

27. ¿Cuál de las siguientes ecuaciones se puede resolver al sumar 6 de cada lado y al dividir cada lado entre 5?
    A. $5x + 6 = 16$
    B. $\dfrac{x}{5} + 6 = 16$
    C. $5x - 6 = 14$
    D. $\dfrac{x}{5} - 6 = 14$

28. ¿Qué ecuación no tiene $x = 4$ como solución?
    A. $3x + 5 = 17$
    B. $2(x + 2) = 10$
    C. $\dfrac{x}{2} + 5 = 7$
    D. $x + 2 = 2x - 2$

# 6·5 Razón y proporción

## Razón

Una **razón** es una comparación de dos cantidades. Si en una clase hay 10 niños y 15 niñas, la razón del número de niños a niñas es 10 a 15, lo cual se puede expresar como la fracción $\frac{10}{15}$, que en forma reducida es $\frac{2}{3}$. Observa otras razones en la tabla de abajo.

| Comparación | Razón | Como una fracción |
|---|---|---|
| Número de niñas con número de niños | 16 a 12 | $\frac{16}{12} = \frac{4}{3}$ |
| Número de niños con número de estudiantes | 12 a 28 | $\frac{12}{28} = \frac{3}{7}$ |
| Número de estudiantes con número de niñas | 28 a 16 | $\frac{28}{16} = \frac{7}{4}$ |

### Revísalo

Una alcancía contiene 3 *nickels* y 9 *dimes*. Escribe cada razón en forma de fracción.

**①** número de *nickels* a número de *dimes*

**②** número de *dimes* a número de monedas

**③** número de monedas a número de *nickels*

## Tasa

Una **tasa** es una razón que compara cantidades con unidades diferentes. Abajo se listan algunos ejemplos de tasas.

$$\frac{100 \text{ millas}}{2 \text{ h}} \qquad \frac{\$400}{2 \text{ semanas}} \qquad \frac{\$3}{2 \text{ libras}}$$

Una **tasa unitaria** es una tasa que ha sido simplificada para que tenga un denominador de 1.

$$\frac{50 \text{ millas}}{1 \text{ h}} \qquad \frac{\$200}{1 \text{ semana}} \qquad \frac{\$1.50}{1 \text{ libra}}$$

## Proporciones

Cuando dos razones son iguales, forman una **proporción**. Por ejemplo, si un auto promedia 18 millas por 1 galón de combustible, entonces el auto promedia $\frac{36 \text{ millas}}{2 \text{ galones}}$, $\frac{54 \text{ millas}}{3 \text{ galones}}$, y así sucesivamente. Todas las razones son iguales porque son iguales a $\frac{18}{1}$.

Una manera de determinar si dos razones forman una proporción es comparar sus **productos cruzados**. Cada proporción tiene dos productos cruzados: el numerador de una razón multiplicado por el denominador de la otra razón. Si los productos cruzados son iguales, entonces las razones forman una proporción.

### EJEMPLO — Determinar si las razones forman una proporción

Determina si se forma una proporción.

$$\frac{9}{12} \stackrel{?}{=} \frac{96}{117} \qquad \frac{14}{8} \stackrel{?}{=} \frac{63}{36}$$

$9 \cdot 117 \stackrel{?}{=} 96 \cdot 12 \qquad 14 \cdot 36 \stackrel{?}{=} 63 \cdot 8$

$1{,}053 \neq 1{,}152 \qquad\quad\ 504 = 504$

- Halla los productos cruzados.
- Si los productos cruzados son iguales, las razones son proporcionales.

Dado que $\frac{9}{12} \neq \frac{96}{117}$, las razones no forman una proporción.

Dado que $\frac{14}{8} = \frac{63}{36}$, las razones forman una proporción.

### Revísalo

Determina si se forma una proporción.

 $\frac{6}{9} = \frac{18}{27}$

 $\frac{7}{4} = \frac{40}{49}$

 $\frac{3}{5} = \frac{21}{35}$

## Resolver problemas con proporciones

Puedes usar proporciones para resolver problemas.

Supón que puedes comprar 2 discos compactos por $25. A esa tasa, ¿cuánto cuesta comprar 7 discos compactos? Considera que $c$ representa el costo de 7 discos compactos.

Si expresas cada razón como $\dfrac{\text{discos compactos}}{\$}$, entonces una razón es $\dfrac{2}{25}$ y la otra es $\dfrac{7}{c}$. Escribe una proporción.

$$\dfrac{2}{25} = \dfrac{7}{c}$$

Ya que has escrito una proporción, puedes usar los productos cruzados para resolver $c$.

$$2c = 175$$

Para despejar la variable, divide cada lado entre 2 y simplifica.

$$\dfrac{2c}{2} = \dfrac{175}{2}$$

$$c = 87.5$$

Entonces, 7 discos compactos cuestan $87.50.

### Revísalo

**Usa proporciones para resolver los Ejercicios 7 a 10.**

**7** Un auto obtiene 22 millas por galón de combustible. A esta tasa, ¿cuántos galones de combustible necesita el auto para recorrer 121 millas?

**8** Un trabajador gana $100 cada 8 horas. A esta tasa, ¿cuánto ganará el trabajador en 36 horas?

**Usa la tabla de abajo para los Ejercicios 9 y 10.**

| Los cinco programas de televisión de mayor audiencia | |
|---|---|
| Índice de audiencia (%) | Programa |
| 23.3 | Drama |
| 22.6 | Comedia |
| 20.9 | Película |
| 19.0 | Caricaturas |
| 18.6 | Comedia de situación |

**9** Las caricaturas obtienen un índice de audiencia de 18,430,000 televidentes. A esta tasa, ¿cuántos televidentes se necesitan para obtener un índice de 1.0?

**10** Si 18,042,000 televidentes vieron la comedia de situación, ¿cuántos televidentes vieron el drama?

# 6·5 Ejercicios

Un equipo de baloncesto obtuvo 20 victorias y 10 derrotas. Escribe cada razón.

1. número de victorias a número de derrotas
2. número de victorias a número de partidos
3. número de derrotas a número de partidos

**Expresa cada tasa como una tasa unitaria.**

4. 120 estudiantes por cada 3 autobuses
5. $3.28 por 10 lápices
6. $274 por 40 horas de trabajo

**Halla la tasa unitaria.**

7. $8.95 por 3 libras
8. $570 por 660 pies de cuerda
9. 420 millas en 7 horas

**Determina si se forma una proporción.**

10. $\frac{3}{8} = \frac{16}{42}$   11. $\frac{10}{4} = \frac{25}{10}$   12. $\frac{4}{6} = \frac{15}{22}$

**Usa una proporción para resolver cada ejercicio.**

13. Clay corre 2 millas en 17 minutos. A esta tasa, ¿qué tan lejos puede llegar en 30 minutos?
14. Si el costo de la gasolina es de $3.89 por galón, ¿cuánto cuestan 14 galones de gasolina?
15. Nick puede escribir 29 palabras en un mensaje de texto en 45 segundos. A esta tasa, ¿cuántas palabras puede escribir en 3 minutos?
16. Un detallista vende cada DVD a $39.99. ¿Cuánto cuestan 5 DVD?
17. Se dibuja un mapa usando una escala de 8 millas a 1 centímetro. En el mapa, dos ciudades están a 7.5 centímetros de distancia. ¿Cuál es la distancia real que hay entre las dos ciudades?

# 6•6 Desigualdades

Una **desigualdad** es un enunciado matemático que compara dos cantidades. En la tabla de abajo se muestran los símbolos de desigualdad.

| Símbolo | Significado | Ejemplo |
|---|---|---|
| > | Es mayor que | $7 > 4$ |
| < | Es menor que | $4 < 7$ |
| ≥ | Es mayor o igual que | $x \geq 3$ |
| ≤ | Es menor o igual que | $-2 \leq x$ |

## Graficar desigualdades

La ecuación $x = 5$ tiene una solución, 5. La desigualdad $x > 5$ tiene una solución de todos los números reales mayores que 5. Observa que 5 no es una solución porque la solución tiene que ser mayor que 5. Dado que no se pueden listar todas las soluciones, se pueden mostrar en una recta numérica. Cuando se grafica una desigualdad en una recta numérica, un círculo cerrado indica que el extremo es una solución. Si el extremo es un círculo abierto, el número no es una solución de la desigualdad.

Para mostrar todos los valores que son mayores que 5, pero sin incluir al 5, usa un círculo abierto en el 5 y sombrea la recta numérica hacia la derecha.

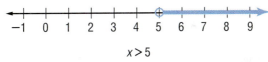

$x > 5$

La desigualdad $y \leq -1$ tiene una solución de todos los números reales menores o iguales que $-1$. En este caso, $-1$ también es una solución, porque $-1$ es menor *o* igual que $-1$.

Para graficar todos los valores que son menores o iguales que $-1$, usa un círculo cerrado (relleno) en $-1$ y sombrea la recta numérica hacia la izquierda. Asegúrate de incluir una flecha.

$y \leq -1$

**Revísalo**

Grafica las soluciones de cada desigualdad en una recta numérica.

**1** $x \geq 2$   **2** $y < -4$   **3** $n > -3$   **4** $x \leq 1$

## Escribir desigualdades

Se puede usar una desigualdad para describir un rango de valores. Puedes traducir un problema de planteo a una desigualdad.

| EJEMPLO | Escribir desigualdades |

Define una variable y escribe una desigualdad para el enunciado "5 más que un número es mayor que 7".

Considera que $n =$ un número        • Define una variable.

$n + 5 > 7$        • Escribe una desigualdad.

La suma de la variable y 5 es mayor que 7.

 **Revísalo**

Define una variable y escribe una desigualdad para cada enunciado.

**5** Debes tener 16 años o más para poder conducir.

**6** Un teléfono celular cuesta más de $19.99.

**7** El promedio de esperanza de vida de una tortuga lagarto es de 57 años.

**8** La diferencia entre un número y 9 no es de mayor que 3.

## Resolver desigualdades por medio de la suma y resta

Para resolver una desigualdad, debes identificar los valores de la variable que hacen verdadera la desigualdad. Puedes usar la suma y la resta para despejar la variable de una desigualdad de la misma manera que resuelves una ecuación. Cuando sumas o restas el mismo número de cada lado de una desigualdad, la desigualdad sigue siendo verdadera.

Es importante reconocer que en una desigualdad hay un número infinito de soluciones.

> **EJEMPLO** Resolver desigualdades por medio de la suma y resta
>
> Resuelve $x - 5 < 11$. Grafica la solución en una recta numérica.
>
> $x - 5 + 5 < 11 + 5$  • Suma 5 de cada lado.
> $\quad\quad x < 16$  • Combina los términos semejantes.
>
>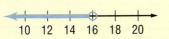
>
> • Grafica la solución.
>
> Resuelve $-2 \geq y + 5$.
> $-2 - 5 \geq y + 5 - 5$  • Resta 5 de cada lado.
> $\quad\quad -7 \geq y$  • Simplifica.
>
> Entonces, $-7 \geq y$ ó $y \leq -7$.

**Revísalo**

Resuelve cada desigualdad.

 $x + 8 > 5$   $n - 8 \leq 12$

### APLICACIÓN  ¡Oh oh!

Colin Rizzio, de diecisiete años, presentó la prueba de aptitud escolar (SAT) y halló un error en la parte de matemáticas. En una de las preguntas se usaba la letra $a$ para representar a un número. Los creadores de la prueba supusieron que $a$ era un número positivo. Pero Colin Rizzio consideró que podía representar a cualquier entero. ¡Rizzio tenía razón!

Notificó por correo electrónico a los creadores de la prueba, quienes tuvieron que cambiar las calificaciones de las pruebas de 45,000 estudiantes. Explica cómo cambia $2 + a > 2$ si $a$ puede ser positivo, cero o negativo. Consulta **SolucionesClave** para obtener la respuesta.

## Resolver desigualdades por medio de la multiplicación y división

Cuando multiplicas o divides cada lado de una desigualdad por un número positivo, la desigualdad sigue siendo verdadera.

> **EJEMPLO** Resolver desigualdades por medio de la multiplicación y división
>
> Resuelve $\frac{1}{2}y \geq 7$.
>
> $2\left(\frac{1}{2}y\right) \geq 2(7)$ • Multiplica cada lado por 2.
> $y \geq 14$ • Simplifica.
>
> Entonces, el valor de $y$ es cualquier número mayor o igual que 14.
>
> Resuelve $6x > -30$.
>
> $\frac{6x}{6} > \frac{-30}{6}$ • Divide cada lado entre 6.
> $x > -5$ • Simplifica.
>
> Entonces, el valor de $x$ es cualquier número mayor que $-5$.

Cuando se multiplica o divide cada lado de una desigualdad por un número negativo, se debe invertir la dirección del símbolo de desigualdad para que la desigualdad siga siendo verdadera.

> **EJEMPLO** Resolver desigualdades con números negativos
>
> Resuelve $\frac{y}{-3} \leq 9$.
>
> $-3\left(\frac{y}{-3}\right) \geq -3(9)$ • Multiplica cada lado por $-3$ e invierte el símbolo de desigualdad.
> $y \geq -27$ • Simplifica.
>
> Entonces, el valor de $y$ es cualquier número mayor o igual que $-27$.

### Revísalo

Resuelve cada desigualdad.

     $3x < 12$       $5x \geq 35$
 $-2x > 8$      ⑭ $-4x \leq 12$

# 6•6 Ejercicios

**Dibuja una recta numérica que muestre las soluciones de cada desigualdad.**

1. $x < -2$
2. $y \geq 0$
3. $n > -1$
4. $x \leq 7$

**Escribe la desigualdad de cada recta numérica.**

5.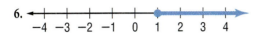

6.

**Escribe una desigualdad en cada enunciado.**

7. Debes tener 13 años o más para poder sentarte en el asiento delantero.

8. La diferencia entre un número y 12 es menor que 7.

**Resuelve cada desigualdad.**

9. $-3n + 7 \leq 1$
10. $8 - y > 5$
11. $-7 \leq \frac{a}{6}$
12. $-72 > -9y$

13. ¿Qué operación (u operaciones) requiere que se invierta el signo de desigualdad?
    A. la suma de $-2$
    B. la resta de $-2$
    C. la multiplicación por $-2$
    D. la división entre $-2$

14. Si $x = -3$, ¿es verdad que $3(x - 4) \leq 2x$?

15. Si $x = 6$, ¿es verdad que $2(x - 4) < 8$?

16. ¿Cuál de los siguientes enunciados es falso?
    A. $-7 \leq 2$   B. $0 \leq -4$   C. $6 \geq -6$   D. $3 \geq 3$

17. ¿Cuál de las siguientes desigualdades no tiene $x < 2$ como solución?
    A. $-4x < -8$
    B. $x + 6 < 8$
    C. $4x - 1 < 7$
    D. $-x > -2$

# 6·7 Graficar en el plano coordenado

## Ejes y cuadrantes

Un plano coordenado es una recta numérica horizontal y una recta numérica vertical que se intersecan en sus puntos cero. El **origen** es el punto de intersección de las dos rectas numéricas. El **eje $x$** es la recta numérica horizontal, y el **eje $y$** es la recta numérica vertical. En el plano coordenado hay cuatro secciones llamadas **cuadrantes**. Cada cuadrante se nombra con un número romano, como se muestra en el diagrama.

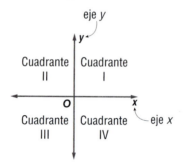

### Revísalo
**Llena los espacios en blanco.**

1. La recta numérica vertical se llama ____.
2. La sección superior izquierda del plano coordenado se llama ____.
3. La sección inferior derecha del plano coordenado se llama ____.
4. La recta numérica horizontal se llama ____.

## Escribir un par ordenado

Un **punto** en el plano coordenado se llama *par ordenado*. Un **par ordenado** es un conjunto de números, o coordenadas, escrito en la forma (*x*, *y*). El primer número del par ordenado es la coordenada *x*. La coordenada *x* representa la colocación horizontal del punto. El segundo número es la coordenada *y*. La coordenada *y* representa la colocación vertical del punto.

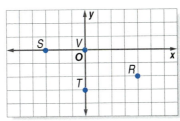

La coordenada *x* del punto *R* está 4 unidades a la derecha del origen. La coordenada *y* del punto *R* está 2 unidades abajo. Entonces, el par ordenado del punto *R* es (4, −2). El punto *S* está 3 unidades a la izquierda del origen y 0 unidades arriba o abajo, entonces su par ordenado es (−3, 0). El punto *T* está 0 unidades a la izquierda o a la derecha del origen y 3 unidades abajo, entonces su par ordenado es (0, −3). El punto *V* es el origen y su par ordenado es (0, 0).

 **Revísalo**

Da el par ordenado de cada punto.

**5** *M*
**6** *N*
**7** *P*
**8** *Q*

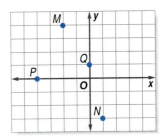

Graficar en el plano coordenado **289**

## Localizar puntos en el plano coordenado

Para localizar el punto A(2, −2), muévete 2 unidades a la derecha del origen y después 2 unidades abajo. El punto A está en el Cuadrante IV. Para localizar el punto B(−1, 0), muévete 1 unidad a la izquierda del origen y 0 unidades arriba o abajo. El punto B está en el eje x. El punto C(4, 3) está 4 unidades a la derecha y 3 unidades arriba del origen. El punto C(4, 3) está 4 unidades a la derecha y 3 unidades arriba del origen. El punto C está en el Cuadrante I. El punto D(−2, −4) está 2 unidades a la izquierda del origen y 4 unidades abajo. El punto D está en el Cuadrante III.

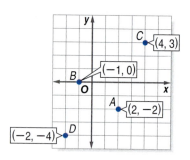

 **Revísalo**

Traza y rotula cada punto en un plano coordenado. Después indica en qué cuadrante o en qué eje está.

**9** H(−5, 2)
**10** J(2, −5)
**11** K(−3, −4)
**12** L(−1, 0)

## Secuencias aritméticas

Una **secuencia aritmética** es una lista ordenada de números en la que la diferencia entre cualquier par de términos consecutivos es la misma. La diferencia entre los términos consecutivos se llama diferencia común. Puedes escribir una expresión algebraica para hallar el término enésimo de una secuencia. Primero, usa una tabla para examinar la secuencia y después halla cómo se relaciona el término con el número del término.

### EJEMPLO  Secuencias aritméticas

Escribe una expresión para hallar el término enésimo de la secuencia aritmética 9, 18, 27, 36,... Después halla los tres términos que siguen.

| Número del término ($n$) | 1 | 2 | 3 | 4 |
|---|---|---|---|---|
| Término | 9 | 18 | 27 | 36 |

- Usa una tabla para examinar la secuencia.

El término es 9 veces el número del término ($n$).

- Halla cómo se relaciona el término con el número del término.

La expresión $9n$ se puede usar para hallar el término enésimo.

- Escribe una expresión que se pueda usar para hallar el término enésimo.

$9 \cdot 5 = 45$; $9 \cdot 6 = 54$; $9 \cdot 7 = 63$

- Halla los tres términos que siguen.

Entonces, los tres términos que siguen en la secuencia son 45, 54 y 63.

### Revísalo

Escribe una expresión que se pueda usar para hallar el término enésimo de cada secuencia. Después halla los tres términos que siguen.

**13** $-12, -18, -24, -30,...$

**14** $\dfrac{1}{1}, \dfrac{1}{4}, \dfrac{1}{9}, \dfrac{1}{16},...$

**15** $4, 7, 10, 13,...$

## Funciones lineales

Una relación que asigna exactamente un valor de salida a cada valor de entrada se llama función. El conjunto de valores de entrada de una **función** se llama **dominio**. El conjunto de valores de salida se llama **rango**.

Todas las ecuaciones lineales son funciones porque cada valor $x$ corresponde exactamente con un valor $y$. Por ejemplo, la ecuación lineal $y = 2x - 1$ es una función porque cada valor de $x$ resultará en un valor $y$ único. Puedes escribir esta ecuación en notación de función al reemplazar la $y$ con la notación $f(x)$. Entonces, $y = 2x - 1$ se escribe como $f(x) = 2x - 1$. En una función, $x$ representa los elementos del dominio y $f(x)$ representa los elementos del rango. Supón que quieres hallar el valor del rango que corresponde con $x = 2$ en el dominio. Esto se escribe $f(2)$ y se lee "$f$ de 2". El valor de $f(2)$ se halla al sustituir $x$ por 2 en la ecuación.

Puedes organizar la entrada, la regla y la salida en una tabla de función.

| Entrada | Regla | Salida |
|---|---|---|
| $x$ | $f(x) = 2x - 1$ | $f(x)$ |
| 0 | $f(x) = 2(0) - 1$ | −1 |
| 1 | $f(x) = 2(1) - 1$ | 1 |
| −1 | $f(x) = 2(-1) - 1$ | −3 |

Recuerda que una función tiene exactamente una salida ($y$) por cada entrada ($x$). Por tanto, las soluciones se pueden representar como pares ordenados ($x$, $y$). Cuatro pares ordenados de la función $f(x) = 2x - 1$ son: (0, −1), (1, 1), (−1, −3) y (2, 3).

También se puede representar una función con una gráfica. La ecuación $y = \frac{1}{3}x - 2$ representa una función. Elige valores para la entrada $x$ para hallar la salida $y$. Grafica los pares ordenados y dibuja una recta que pase por cada punto.

**EJEMPLO** Graficar la ecuación de una recta

Grafica $f(x) = \frac{1}{3}x - 2$.

- Elige cinco valores para x.

  Dado que el valor de x se debe multiplicar por $\frac{1}{3}$, elige valores que sean múltiplos de 3, como −3, 0, 3, 6 y 9.

- Completa una tabla de función.

| Entrada x | Regla | Salida f(x) |
|---|---|---|
| −3 | $f(x) = \frac{1}{3}(-3) - 2$ | −3 |
| 0 | $f(x) = \frac{1}{3}(0) - 2$ | −2 |
| 3 | $f(x) = \frac{1}{3}(3) - 2$ | −1 |
| 6 | $f(x) = \frac{1}{3}(6) - 2$ | 0 |
| 9 | $f(x) = \frac{1}{3}(9) - 2$ | 1 |

- Escribe las cinco soluciones como pares ordenados.

  (−3, −3), (0, −2), (3, −1), (6, 0) y (9, 1)

- Traza los puntos en un plano coordenado y dibuja la recta.

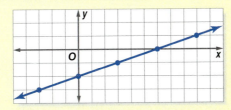

El par ordenado que corresponde con cualquier punto de la recta es una solución de la función $f(x) = \frac{1}{3}x - 2$. Una función en la que la gráfica de las soluciones forma una recta se llama función lineal.

### Revísalo

Completa una tabla de función de cinco valores para cada ecuación. Después grafica la recta.

 $y = 3x - 2$

 $y = 2x + 1$

 $y = \frac{1}{2}x - 3$

 $y = -2x + 3$

# 6·7 Ejercicios

**Llena los espacios en blanco.**

1. La recta numérica horizontal se llama ____.
2. La región inferior izquierda del plano coordenado se llama ____.
3. La región superior derecha del plano coordenado se llama ____.

**Da el par ordenado de cada punto.**

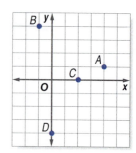

4. A
5. B
6. C
7. D

**Traza cada punto en el plano coordenado e indica en qué cuadrante o en qué eje está.**

8. $H(2, 5)$  
9. $J(-1, -2)$  
10. $K(0, 3)$  
11. $L(-4, 0)$

**Escribe una expresión que se pueda usar para hallar el término enésimo de la secuencia. Después halla los tres términos que siguen.**

12. 1, 4, 9, 16,...
13. 5, 8, 11, 14,...
14. $1, \frac{3}{2}, 2, \frac{5}{2},...$

**Halla cinco soluciones para cada ecuación. Grafica cada recta.**

15. $y = 2x - 2$
16. $y = -3x + 3$
17. $y = \frac{1}{2}x - 1$

# 6•8 Pendiente e intersección

## Pendiente

Una característica importante de una recta es su *pendiente*. La **pendiente** es una medida de la inclinación de una recta. La pendiente, o tasa de cambio, se da por la razón de la **elevación** (cambio vertical) al **trayecto** (cambio horizontal). La elevación es la diferencia en las coordenadas *y*. El trayecto es la diferencia en las coordenadas *x*.

$$\text{pendiente} = \frac{\text{elevación (diferencia en las coordenadas } y)}{\text{trayecto (diferencia en las coordenadas } x)}$$

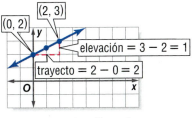

$$\text{pendiente} = \frac{\text{elevación}}{\text{trayecto}} = \frac{1}{2}$$

Observa que para la recta *a*, la elevación entre los dos puntos dados es $7 - 2$, ó 5 unidades, y el trayecto es $3 - 1$, ó 2 unidades. Por tanto, la pendiente de la recta es $\frac{5}{2}$.

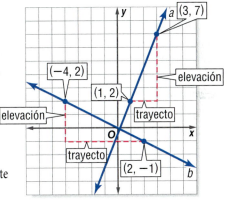

Para la recta *b*, la elevación entre los dos puntos dados es $-3$ y el trayecto es 6, entonces la pendiente de la recta es $-\frac{3}{6} = -\frac{1}{2}$.

La pendiente de una línea recta es constante. Por tanto, la pendiente entre cualquier par de puntos de la recta *a* siempre será igual a $\frac{5}{2}$. De manera similar, la pendiente entre cualquier par de puntos de la recta *b* será igual a $-\frac{1}{2}$.

**Revísalo**

Halla la pendiente de cada recta.

**1**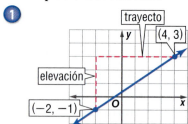

**2**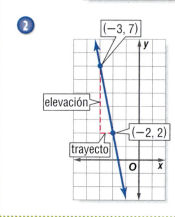

## Calcular la pendiente de una recta

Puedes calcular la pendiente de una recta si conoces cualquier par de puntos de una recta. La elevación es la diferencia de las coordenadas *y*; el trayecto es la diferencia de las coordenadas *x*. Para la recta que pasa por los puntos (−2, 3) y (5, −6) la pendiente se puede calcular como se muestra. La variable *m* se usa para representar la pendiente.

$$m = \frac{\text{elevación}}{\text{trayecto}} = \frac{3 - (-6)}{-2 - 5} = -\frac{9}{7}$$

El orden en el que restas las coordenadas no importa siempre y cuando halles ambas diferencias en el mismo orden.

$$m = \frac{\text{elevación}}{\text{trayecto}} = \frac{-6 - 3}{5 - (-2)} = -\frac{9}{7}$$

### EJEMPLO: Calcular la pendiente de una recta

Halla la pendiente de una recta que contiene los puntos (3, 1) y (−2, −3).

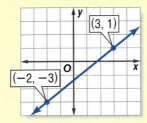

$m = \dfrac{1-(-3)}{3-(-2)} = \dfrac{4}{5}$

ó

$m = \dfrac{-3-1}{-2-3} = \dfrac{-4}{-5}$

- Usa la definición para hallar la pendiente.

  $m = \dfrac{\text{elevación}}{\text{trayecto}} = \dfrac{\text{diferencia de coordenadas } y}{\text{diferencia de coordenadas } x}$

- Simplifica.

Entonces, la pendiente es $\dfrac{4}{5}$.

 **Revísalo**

Halla la pendiente de la recta que contiene los puntos dados.

**3** (−1, 7) y (4, 2)      **4** (−3, −4) y (1, 2)

**5** (−2, 0) y (4, −3)      **6** (0, −3) y (2, 7)

## Pendientes de rectas horizontales y verticales

Calcula la pendiente de la recta horizontal que contiene los puntos (−1, −3) y (2, −3).

$m = \dfrac{\text{elevación}}{\text{trayecto}} = \dfrac{-3-(-3)}{2-(-1)} = \dfrac{0}{3} = 0$

Una recta horizontal no tiene elevación; su pendiente es 0.

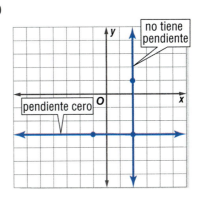

Calcula la pendiente de una recta vertical que contiene los puntos (2, 1) y (2, −3).

$$m = \frac{\text{elevación}}{\text{trayecto}} = \frac{-3-1}{2-2} = \frac{-4}{0}$$

Dado que la división entre el cero es indefinida, la pendiente de una recta vertical es indefinida. *No tiene pendiente.*

### Revísalo

**Halla la pendiente de la recta que contiene los puntos dados.**

 (−1, 4) y (5, 4)

**8** (2, −1) y (2, 6)

**9** (−5, 0) y (−5, 7)

**10** (4, −4) y (−1, −4)

## La intersección y

La **intersección y** de una recta es su ubicación a lo largo del eje *y* donde la recta se cruza, o se interseca, con el eje. Por tanto, una recta vertical, a excepción de $x = 0$, no tiene intersección *y*.

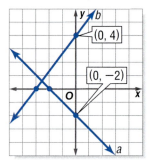

La intersección *y* de la recta *a* es −2 y la intersección *y* de la recta *b* es 4.

### Revísalo

**Identifica la intersección y de cada recta.**

 *c*

**12** *d*

**13** *e*

**14** *f*

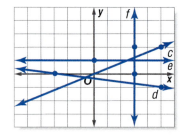

## Graficar una recta con la pendiente e intersección y

Se puede graficar una recta usando la pendiente y la intersección y. Primero, traza la intersección y. Después, usa la elevación y el trayecto de la pendiente para localizar un segundo punto en la recta. Conecta los dos puntos para graficar la recta.

### EJEMPLO  Graficar una recta con la pendiente e intersección y

Grafica la recta con la pendiente −2 y la intersección y 3.

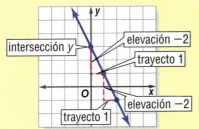

- Traza la intersección y.
- Usa la pendiente para localizar otros puntos en la recta. Si la pendiente es un número entero $a$, recuerda que $a = \frac{a}{1}$, entonces la elevación es $a$ y el trayecto es 1.
- Dibuja una recta a través de los puntos.

### Revísalo

Grafica cada recta.

**15** pendiente $= \frac{1}{3}$, la intersección y es −2.

**16** pendiente $= -\frac{2}{5}$, la intersección y es 4.

**17** pendiente $= 3$, la intersección y es −3.

**18** pendiente $= -2$, la intersección y es 0.

## Forma pendiente-intersección

La ecuación $y = mx + b$ es la *forma pendiente-intersección* de la ecuación de una recta. Cuando una ecuación está en esta forma, es fácil identificar la pendiente y la intersección $y$ de la recta. La pendiente de la recta se da con $m$ y la intersección $y$ es $b$. La gráfica de la ecuación $y = \frac{2}{3}x - 2$ es una recta que tiene una pendiente de $\frac{2}{3}$ y una intersección $y$ en $(0, -2)$. A continuación se muestra la gráfica.

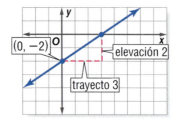

 **Revísalo**

**Determina la pendiente y la intersección $y$ con la ecuación de cada recta.**

**19** $y = -2x + 3$
**20** $y = \frac{1}{5}x - 1$
**21** $y = -\frac{3}{4}x$
**22** $y = 4x - 3$

## Escribir ecuaciones en forma de pendiente-intersección

Para cambiar la ecuación $4x - 3y = 9$ de forma estándar a forma pendiente-intersección, despeja $y$ en un lado de la ecuación.

### EJEMPLO: Escribir la ecuación de una recta en forma de pendiente-intersección

Escribe $4x - 3y = 9$ en forma de pendiente-intersección.

$4x - 3y - 4x = 9 - 4x$ • Despeja el término que contiene y al restar $4x$ de cada lado.

$-3y = -4x + 9$ • Combina los términos semejantes.

$\dfrac{-3y}{-3} = \dfrac{-4x + 9}{-3}$ • Despeja $y$ al dividir cada lado entre $-3$.

$y = \dfrac{-4}{-3}x + \dfrac{9}{-3}$ • Simplifica.

$y = \dfrac{4}{3}x - 3$

Entonces, la forma pendiente-intersección de la ecuación $4x - 3y = 9$ es $y = \dfrac{4}{3}x - 3$.

La pendiente de la recta del ejemplo de arriba es $\dfrac{4}{3}$ y la intersección $y$ se localiza en $-3$. La gráfica de la recta se muestra abajo.

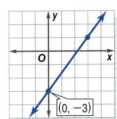

### Revísalo

Escribe cada ecuación en forma de pendiente-intersección. Grafica la recta.

**23** $x + 2y = 6$

**24** $2x - 3y = 9$

**25** $4x - 2y = 4$

**26** $7x + y = 8$

## Forma pendiente-intersección y rectas horizontales y verticales

La ecuación de una recta horizontal es $y = b$, donde $b$ es la intersección $y$ de la recta. En la gráfica de abajo, la recta horizontal tiene la ecuación $y = 2$. Esta ecuación está en forma de pendiente-intersección porque la ecuación se podría escribir como $y = 0x + 2$. La pendiente es 0 y la intersección $y$ es 2.

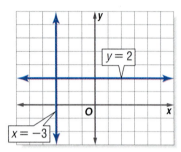

La ecuación de una recta vertical es $x = a$, donde $a$ es la intersección $x$ de la recta. En la gráfica de arriba, la recta vertical tiene la ecuación $x = -3$. Esta ecuación no está en forma de pendiente-intersección porque $y$ no está aislada en un lado de la ecuación. Una recta vertical no tiene pendiente; por tanto, la ecuación de una recta vertical no se puede escribir en forma de pendiente-intersección.

### Revísalo

Da la pendiente y la intersección $y$ de cada recta. Grafica la recta.

- **27** $y = -3$
- **28** $x = 4$
- **29** $y = 1$
- **30** $x = -2$

## Escribir la ecuación de una recta

Si conoces la pendiente y la intersección $y$ de una recta, puedes escribir su ecuación. Si la recta tiene una pendiente de 3 y una intersección $y$ de $-2$, sustituye $m$ por 3 y $b$ por $-2$ en la forma pendiente-intersección. La ecuación de la recta es $y = 3x - 2$.

### EJEMPLO  Escribir la ecuación de una recta

Escribe la ecuación de la recta en forma de pendiente-intersección.

- Identifica la intersección y ($b$).
- Halla la pendiente ($m = \frac{\text{elevación}}{\text{trayecto}}$).
- Sustituye la pendiente e intersección y en la forma pendiente-intersección. ($y = mx + b$)

$$y = -\frac{3}{2}x + 3$$

Entonces, la ecuación de la recta en la forma pendiente-intersección es $y = -\frac{3}{2}x + 3$.

 **Revísalo**

Escribe la ecuación de cada recta en forma de pendiente-intersección.

**31** pendiente $= -2$, intersección y en 4

**32** pendiente $= \frac{2}{3}$, intersección y en $-2$

**33**
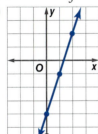

### Escribir la ecuación de una recta a partir de dos puntos

Si conoces los dos puntos de una recta, puedes escribir su ecuación. Primero halla la pendiente. Después halla la intersección y.

**EJEMPLO** **Escribir la ecuación de una recta a partir de dos puntos**

Escribe la ecuación de la recta que contiene los puntos $(6, -1)$ y $(-2, 3)$.

$\dfrac{3-(-1)}{-2-6} = \dfrac{4}{-8} = -\dfrac{1}{2}$ • Calcula la pendiente usando la fórmula $m = \dfrac{\text{elevación}}{\text{trayecto}}$.

pendiente $= -\dfrac{1}{2}$

$y = -\dfrac{1}{2}x + b$ • Sustituye $m$ por la pendiente en la forma pendiente-intersección. ($y = mx + b$)

$-1 = -\dfrac{1}{2}(6) + b$ • Sustituye la coordenada $y$ de un punto por $y$ y la coordenada $x$ del mismo punto por $x$.

$-1 = -\dfrac{6}{2} + b$ • Simplifica.

$-1 = -3 + b$

$-1 + 3 = -3 + b + 3$ • Suma o resta para despejar $b$.

$2 = b$

$y = -\dfrac{1}{2}x + 2$ • Combina los términos semejantes.
• Sustituye $m$ y $b$ por los valores que les hallaste en la forma pendiente-intersección.

Entonces, la ecuación de la recta que pasa por los puntos $(6, -1)$ y $(-2, 3)$ es $y = -\dfrac{1}{2}x + 2$.

### Revísalo

Escribe la ecuación de la recta con los puntos dados.

**34** $(1, -1)$ y $(5, 3)$

**35** $(-2, 9)$ y $(3, -1)$

**36** $(8, 3)$ y $(-4, -6)$

**37** $(-1, 2)$ y $(4, 2)$

# 6·8 Ejercicios

**Determina la pendiente de cada recta.**

1. pendiente de *a*
2. pendiente de *b*
3. pendiente de *c*
4. contiene (−3, 1) y (5, −3)
5. contiene (0, −5) y (2, 6)

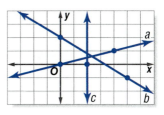

**Grafica cada recta.**

6. $x = 5$                    7. $y = -2$
8. la pendiente $= -\frac{1}{3}$; la intersección *y* es 2
9. la pendiente $= 4$; la intersección *y* es −3

**Determina la pendiente y la intersección *y* de cada ecuación lineal.**

10. $y = -3x - 2$
11. $y = -\frac{3}{4}x + 3$
12. $y = x + 2$
13. $y = 6$
14. $x = -2$

**Escribe cada ecuación en forma pendiente-intersección. Grafica la recta.**

15. $2x + y = 4$               16. $x - y = 1$

**Escribe la ecuación de cada recta.**

17. la pendiente $= 3$; la intersección *y* es −7
18. la pendiente $= -\frac{1}{3}$; la intersección *y* es 2
19. la recta *a* de la gráfica de arriba

**Escribe la ecuación de la recta que contiene los puntos dados.**

20. (−4, −5) y (6, 0)
21. (−4, 2) y (−3, 1)
22. (−6, 4) y (3, −2)

# 6·9 Variación directa

Cuando la razón de dos cantidades variables es constante, su relación se llama **variación directa**. La razón constante se llama **constante de variación**. En una ecuación de variación directa, a la tasa de cambio constante, o pendiente, se le asigna una variable especial, $k$.

Una variación directa es una relación en la que la razón de $y$ a $x$ es una constante, $k$. Decimos que $y$ varía directamente con $x$.

$k = \dfrac{y}{x}$ ó $y = kx$, donde $k \neq 0$.

Considera la siguiente gráfica de millas y gasolina.

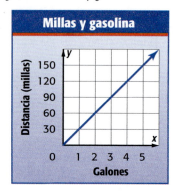

Dado que la gráfica de los datos forma una recta, la tasa de cambio es constante. Usa la gráfica para hallar la razón constante.

$k = \dfrac{millas\ (y)}{galón\ (x)} \rightarrow \dfrac{60}{2}$ ó $\dfrac{30}{1}$, $\dfrac{90}{3}$ ó $\dfrac{30}{1}$, $\dfrac{120}{4}$ ó $\dfrac{30}{1}$, $\dfrac{150}{5}$ ó $\dfrac{30}{1}$

Por tanto, la pendiente $(k) = \dfrac{30}{1}$.

En este ejemplo, la razón de millas recorridas a galones de gasolina usada permanece constante. El auto recorre 30 millas por cada galón de gasolina.

### EJEMPLO  Determinar la variación directa

Determina si la función lineal es una variación directa.
Si es así, establece la constante de variación.

| Horas, x | 2 | 4 | 6 | 8 |
|---|---|---|---|---|
| Ganancias, y | 16 | 32 | 48 | 64 |

Compara la razón de $y$ con $x$.

$k = \dfrac{ganancias}{horas} \rightarrow \dfrac{16}{2}$ ó $\dfrac{8}{1}$, $\dfrac{32}{4}$ ó $\dfrac{8}{1}$, $\dfrac{48}{6}$ ó $\dfrac{8}{1}$, $\dfrac{64}{8}$ ó $\dfrac{8}{1}$

Dado que las razones son las mismas, la función es una variación directa.
Entonces, la constante de variación, $k$, es $\dfrac{8}{1}$.

### Revísalo
**Resuelve.**

1. Shelby Super Car (SSC) puede recorrer 13.77 kilómetros en 2 minutos y 41.31 kilómetros en 6 minutos. Si la distancia varía directamente con el tiempo, ¿cuántos kilómetros por hora puede recorrer SSC?

2. En una granja de Georgia, puedes elegir 4 duraznos por $1.75. ¿Cuánto costará elegir 9 duraznos?

3. Determina si la función lineal es una variación directa. Si es así, establece la constante de variación.

| Minutos, x | 20 | 40 | 60 | 80 |
|---|---|---|---|---|
| Ganancia, y | 35 | 55 | 75 | 95 |

# 6·9 Ejercicios

**Determina si cada función lineal es una variación directa. Si es así, establece la constante de variación.**

1. 

| x | 75 | 90 | 105 | 120 |
|---|----|----|-----|-----|
| y | 5  | 6  | 7   | 8   |

2. 

| x | 4  | 6  | 8  | 10 |
|---|----|----|----|----|
| y | 32 | 48 | 64 | 80 |

3. 

| x | 10 | 15 | 20 | 25 |
|---|----|----|----|----|
| y | 20 | 25 | 30 | 35 |

4. 

| x | 3  | 6  | 9  | 12 |
|---|----|----|----|----|
| y | 12 | 24 | 36 | 48 |

**Si $y$ varía directamente con $x$, escribe una ecuación para la variación directa. Después halla cada valor.**

5. Si $y = 45$ cuando $x = 15$, halla $y$ cuando $x = 30$.

6. Halla $y$ cuando $x = 20$ si $y = 4$ cuando $x = 40$.

7. Una receta de pastelitos requiere $2\frac{1}{4}$ de tazas de harina para preparar 24 pastelitos. ¿Cuánta harina se necesita para preparar 36 pastelitos?

# 6·10 Sistemas de ecuaciones

## Resolver un sistema de ecuaciones con una solución

Un **sistema de ecuaciones** es un conjunto de dos o más ecuaciones con las mismas variables. Las ecuaciones $y = x + 2$ y $y = -1x + 2$ tienen cada una dos incógnitas diferentes, $x$ y $y$. La solución de un sistema de ecuaciones es un par ordenado que satisface a ambas ecuaciones. Ese par ordenado representa el punto de intersección de las gráficas de las ecuaciones.

### EJEMPLO  Resolver sistemas de ecuaciones con una solución

Resuelve el sistema $y = x + 2$ y $y = -1x + 2$ haciendo una gráfica.

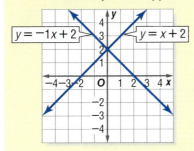

- Grafica cada ecuación en el mismo plano coordenado.

Las rectas parecen intersecarse en (0, 2).

$y = x + 2$ $\qquad$ $y = -1x + 2$
$2 = 0 + 2$ $\qquad$ $2 = -1(0) + 2$
$2 = 2$ $\qquad\quad$ $2 = 2$

- Comprueba ambas ecuaciones al reemplazar $x$ con 0 y $y$ con 2.

Entonces, la solución del sistema es (0, 2).

 **Revísalo**

Resuelve cada sistema de ecuaciones haciendo una gráfica.

**1**  $y = x + 3$
$\quad\ \ y = \frac{1}{2}x + 1$

**2**  $3x + y = 4$
$\quad\ \ y = x - 4$

## Resolver un sistema de ecuaciones sin solución

Puede que encuentres un sistema de ecuaciones lineales en el que las gráficas de las ecuaciones son paralelas. Debido que las ecuaciones no tienen puntos en común (ningún punto de intersección), el sistema no tiene solución.

> **EJEMPLO** Resolver sistemas de ecuaciones sin solución
>
> Resuelve el sistema $y = x + 2$ y $y = x + 4$ al graficarlo.
>
>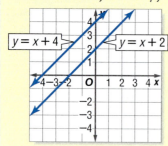
>
> - Grafica cada ecuación en el mismo plano coordenado.
>
> Las rectas son paralelas. Entonces, no hay solución para este sistema de ecuaciones.

### Revísalo

Resuelve cada sistema de ecuaciones haciendo una gráfica.

**3** $y = 2x - 1$
   $y - 2x = -4$

**4** $y = 2x - 2$
   $y = -x + 1$

**5** $2y = 4x + 2$
   $y = 2x + 4$

## Resolver un sistema de ecuaciones con una solución infinita

Cuando las ecuaciones de un sistema lineal tienen la misma pendiente y la misma intersección *y*, grafican la misma recta. Dado que las rectas se intersecan en todos los puntos, hay un número infinito de soluciones.

### EJEMPLO  Resolver sistemas de ecuaciones con muchas soluciones

Resuelve el sistema $y = x - 2$ y $y + 4 = x + 2$ haciendo una gráfica.

$y + 4 - 4 = x + 2 - 4$
- Escribe la ecuación en forma pendiente-intersección al restar 4 de cada lado.

$y = x - 2$
- Simplifica.

Ambas ecuaciones son iguales.

- Grafica la ecuación.

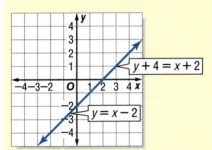

Entonces, la solución del sistema es todos los pares ordenados de los puntos de la recta $y = x - 2$.

 **Revísalo**

Resuelve cada sistema de ecuaciones haciendo una gráfica.

**6)** $y = 3x - 2$
$y + 2 = 3x$

**7)** $y = 4x + 6$
$y = 2(2x + 3)$

## Escribir y resolver sistemas de ecuaciones

Podemos usar los que sabemos sobre los sistemas de ecuaciones para resolver problemas con dos o más funciones diferentes. Un método para resolver un sistema de ecuaciones es graficar las ecuaciones en la misma cuadrícula de coordenadas y hallar su punto de intersección.

### EJEMPLO  Escribir y resolver sistemas de ecuaciones

Dos canales de películas venden su servicio a diferentes tasas. La compañía A cobra $2 al mes más $2 por cada hora que se ve el canal. La compañía B cobra $7 al mes más $1 por cada hora que se ve el canal. Escribe un sistema de ecuaciones que represente el costo de cada servicio por una cantidad de tiempo dada.

Compañía A: $y = 2x + 2$
Compañía B: $y = x + 7$

- Escribe una ecuación para cada compañía. Considera que $y =$ costo total y $x =$ número de horas.
- Grafica las ecuaciones en el mismo plano coordenado.

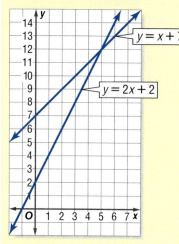

Las rectas se intersecan en (5, 12). Por tanto, la solución del sistema es (5, 12). Esta solución indica que el costo por ver el canal durante 5 horas es de $12 en cada compañía.

### Revísalo

**Resuelve.**

**8** Un grupo de adultos y niños fueron a un museo. En el grupo había 9 personas. El número de niños era tres veces el número de adultos. Escribe un sistema de ecuaciones que represente el número de adultos y niños. Resuelve haciendo una gráfica.

# 6·10 Ejercicios

**Resuelve cada sistema de ecuaciones haciendo una gráfica.**

1. $6y = 4x - 12$
   $2x + 2y = 6$

2. $3y = -2x + 1$
   $4x + 6y = 2$

3. $x - 2y = -1$
   $-3y = 4x - 7$

4. $3x + 2y = 6$
   $2y = -3x + 12$

5. $2y = x + 2$
   $-x + 2y = -2$

6. $4x - 8y = -8$
   $-2y = -x - 2$

**Escribe y resuelve un sistema de ecuaciones que represente la situación.**

7. Carol y Allison hicieron edredones para un bazar. Juntas hicieron 10 edredones. Carol hizo 2 más que Allison. Halla el número de edredones que hizo cada niña.

8. Debbie y Kellie tienen juntas setenta y cinco centavos en sus bolsillos. Debbie tiene quince centavos más que Kellie. Escribe un sistema de ecuaciones que represente la cantidad de dinero que tiene cada una en su bolsillo. Resuelve haciendo una gráfica.

# Álgebra

### ¿Qué has aprendido?

Puedes usar los siguientes problemas y lista de palabras para ver qué es lo que ya sabes de este capítulo. Si quieres saber más acerca de un problema o palabra en particular busca el número del tema (*por ejemplo,* Lección 6·2).

## Conjunto de problemas

**Escribe una ecuación para cada enunciado.** (Lección 6·1)

1. Si siete se resta del producto de tres y un número, el resultado es 5 más que el número.

**Factoriza el máximo común divisor de cada expresión.** (Lección 6·2)

2. $4x + 28$

3. $9n - 6$

**Simplifica cada expresión.** (Lección 6·2)

4. $11a - b - 4a + 7b$

5. $8(2n - 1) - (2n + 5)$

6. Halla la distancia recorrida por un patinador que patina a 12 millas por hora durante $1\frac{1}{2}$ horas. Usa la fórmula $d = rt$. (Lección 6·3)

**Resuelve cada ecuación. Comprueba tu solución.** (Lección 6·4)

7. $\frac{y}{2} - 5 = 1$

8. $y - 10 = 7y + 8$

**Usa una proporción para resolver el ejercicio.** (Lección 6·5)

9. En una clase, la razón de niños a niñas es de $\frac{3}{2}$. Si hay 12 niñas en la clase, ¿cuántos niños hay?

**Resuelve cada desigualdad. Grafica la solución.** (Lección 6·6)

10. $x + 9 \leq 6$

11. $4x + 10 > 2$

Dibuja cada punto en el plano coordenado e indica en qué cuadrante o en qué eje está. (Lección 6·7)

**12.** $A(1, 5)$   **13.** $B(4, 0)$   **14.** $C(0, -2)$   **15.** $D(-2, 3)$

**16.** Escribe la ecuación de la recta que contiene los puntos $(3, -2)$ y $(3, 5)$. (Lección 6·8)

## PalabrasClave

Escribe las definiciones de las siguientes palabras.

- cociente (Lección 6·1)
- coeficiente (Lección 6·2)
- constante de variación (Lección 6·9)
- cuadrante (Lección 6·7)
- desigualdad (Lección 6·6)
- dominio (Lección 6·7)
- ecuación (Lección 6·1)
- eje $x$ (Lección 6·7)
- eje $y$ (Lección 6·7)
- elevación (Lección 6·8)
- equivalente (Lección 6·1)
- expresión (Lección 6·1)
- expresión equivalente (Lección 6·2)
- función (Lección 6·7)
- intersección $y$ (Lección 6·8)
- inverso aditivo (Lección 6·4)
- origen (Lección 6·7)
- par ordenado (Lección 6·7)
- pendiente (Lección 6·8)
- producto (Lección 6·1)
- producto cruzado (Lección 6·5)
- propiedad asociativa (Lección 6·2)
- propiedad conmutativa (Lección 6·2)
- propiedad de identidad (Lección 6·2)
- propiedad de igualdad de la división (Lección 6·2)
- propiedad de igualdad de la multiplicación (Lección 6·4)
- propiedad de igualdad de la resta (Lección 6·4)
- propiedad de igualdad de la suma (Lección 6·4)
- propiedad distributiva (Lección 6·2)
- proporción (Lección 6·5)
- punto (Lección 6·7)
- rango (Lección 6·7)
- razón (Lección 6·5)
- secuencias aritméticas (Lección 6·7)
- sistema de ecuaciones (Lección 6·10)
- tasa (Lección 6·5)
- tasa unitaria (Lección 6·5)
- término (Lección 6·1)
- términos semejantes (Lección 6·2)
- trayecto (Lección 6·8)
- variable (Lección 6·1)
- variación directa (Lección 6·9)

# TemaClave 7

## Geometría

### ¿Qué sabes?

Puedes usar los siguientes problemas y lista de palabras para ver qué es lo que ya sabes de este capítulo. Las respuestas a los problemas están en la sección **SolucionesClave** que está al final del libro. Las definiciones de las palabras están en la sección **PalabrasClave** que está al principio del libro. Si quieres saber más acerca de un problema o palabra en particular busca el número del tema (*por ejemplo,* Lección 7•2).

### Conjunto de problemas

1. Observa la figura de la derecha. Clasifica la relación que hay entre $\angle J$ y $\angle K$. Después halla $m\angle J$.
   (Lección 7•1)

   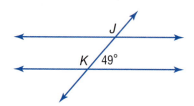

2. Halla la medida de cada ángulo interior de un pentágono regular.
   (Lección 7•2)

3. Un triángulo rectángulo tiene catetos de 5 centímetros y 12 centímetros. ¿Cuál es el perímetro del triángulo? (Lección 7•4)

4. Un trapecio tiene bases de 10 pies y 16 pies. Su altura es de 5 pies. ¿Cuál es el área del trapecio? (Lección 7•5)

5. Las caras de un prisma triangular son cuadrados de 10 centímetros de cada lado. Si el área de la base es de 43.3 centímetros cuadrados, ¿cuál es el área de superficie del prisma? (Lección 7•6)

6. Halla el volumen de un cilindro que tiene un diámetro de 5 pulgadas y una altura de 6 pulgadas. Redondea a la pulgada cúbica más cercana. (Lección 7·7)
7. ¿Cuál es la circunferencia y el área de un círculo de radio de 25 pies? Redondea al pie o pie cuadrado más cercano. (Lección 7·8)
8. Grafica los pares ordenados (−1, −1) y (2, 1). Después halla la distancia que hay entre los puntos. (Lección 7·9)

## Palabras Clave

ángulos alternos externos (Lección 7·1)
ángulos alternos internos (Lección 7·1)
ángulos complementarios (Lección 7·1)
ángulos correspondientes (Lección 7·1)
ángulos suplementarios (Lección 7·1)
ángulos verticales (Lección 7·1)
arco (Lección 7·8)
área de superficie (Lección 7·6)
base (Lección 7·2)
cara (Lección 7·2)
circunferencia (Lección 7·8)
congruente (Lección 7·1)
cuadrilátero (Lección 7·2)
cubo (Lección 7·2)
diagonal (Lección 7·2)
diámetro (Lección 7·8)
eje de simetría (Lección 7·3)
hipotenusa (Lección 7·9)
paralelogramo (Lección 7·2)
pi (Lección 7·7)
pirámide (Lección 7·2)

poliedro (Lección 7·2)
polígono (Lección 7·2)
polígono regular (Lección 7·2)
prisma (Lección 7·2)
prisma rectangular (Lección 7·2)
prisma triangular (Lección 7·6)
radio (Lección 7·8)
red (Lección 7·6)
reflexión (Lección 7·3)
rombo (Lección 7·2)
rotación (Lección 7·3)
segmento (Lección 7·2)
teorema de Pitágoras (Lección 7·9)
tetraedro (Lección 7·2)
transformación (Lección 7·3)
transversal (Lección 7·1)
trapecio (Lección 7·2)
traslación (Lección 7·3)
triple de Pitágoras (Lección 7·9)
volumen (Lección 7·7)

# 7•1 Clasificar ángulos y triángulos

## Clasificar ángulos

Puedes clasificar los ángulos según sus medidas.

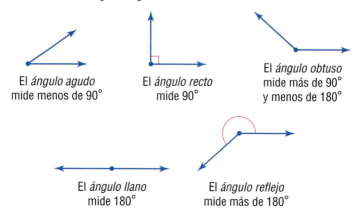

El *ángulo agudo* mide menos de 90°

El *ángulo recto* mide 90°

El *ángulo obtuso* mide más de 90° y menos de 180°

El *ángulo llano* mide 180°

El *ángulo reflejo* mide más de 180°

Los ángulos que comparten un lado se llaman *ángulos adyacentes*. Si los ángulos son adyacentes, puedes sumar sus medidas.

$m\angle APB = 55°$
$m\angle BPC = 35°$
$m\angle APC = 55° + 35° = 90°$
$\angle APC$ es un ángulo recto.

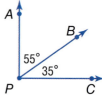

### Revísalo

Clasifica cada ángulo.

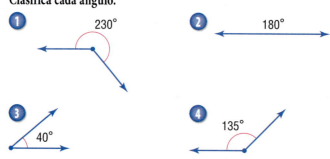

① 230°

② 180°

③ 40°

④ 135°

318 TemasClave

## Pares especiales de ángulos

También puedes clasificar los ángulos por la relación que existe entre ellos. Los **ángulos verticales** son ángulos opuestos formados por la intersección de dos rectas.

∠1 y ∠3 son ángulos verticales.
∠2 y ∠4 son ángulos verticales.

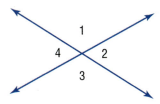

Cuando dos ángulos tienen la misma medida, son **congruentes**. Debido a que $m\angle 1 + m\angle 2 = 180°$ y $m\angle 1 + m\angle 4 = 180°$, entonces $m\angle 2 = m\angle 4$. Los ángulos verticales son congruentes.

Dos ángulos son **ángulos complementarios** si la suma de sus medidas es de 90°.

∠EFG y ∠GFH son ángulos complementarios.

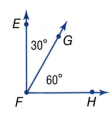

Dos ángulos son **ángulos suplementarios** si la suma de sus medidas es de 180°.

∠MNO y ∠ONQ son ángulos suplementarios.

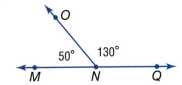

Clasificar ángulos y triángulos  **319**

**EJEMPLO** Encontrar las medidas de los ángulos que faltan

∠RSU es un ángulo recto.
Halla el valor de x en la figura.

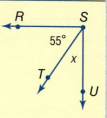

$m\angle RST + m\angle TSU = 90°$   • Escribe una ecuación.
$55 + x = 90$   • Sustituye la medida del ángulo conocida.
$55 - 55 + x = 90 - 55$   • Resta 55 en ambos lados.
  • Simplifica.

Entonces, $x = 35°$.

### Revísalo
**Halla el valor de x en cada figura.**

 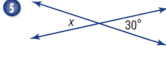    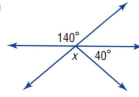

## Relaciones entre recta y ángulo

Las rectas que descansan en el mismo plano y que nunca se intersecan se llaman líneas paralelas. En la figura, las rectas b y c son paralelas (b ∥ c). Dos rectas que se intersecan en ángulos rectos se llaman rectas perpendiculares. En la figura, las rectas a y b son perpendiculares (a ⊥ b) y las rectas a y c son perpendiculares (a ⊥ c).

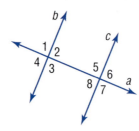

**7·1** CLASIFICAR ÁNGULOS Y TRIÁNGULOS

Una **transversal** es una recta que se interseca con dos o más rectas. En la siguiente figura, la recta *a* es transversal a las rectas *b* y *c*. Una transversal forma ocho ángulos: cuatro ángulos internos y cuatro ángulos externos.

∠2, ∠3, ∠5 y ∠8
son ángulos internos.
∠1, ∠4, ∠6 y ∠7
son ángulos externos.

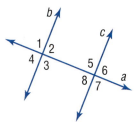

Los **ángulos alternos internos** son ángulos internos que descansan en lados opuestos de la transversal.

En la siguiente figura, ∠3 y ∠5 son ángulos alternos internos; y ∠4 y ∠6 son ángulos alternos internos.

Cuando una transversal se interseca con dos líneas paralelas, los ángulos alternos internos son congruentes.

Los **ángulos alternos externos** son ángulos exteriores que descansan en diferentes rectas en lados opuestos de la transversal. En la figura de la derecha, ∠1 y ∠7 son ángulos alternos externos; y ∠2 y ∠8 son ángulos alternos externos. Cuando una transversal se interseca con líneas paralelas, los ángulos alternos externos son congruentes.

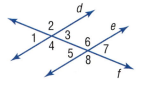

Los **ángulos correspondientes** son ángulos que descansan en la misma posición en relación con la transversal de las líneas paralelas.

En la figura anterior hay cuatro pares de ángulos correspondientes: ∠1 y ∠5, ∠2 y ∠6, ∠3 y ∠7, y ∠4 y ∠8. Cuando una transversal se interseca con líneas paralelas, los ángulos correspondientes son congruentes.

**Revísalo**

En la figura de la derecha, las dos líneas paralelas están divididas por la transversal *n*. $\ell \parallel m$

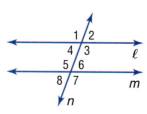

**7** Clasifica la relación que hay entre ∠4 y ∠8.

**8** Clasifica la relación que hay entre ∠3 y ∠5.

**9** Nombra un par de ángulos alternos externos.

**10** Nombra un par de ángulos congruentes.

## Triángulos

Los triángulos son *polígonos* (p. 328) que tienen tres lados, tres vértices y tres ángulos.

Se nombra un triángulo por sus tres vértices, en cualquier orden. △ABC se lee "triángulo *ABC*".

## Clasificar triángulos

Al igual que los ángulos, los triángulos se clasifican según las medidas de sus ángulos. También se pueden clasificar por su número de lados **congruentes**, que son lados de igual longitud.

*Triángulo agudo*
tres lados agudos

*Triángulo obtuso*
un ángulo obtuso

*Triángulo rectángulo*
un ángulo recto

*Triángulo equilátero*
tres lados congruentes;
tres ángulos congruentes

*Triángulo isósceles*
por lo menos dos lados
congruentes; por lo menos
dos ángulos congruentes

*Triángulo escaleno*
ningún lado
congruente

La suma de las medidas de los tres ángulos de un triángulo siempre es de 180°.

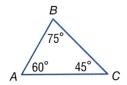

En △ABC, $m\angle A = 60°$, $m\angle B = 75°$ y $m\angle C = 45°$.

$60° + 75° + 45° = 180°$

Entonces, la suma de los ángulos de △ABC es 180°.

---

**EJEMPLO** — Encontrar la medida del ángulo desconocido de un triángulo

$\angle P$ es un ángulo recto. $m\angle Q = 40°$.
Halla $m\angle R$.

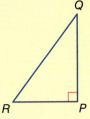

$90° + 40° = 130°$

$180° - 130° = 50°$

- Suma los dos ángulos conocidos.
- Resta la suma a 180°. La diferencia es la medida del tercer ángulo.

Entonces, $m\angle R = 50°$.

---

### Revísalo

Halla la medida del tercer ángulo de cada triángulo.

 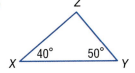    

 $m\angle C = 94°$, $m\angle D = 47°$, $m\angle E = $ ____

$m\angle G = 38°$, $m\angle H = 45°$, $m\angle I = $ ____

# 7·1 Ejercicios

**Usa la figura de la derecha para responder los Ejercicios 1–3.**

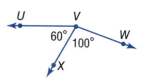

1. Nombra un ángulo agudo.
2. Nombra dos ángulos obtusos.
3. ¿Cuál es la medida de ∠UVW?

**En los Ejercicios 4–11, usa la siguiente figura. En la figura, $j \parallel k$ y $v$ es una transversal. Justifica tu respuesta.**

4. Clasifica la relación que hay entre ∠1 y ∠3.
5. Clasifica la relación que hay entre ∠5 y ∠8.
6. Clasifica la relación que hay entre ∠4 y ∠8.
7. Clasifica la relación que hay entre ∠3 y ∠7.
8. Clasifica la relación que hay entre ∠2 y ∠6.

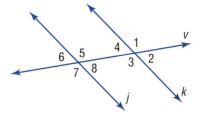

9. Halla $m\angle 8$ si $m\angle 4 = 55°$.
10. Halla $m\angle 1$ si $m\angle 7 = 137°$.
11. Halla $m\angle 5$ si $m\angle 4 = 48°$.

12. Halla $m\angle D$.
13. ¿Es △DEF un triángulo agudo, recto y obtuso?

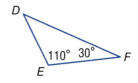

14. Halla $m\angle T$.
15. ¿Es △RST un triángulo agudo, recto y obtuso?

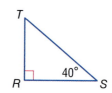

# 7•2 Nombrar y clasificar polígonos y poliedros

## Cuadriláteros

Las figuras de cuatro lados se llaman **cuadriláteros**. Algunos cuadriláteros tienen nombres específicos basados en la relación que hay entre sus lados y/o sus ángulos.

Para nombrar un cuadrilátero, lista sus cuatro vértices, ya sea en el sentido de las manecillas del reloj o en sentido contrario. Un nombre para la figura de la derecha es cuadrilátero *ISHF*.

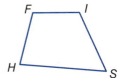

## Ángulos de un cuadrilátero

La suma de los ángulos de un cuadrilátero es 360°. Si conoces las medidas de tres de los ángulos de un cuadrilátero, puedes hallar la medida del cuarto lado.

**EJEMPLO** Encontrar la medida del ángulo desconocido de un cuadrilátero

Halla $m\angle A$ en el cuadrilátero *ABCD*.

$90° + 90° + 115° = 295°$
$360° - 295° = 65°$

- Suma las medidas de los tres ángulos conocidos.
- Resta la suma a 360°. La diferencia es la medida del cuarto ángulo.

Entonces, $m\angle A = 65°$.

### Revísalo

**Usa la siguiente figura para responder los Ejercicios 1–3.**

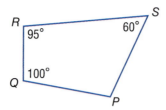

1. Nombra de dos maneras al cuadrilátero.
2. ¿Cuál es la suma de los ángulos de un cuadrilátero?
3. Halla $m\angle P$.

## Tipos de cuadriláteros

Un rectángulo es un cuadrilátero con cuatro ángulos rectos. $ABCD$ es un rectángulo. Su longitud es de 10 centímetros y su ancho es de 6 centímetros.

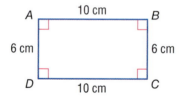

Los lados opuestos de un rectángulo son congruentes. Si los cuatro lados de un rectángulo son congruentes, el rectángulo es un cuadrado. Un cuadrado es un **polígono regular** porque todos sus lados son congruentes y todos sus ángulos internos son congruentes. *Todos* los cuadrados son rectángulos, pero no todos los rectángulos son cuadrados.

Un **paralelogramo** es un cuadrilátero con lados paralelos opuestos. En un paralelogramo, los lados opuestos son congruentes y los ángulos opuestos son congruentes. $WXYZ$ es un paralelogramo.

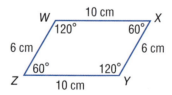

No todos los paralelogramos son rectángulos, pero todos los rectángulos son paralelogramos. Por tanto, todos los cuadrados también son paralelogramos. Si los cuatro lados de un paralelogramo son congruentes, el paralelogramo es un **rombo**. EFGH es un rombo.

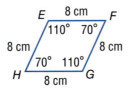

Todo cuadrado es un rombo, pero no todo rombo es un cuadrado, porque un cuadrado también debe tener ángulos congruentes.

En un **trapecio**, dos lados son paralelos y dos no lo son. Un trapecio es un cuadrilátero, pero no es un paralelogramo. ACKJ es un trapecio.

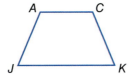

### Revísalo
Completa los Ejercicios 4–7.

**4** ¿Es el cuadrilátero RSTU un rectángulo? ¿Un paralelogramo? ¿Un cuadrado? ¿Un rombo? ¿Un trapecio?

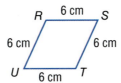

**5** ¿Un cuadrado es un rombo? ¿Por qué?

**6** ¿Un rectángulo siempre es un cuadrado? ¿Por qué?

**7** ¿Un paralelogramo siempre es un rectángulo? ¿Por qué?

## Polígonos

Un **polígono** es una figura cerrada que tiene tres o más lados. Cada lado es un **segmento** de recta y los lados sólo convergen en los extremos o vértices.

Esta figura es un polígono.   Estas figuras no lo son.

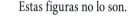

Un rectángulo, un cuadrado, un paralelogramo, un rombo, un trapecio y un triángulo son ejemplos de polígonos.

Un polígono regular es un polígono con lados y ángulos congruentes.

Un polígono siempre tiene un número igual de lados, ángulos y vértices.

Por ejemplo, un polígono con tres lados tiene tres ángulos y tres vértices. Un polígono con ocho lados tiene ocho ángulos y ocho vértices y así sucesivamente.

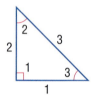
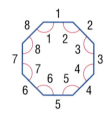

Un segmento de recta que conecta los dos vértices de un polígono es un lado, o bien una **diagonal**. $\overline{AE}$ es un lado del polígono $ABCDE$. $\overline{AD}$ es una diagonal.

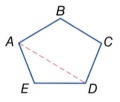

### Tipos de polígonos

Triángulo     Cuadrilátero   Pentágono   Hexágono   Octágono
3 lados       4 lados        5 lados     6 lados    8 lados

Un polígono de siete lados se llama heptágono, un polígono de nueve lados se llama nonágono y un polígono de diez lados se llama decágono.

> **Revísalo**
> Establece si la figura es un polígono. Si es un polígono, clasifícala según su número de lados.

## Ángulos de un polígono

Sabes que la suma de los ángulos de un triángulo es de 180°. Para hallar la suma de los ángulos internos de *cualquier* polígono, suma otros 180° por cada lado adicional a la medida de los tres primeros ángulos. Observa el pentágono ABCDE.

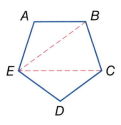

Las diagonales $\overline{EB}$ y $\overline{EC}$ muestran que la suma de los ángulos de un pentágono es igual a la suma de los ángulos de tres triángulos.

$$3 \cdot 180° = 540°$$

Entonces, la suma de los ángulos interiores del pentágono es 540°.

Puedes usar la fórmula $(n - 2) \cdot 180°$ para hallar la suma de los ángulos internos de un polígono. Considera que *n* es igual al número de lados de un polígono. La solución es igual a la suma de las medidas de todos los ángulos del polígono.

| EJEMPLO | Encontrar la suma de los ángulos de un polígono |
|---|---|
| Halla la suma de los ángulos internos de un octágono. | |
| $(n - 2) \cdot 180°$ | • Usa la fórmula. |
| $= (8 - 2) \cdot 180°$ | • Sustituye el número de lados. |
| $= 6 \cdot 180°$ | • Simplifica usando el orden de las operaciones. |
| $= 1{,}080°$ | |
| Entonces, la suma de los ángulos de un octágono es 1,080°. | |

Puedes usar lo que sabes sobre hallar la suma de los ángulos de un polígono para hallar la medida de cada ángulo de un polígono regular.

Comienza por hallar la suma de todos los ángulos con la fórmula $(n-2) \cdot 180°$. Por ejemplo, un hexágono tiene 6 lados, entonces sustituye $n$ con 6.

$$(6-2) \cdot 180° = 4 \cdot 180° = 720°$$

Después, divide la suma de los ángulos entre el número total de ángulos. Dado que el hexágono tiene 6 ángulos, divide entre 6.

$$720° \div 6 = 120°$$

Por tanto, cada ángulo de un hexágono regular mide 120°.

### Revísalo
**Usa la fórmula $(n-2) \cdot 180°$.**

11. Halla la suma de los ángulos de un decágono.
12. Halla la medida de cada ángulo de un pentágono regular.

## Poliedros

Algunos sólidos geométricos son curvos. Estas figuras no son poliedros.

Esfera     Cilindro     Cono

Algunos sólidos geométricos tienen superficies planas. Las siguientes figuras son *poliedros*.

Cubo     Prisma     Pirámide

Un **poliedro** es un sólido geométrico con superficies planas que son polígonos. Los triángulos, los cuadriláteros y los pentágonos constituyen las **caras** de los siguientes poliedros comunes.

Un **prisma** tiene dos bases o caras en sus "extremos". Las **bases** de un prisma son polígonos congruentes y paralelos entre sí. Las otras caras son paralelogramos. Las bases de los prismas que se muestran a continuación están sombreadas. Cuando las seis caras de un **prisma rectangular** son cuadradas, la figura se llama **cubo**.

**Prismas**

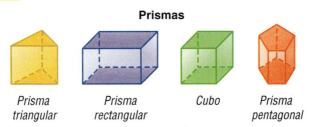

*Prisma triangular*    *Prisma rectangular*    *Cubo*    *Prisma pentagonal*

Una **pirámide** es una estructura que tiene una base poligonal. Tiene caras triangulares que se encuentran en un punto llamado *ápice*. Se han sombreado las bases de cada pirámide que se muestra a continuación. Una pirámide triangular es un **tetraedro**. Un tetraedro tiene cuatro caras. Cada cara es triangular.

**Pirámides**

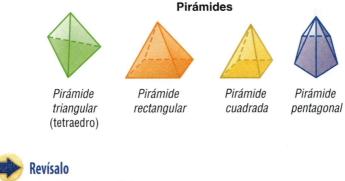

*Pirámide triangular (tetraedro)*    *Pirámide rectangular*    *Pirámide cuadrada*    *Pirámide pentagonal*

### Revísalo

Identifica cada poliedro.

**13**    **14**

## 7·2 Ejercicios

1. Da otros dos nombres para el cuadrilátero *MNPQ*.
2. Halla *m∠M*.

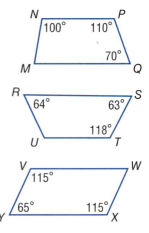

3. Da otros dos nombres para el cuadrilátero *RSTU*.
4. Halla *m∠U*.

5. Da otros dos nombres para el cuadrilátero *VWXY*.
6. Halla *m∠W*.

**Indica si los siguientes enunciados son *verdaderos* o *falsos*.**

7. Un cuadrado es un paralelogramo.
8. Todos los rectángulos son paralelogramos.
9. No todos los rectángulos son cuadrados.
10. Algunos trapecios son paralelogramos.
11. Todos los cuadrados son rombos.
12. Todos los rombos son cuadriláteros.
13. Un cuadrilátero no puede ser tanto un rectángulo como un rombo.

**Identifica cada polígono.**

14.
15.
16.

17.    18.

**Halla la suma de los ángulos de cada polígono.**

19. pentágono    20. nonágono    21. heptágono

22. ¿Cuál es la medida de cada ángulo de un octágono regular?

**Identifica cada poliedro.**

23.    24.    25.

**Identifica cada polígono o poliedro real.**

26. El cuadro de un diamante de béisbol.
27. El plato del diamante de béisbol.

28.    29.    30.

# 7·3 Simetría y transformaciones

Cuando mueves una figura que está en un plano, estás realizando una **transformación**. Hay tres tipos básicos de transformaciones: reflexiones, rotaciones y traslaciones.

## Reflexiones

Una **reflexión** (o inversión) es la imagen especular, o imagen invertida, de un punto, recta o figura.

Un *eje de reflexión* es una recta en la que la figura que está en un lado es el reflejo de la figura que está en el otro lado.

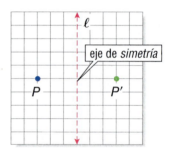

$P'$ refleja el punto $P$ en el otro lado de la recta $\ell$. $P'$ se lee "$P$-prima." $P'$ es la *imagen* de $P$.

Cualquier punto, recta o polígono se puede reflejar. El cuadrilátero $DEFG$ se refleja a través de la recta $m$. La imagen de $DEFG$ es $D'E'F'G'$.

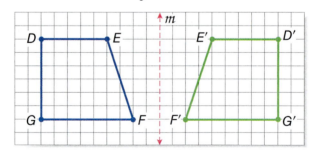

Para hallar la imagen de una figura, mide la distancia horizontal desde cada punto hasta el eje de simetría. La imagen de cada punto será la misma distancia horizontal del eje de simetría en el lado opuesto.

**Revísalo**

Copia cada figura en papel cuadriculado. Después dibuja y rotula la reflexión.

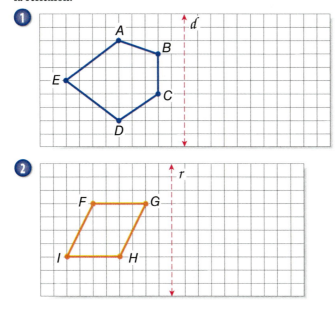

## Simetría de reflexión

Un **eje de simetría** es una línea sobre la que una figura se puede doblar para que las dos mitades resultantes sean iguales. Todas estas figuras tienen un eje de simetría.

Algunas figuras tienen más de un eje de simetría.

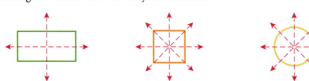

Un rectángulo tiene dos ejes de simetría. Un cuadrado tiene cuatro ejes de simetría. Cualquier recta que pase por el centro de un círculo es un eje de simetría. Entonces, un círculo tiene un número infinito de ejes de simetría.

### Revísalo
Indica si cada figura tiene simetría de reflexión. Si tu respuesta es *sí*, indica cuántos ejes de simetría se pueden dibujar a través de la figura.

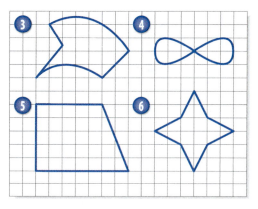

## Rotaciones

Una **rotación** (o giro) es una transformación que hace girar a una recta o figura alrededor de un punto fijo llamado *centro de rotación*.

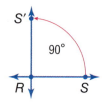

$\overrightarrow{RS}$ se ha rotado 90° alrededor del punto R.

Si rotas una figura 360°, su posición no cambia.

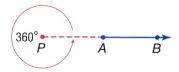

### Revísalo
Halla los grados de rotación.

**7** ¿Cuántos grados se ha rotado $\overrightarrow{PQ}$ ?

**8** ¿Cuántos grados se ha rotado △TSR?

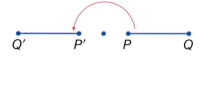

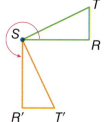

336 TemasClave

## Traslaciones

Una **traslación** (o deslizamiento) es otro tipo de transformación. Cuando mueves una figura a una nueva posición sin rotarla, estás realizando una traslación.

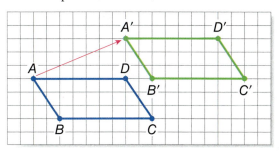

El rectángulo *ABCD* se mueve hacia arriba y hacia abajo. *A'B'C'D'* es la imagen de *ABCD* sometida a una traslación. *A'* está 7 unidades a la derecha y 3 unidades arriba de *A*. Todos los demás puntos del rectángulo se movieron de la misma manera.

 **Revísalo**

Escribe si las siguientes figuras representan sólo una traslación.

**9**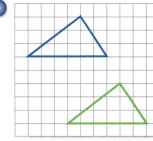

**10**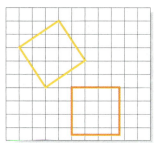

**11**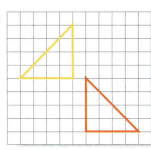

# 7·3 Ejercicios

1. Copia la figura en papel cuadriculado. Después traslada y rotula la imagen 4 unidades abajo y 3 unidades a la izquierda.

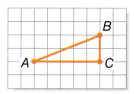

**Copia cada figura. Después dibuja todos los ejes de simetría.**

2.    3.    4.

**¿Qué tipo de transformación se ilustra?**

5.    6.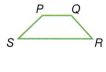

7. 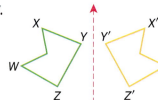   8.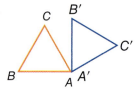

# 7·4 Perímetro

## Perímetro de un polígono

El perímetro de un polígono es la suma de las longitudes de sus lados. Para hallar el perímetro de un polígono regular se multiplica la longitud de un lado por el número total de lados.

**EJEMPLO** **Encontrar el perímetro de un polígono**

Halla el perímetro del hexágono.

$P = 5 + 10 + 8 + 10 + 5 + 18 = 56$ pies

Entonces, el perímetro del hexágono es de 56 pies.

## Perímetros de polígonos regulares

Si conoces el perímetro de un polígono regular, puedes hallar la longitud de cada lado.

Supón que un octágono regular tiene un perímetro de 36 centímetros. Considera que $x = $ la longitud de un lado.

$36 \text{ cm} = 8x$
$4.5 \text{ cm} = x$

Cada lado tiene 4.5 centímetros de largo.

### Revísalo

Halla el perímetro de cada polígono.

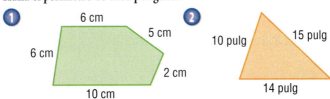

Halla la longitud de cada lado.

③ un cuadrado con un perímetro de 24 metros

④ un pentágono regular con un perímetro de 100 pies

**Perímetro de un rectángulo**

Los lados opuestos de un rectángulo son congruentes. Entonces, para hallar el perímetro de un rectángulo, sólo necesitas conocer su longitud y su ancho.

**EJEMPLO** | **Encontrar el perímetro de un rectángulo**

Halla el perímetro de un rectángulo de longitud de 15 metros y un ancho de 9 metros.

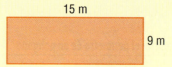

$P = 2\ell + 2w$  • Usa la fórmula.
$= (2 \cdot 15) + (2 \cdot 9)$  • Sustituye la longitud y el ancho.
$= 30 + 18 = 48$ m  • Simplifica.

Entonces, el perímetro es de 48 metros.

Un cuadrado es un rectángulo cuya longitud y ancho son congruentes. Considera que $s =$ la longitud de un lado. La fórmula para hallar el perímetro de un cuadrado es $P = 4 \cdot s$ ó $P = 4s$.

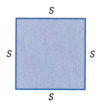

 **Revísalo**

**Halla el perímetro.**

5. un rectángulo con una longitud de 16 centímetros y un ancho de 14 centímetros
6. un cuadrado con lados que miden 12 centímetros
7. un cuadrado con lados que miden 1.3 metros

## Perímetro de un triángulo rectángulo

Si conoces las longitudes de dos lados de un triángulo rectángulo, puedes hallar la longitud del tercer lado usando el teorema de Pitágoras.

Para un repaso del *teorema de Pitágoras,* consulta la página 366.

**EJEMPLO** Encontrar el perímetro de un triángulo rectángulo

Usa el teorema de Pitágoras para hallar el perímetro del triángulo rectángulo.

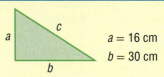

$a = 16$ cm
$b = 30$ cm

$c^2 = a^2 + b^2$
$c^2 = 16^2 + 30^2$ • Sustituye el valor de $a$ y $b$.
$\phantom{c^2} = 256 + 900$ • Eleva al cuadrado ambos sumandos.
$\phantom{c^2} = 1{,}156$ • Halla la suma.
$\sqrt{c^2} = \sqrt{1156}$
$c = 34$ • La raíz cuadrada de $c^2$ es la longitud de la hipotenusa.

16 cm + 30 cm + 34 cm = 80 cm • Suma las longitudes de los lados. La suma es el perímetro del triángulo.

Entonces, el perímetro es de 80 centímetros.

 **Revísalo**

Usa el teorema de Pitágoras para hallar el perímetro de cada triángulo.

⑧
8 pulg, 15 pulg

⑨
12 m, 16 m

# 7·4 Ejercicios

**Halla el perímetro de cada polígono.**

1.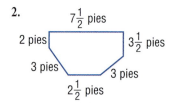

2.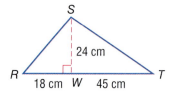

3. Halla el perímetro de un decágono regular con longitud de lado de 4.8 centímetros.
4. El perímetro de un hexágono regular es de 200 pulgadas. Halla la longitud de cada lado.
5. El perímetro de un cuadrado es 16 pies. ¿Cuál es la longitud de cada lado?

**Halla el perímetro de cada rectángulo.**

6. $\ell = 6.1$ m, $w = 4.3$ m
7. $\ell = 2$ cm, $w = 1.5$ cm

8. El perímetro de un rectángulo es de 15 metros. La longitud es de 6 metros. ¿Cuál es el ancho?
9. Halla el perímetro de un cuadrado cuyos lados miden 1.5 centímetros de largo.
10. Usa el teorema de Pitágoras para hallar el perímetro del triángulo de la derecha.
11. Dos lados de un triángulo miden 9 pulgadas y 7 pulgadas. Si es un triángulo isósceles, ¿cuáles son los dos perímetros posibles?
12. El perímetro de un triángulo equilátero es de 27 centímetros. ¿Cuánto mide cada lado?
13. Si un lado de un pentágono regular mide 18 pulgadas, ¿cuál es el perímetro?
14. Si un lado de un nonágono regular mide 8 centímetros, ¿cuál es el perímetro?

**15.** Un carpintero necesita instalar una moldura alrededor del techo de la habitación que se muestra en el diagrama de la derecha. La moldura se vende en longitudes de 8 pies. ¿Cuántas piezas necesita comprar el carpintero?

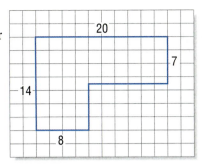

**En los Ejercicios 16 y 17, usa la siguiente pista de carreras.**

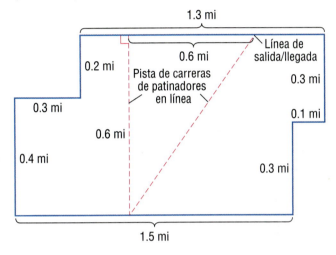

**16.** ¿Qué tan larga es la pista de carreras?

**17.** Si cambiarán la pista para que rodeara la orilla del terreno, ¿qué tan larga sería?

**18.** Cleve quiere marcar un cuadrado con lados que midan 60 pies de largo para hacer un diamante de béisbol. Además, quiere marcar dos cajas de bateo, cada una con una longitud de 5 pies y un ancho de 3 pies. La bolsa de cal alcanza para 375 pies de raya de cal. ¿A cuántos pies necesita Cleve poner cal? ¿Tiene suficiente cal para completar la tarea?

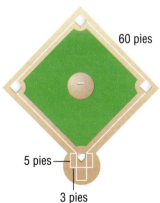

# 7·5 Área

## ¿Qué es el área?

El área mide el tamaño de una superficie. En lugar de medirla con unidades de longitud, como las pulgadas, los centímetros, los pies y los kilómetros, el área se mide en unidades cuadradas, como las pulgadas cuadradas (pulg$^2$) y los centímetros cuadrados (cm$^2$).

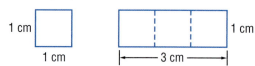

Este cuadrado tiene un área de un centímetro cuadrado. Se necesitan exactamente tres de estos cuadrados para cubrir el rectángulo. El área del rectángulo es de tres centímetros cuadrados, o 3 cm$^2$.

## Área de un rectángulo

La fórmula para hallar el área de un rectángulo es
$A = \ell \cdot w$, o $A = \ell w$.

---

**EJEMPLO** **Encontrar el área de un rectángulo**

Halla el área del rectángulo.
6 pies = 72 pulg

20 pulg
6 pies

Entonces, $\ell = 72$ pulgadas y $w = 20$ pulgadas.
- La longitud y el ancho deben estar en las mismas unidades.

$A = \ell \cdot w$
- Usa la fórmula para el área.

$= 72$ pulg $\cdot$ 20 pulg
- Sustituye la longitud y el ancho.

$= 1{,}440$ pulg$^2$
- Simplifica.

Entonces, el área del rectángulo es de 1,440 pulgadas cuadradas.

---

Para un cuadrado cuyos lados miden $s$ unidades, puedes usar la fórmula $A = s \cdot s$, o $A = s^2$.

**Revísalo**

Usa la fórmula $A = \ell w$.

① Halla el área de un rectángulo si $\ell = 40$ pulgadas y $w = 2$ pies.

② Halla el área de un cuadrado cuyos lados miden 6 centímetros.

## Área de un paralelogramo

Para hallar el área de un paralelogramo, multiplicas la base por la altura.

Área = base • altura
$A = b \cdot h$
o $A = bh$

La altura de un paralelogramo siempre es perpendicular a la base. En el paralelogramo $ABCD$, la altura, $h$, es igual a $BE$, no a $BC$. La base, $b$, es igual a $DC$.

### EJEMPLO   Encontrar el área de un paralelogramo

Halla el área de un paralelogramo con una base de 8 pulgadas y una altura de 5 pulgadas.

$A = b \cdot h$ • Usa la fórmula del área.
$= 8 \text{ pulg} \cdot 5 \text{ pulg}$ • Sustituye la base y la altura.
$= 40 \text{ pulg}^2$ • Simplifica.

Entonces, el área del paralelogramo es de 40 pulgadas cuadradas.

 **Revísalo**

Usa la fórmula $A = bh$.

③ Halla el área de un paralelogramo si $b = 9$ metros y $h = 6$ metros.

④ Halla la longitud de la base de un paralelogramo si el área es de 32 metros cuadrados y la altura es de 4 metros.

## Área de un triángulo

Si dividieras un paralelogramo a lo largo de una diagonal, tendrías dos triángulos de bases iguales, b, e igual altura, h.

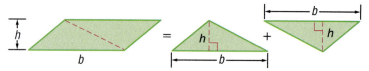

Entonces, la fórmula para el área de un triángulo es la mitad del área de un paralelogramo:
$A = \frac{1}{2} \cdot b \cdot h$, o $A = \frac{1}{2}bh$.

### EJEMPLO  Encontrar el área de un triángulo

Halla el área de △QRS.
$A = \frac{1}{2} \cdot b \cdot h$
$A = \frac{1}{2} \cdot 13.5 \text{ cm} \cdot 8.4 \text{ cm}$
$= 56.7 \text{ cm}^2$

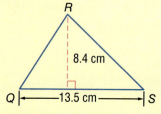

Entonces, el área del triángulo es de 56.7 centímetros cuadrados.

Halla el área de △ABC.
$A = \frac{1}{2}bh$
$= \frac{1}{2} \cdot 11 \text{ m} \cdot 9 \text{ m}$
$= 49.5 \text{ m}^2$

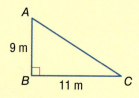

Entonces, el área del triángulo es de 49.5 metros cuadrados.

### Revísalo

Usa la fórmula $A = \frac{1}{2}bh$.

**5** Halla el área de un triángulo en el que $b = 20$ pulgadas y $h = 6$ pulgadas.

**6** Halla el área de un triángulo rectángulo cuyos lados miden 24 centímetros, 45 centímetros y 51 centímetros.

## Área de un trapecio

Un trapecio tiene dos bases rotuladas como $b_1$ y $b_2$. $b_1$ se lee "$b$ subíndice uno." El área de un trapecio es igual a la suma de las áreas de dos triángulos con bases de diferente longitud.

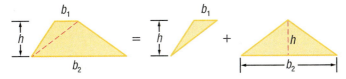

Entonces, la fórmula para el área de un trapecio es $A = \frac{1}{2}b_1h + \frac{1}{2}b_2h$ o, en forma reducida, $A = \frac{1}{2}h(b_1 + b_2)$.

### EJEMPLO   Encontrar el área de un trapecio

Halla el área del trapecio EFGH.

$A = \frac{1}{2}h(b_1 + b_2)$

$= \frac{1}{2} \cdot 5(6 + 12)$

$= 2.5 \cdot 18$

$= 45$ cm²

Entonces, el área del trapecio es de 45 centímetros cuadrados.

Dado que $\frac{1}{2}h(b_1 + b_2)$ es igual a $h \cdot \frac{b_1 + b_2}{2}$, también puedes decir que $A =$ altura $\cdot$ el promedio de las bases.

Para un repaso sobre cómo hallar un *promedio* o una *media*, consulta la página 201.

### Revísalo
Usa la fórmula $A = \frac{1}{2}h(b_1 + b_2)$.

**7** La altura de un trapecio es de 3 pies. Las bases miden 2 pies y 6 pies. ¿Cuál es el área?

**8** La altura de un trapecio es de 4 pies. Las bases miden 8 pies y 7 pies. ¿Cuál es el área?

# 7·5 Ejercicios

**Halla el área de cada rectángulo según su longitud, $\ell$, y su ancho, $w$.**

1. $\ell = 3$ metros, $w = 2.5$ metros
2. $\ell = 200$ centímetros, $w = 1.5$ metros

**Halla el área de cada paralelogramo.**

3.
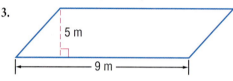

4.

28 pulg

2 pies

**Halla el área de cada triángulo según su base, $b$, y su longitud, $h$.**

5. $b = 5$ pulgadas, $h = 4$ pulgadas
6. $b = 6.8$ centímetros, $h = 1.5$ centímetros

7. Halla el área de un trapecio con bases de 7 pulgadas y 9 pulgadas y altura de 1 pie.

8. El Sr. López planea dar el siguiente terreno a sus dos hijas. ¿Cuántas yardas cuadradas de terreno recibirá cada hija si la tierra se divide equitativamente entre ellas?

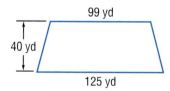

# 7·6 Área de superficie

El **área de superficie** de un sólido geométrico es la suma del área de sus superficies externas. Al igual que el área, el área de superficie se expresa en unidades cuadradas.

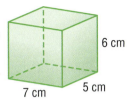

Una figura tridimensional desdoblada es una **red**. Ésta es la red del prisma rectangular que se mostró anteriormente. La suma de las áreas de cada sección de la red es igual al área de superficie de la figura.

## Área de superficie de un prisma rectangular

Para hallar el área de superficie de un prisma rectangular, halla la suma de las áreas de las seis caras o rectángulos. *Recuerda*: las caras opuestas son iguales. Para un repaso de *poliedros* y *prismas*, consulta la página 331.

### EJEMPLO  Encontrar el área de superficie de un prisma rectangular

Usa la red para hallar el área del prisma rectangular anterior.
- Usa la fórmula $A = \ell w$ para hallar el área de cada cara.
- Suma las seis áreas.
- Expresa la respuesta en unidades cuadradas.

| Área | = | parte superior + base | + | parte izquierda + parte derecha | + | parte frontal + parte trasera |
|---|---|---|---|---|---|---|
| | = | 2 · (7 · 5) | + | 2 · (6 · 5) | + | 2 · (7 · 6) |
| | = | 2 · 35 | + | 2 · 30 | + | 2 · 42 |
| | = | 70 | + | 60 | + | 84 |
| | = | 214 cm² | | | | |

Entonces, el área de superficie del prisma rectangular es de 214 centímetros cuadrados.

> **Revísalo**
> Halla el área de superficie de cada figura.

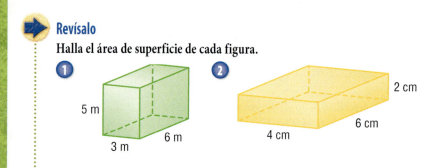

## Área de superficie de otros sólidos geométricos

Se pueden usar las redes para hallar el área de superficie de cualquier poliedro. Observa el **prisma triangular** y su red.

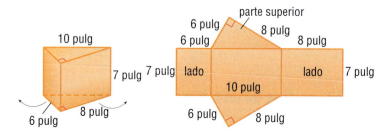

Para hallar el área de superficie de este sólido geométrico, usa las fórmulas de las áreas de un rectángulo ($A = \ell w$) y de un triángulo ($A = \frac{1}{2}bh$). Halla las áreas de cinco caras y después halla la suma de las áreas.

A continuación hay dos pirámides y sus redes. Para hallar el área de superficie de estos poliedros, otra vez necesitas usar las fórmulas del área de un rectángulo ($A = \ell w$) y de un triángulo ($A = \frac{1}{2}bh$).

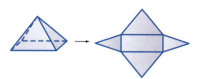

Pirámide rectangular

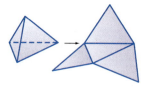

Tetraedro (pirámide triangular)

El área de superficie de un cilindro es la suma de las áreas de dos círculos y un rectángulo. La altura del rectángulo es igual a la altura del cilindro. La longitud del rectángulo es igual a la *circunferencia* (p. 360) del cilindro.

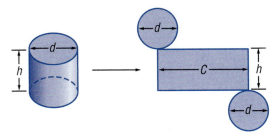

Halla el área de superficie de un cilindro:
- Usa la fórmula del área de un círculo, $A = \pi r^2$, para hallar el área de cada base.
- Halla el área del rectángulo usando la fórmula $h \cdot (2\pi r)$.
- Suma el área de los círculos y el área del rectángulo.
Puedes usar la fórmula $S = 2\pi r^2 + 2\pi rh$.

### Revísalo

**Considera la red de cada figura.**

**3** Halla el área de superficie del prisma triangular.

**4** ¿Qué figura desdoblada representa a la pirámide?

**5** Halla el área de superficie del cilindro. Usa $\pi \approx 3.14$.

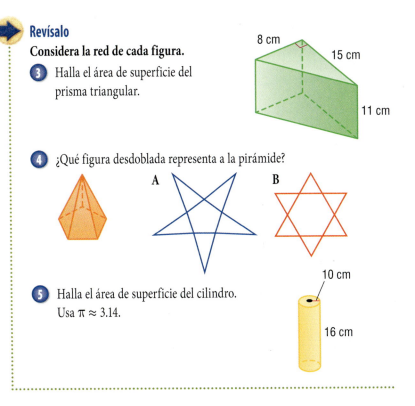

Área de superficie

# 7·6 Ejercicios

Halla el área de superficie de cada figura. Redondea las respuestas decimales a la décima más cercana.

1.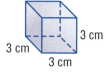

2.

3.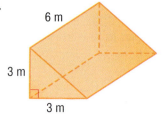

4.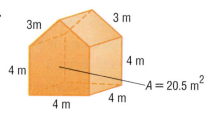

Halla el área de superficie de cada cilindro. Redondea a la décima más cercana.

5.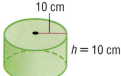

6.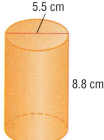

7. Rita y Derrick construyen una plataforma de patinaje de 3 pies por 3 pies por 6 pies. Planean impermeabilizar los seis lados de la plataforma con un sellador que cubre aproximadamente 50 pies cuadrados por cuarto. ¿Cuántos cuartos de sellador necesitan?

# 7·7 Volumen

## ¿Qué es el volumen?

El **volumen** es la cantidad de espacio que ocupa un objeto. Una manera de medir el volumen es contar el número de unidades cúbicas que se necesitarían para llenar el espacio que hay dentro del objeto.

El volumen del cubo pequeño es de 1 pulgada cúbica.

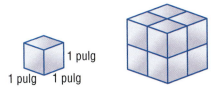

Se necesitan 8 cubos pequeños para llenar el espacio que hay dentro del cubo grande, entonces el volumen del cubo grande es de 8 pulgadas cúbicas.

El volumen se mide en *unidades cúbicas*. Por ejemplo, 1 pulgada cúbica se escribe como 1 pulg$^3$ y 1 metro cúbico se escribe como 1 m$^3$.

Para un repaso sobre los *cubos*, consulta la página 330.

### Revísalo
¿Cuál es el volumen de cada figura?

**1** 1 cubo = 1 cm$^3$

**2** 1 cubo = 1 pie$^3$

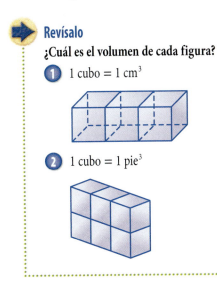

## Volumen de un prisma

Para hallar el volumen de un prisma multiplica el *área* (págs. 344–347) de la base, *B*, por la *altura*, *h*.

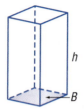 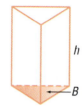 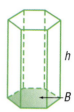

Volumen = *Bh*
Consulta *Fórmulas*, página 64.

### EJEMPLO — Encontrar el volumen de un prisma

Halla el volumen del prisma rectangular. La base es de 14 pulgadas de largo y 12 pulgadas de ancho. La altura es de 17 pulgadas.

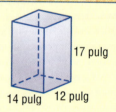

Base $A = 14$ pulg · 12 pulg     • Halla el área de la base.
$\quad\quad = 168$ pulg$^2$
$V = 168$ pulg$^2$ · 17 pulg     • Multiplica la base y la altura.
$\quad\; = 2{,}856$ pulg$^3$

Entonces, el volumen del prisma es de 2,856 pulgadas cúbicas.

### Revísalo
Halla el volumen de cada figura.

**3**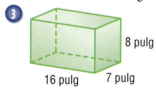

**4**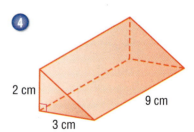

## Volumen de un cilindro

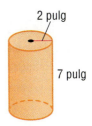

Puedes usar la misma fórmula para hallar el volumen de un cilindro: $V = Bh$. *Recuerda:* la base de un cilindro es un círculo.

La base tiene un radio de 2 pulgadas. Si estimas pi ($\pi$) a 3.14, hallarás que el área de la base es de aproximadamente 12.56 pulgadas cuadradas. Multiplica el área de la base por la altura para hallar el volumen.

$V = 12.56 \text{ pulg}^2 \cdot 7 \text{ pulg}$
$= 87.92 \text{ pulg}^3$

El volumen del cilindro es de 87.92 pulgadas cúbicas.

 **Revísalo**

Halla el volumen de cada cilindro. Redondea a la centésima más cercana. Usa 3.14 para $\pi$.

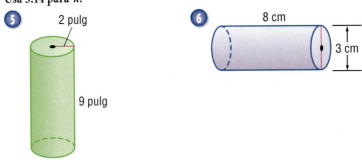

## Volumen de una pirámide y de un cono

La fórmula para el volumen de una pirámide o un cono es $V = \frac{1}{3}Bh$.

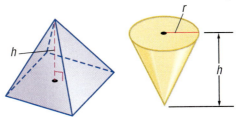

**EJEMPLO** Encontrar el volumen de una pirámide

Halla el volumen de la pirámide. La base es de 175 centímetros de largo y 90 centímetros de ancho. La altura es de 200 centímetros.

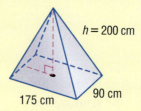

base $A = 175 \cdot 90$
      $= 15{,}750 \text{ cm}^2$
- Halla el área de la base.

$V = \frac{1}{3}(15{,}750 \cdot 200)$
   $= 1{,}050{,}000$
- Multiplica la base por la altura y después por $\frac{1}{3}$.

Entonces, el volumen es de 1,050,000 centímetros cúbicos.

Para hallar el volumen de un cono debes seguir el procedimiento anterior. Por ejemplo, un cono tiene una base con un radio de 3 centímetros y una altura de 10 centímetros. ¿Cuál es el volumen del cono a la décima más cercana?

Eleva el radio al cuadrado y multiplícalo por $\pi$ para hallar el área de la base. Después multiplícalo por la altura y divídelo entre 3 para hallar el volumen. El volumen del cono es de 94.2 centímetros cúbicos.

Si usas una calculadora, oprime $\boxed{\pi}$ $\boxed{\times}$ 9 $\boxed{=}$ $\boxed{28.27433}$ $\boxed{\times}$ 10 $\boxed{\div}$ 3 $\boxed{=}$ $\boxed{94.24778}$.

Para otras *Fórmulas* del volumen, consulta la página 64.

**Revísalo**

Halla el volumen de las siguientes figuras, redondea a la décima más cercana.

**7**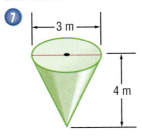

**8**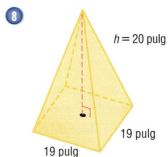

### APLICACIÓN — Buenas noches Tiranosaurio Rex

¿Por qué desaparecieron los dinosaurios? Nuevas pruebas en el suelo marino apuntan a un asteroide gigante que chocó contra la Tierra hace 65 millones de años.

El asteroide, de 6 a 12 millas de diámetro, chocó contra la Tierra en algún lugar del Golfo de México. Viajaba a una velocidad de miles de millas por hora.

La colisión lanzó millardos de toneladas de escombros a la atmósfera. Llovieron escombros sobre el planeta y bloquearon la luz el Sol. La temperatura global se desplomó. El registro fósil muestra que casi todas las especies que vivían antes de la colisión desaparecieron.

Supón que el cráter que dejó el asteroide tenía la figura de una semiesfera de 165 millas de diámetro. Aproximadamente ¿cuántas millas cúbicas de escombros habrían sido arrojadas del cráter al aire? Consulta la página 64 para ver la fórmula del volumen de una esfera. Consulta **SolucionesClave** para obtener la respuesta.

# 7·7 Ejercicios

Usa el prisma rectangular para responder los Ejercicios 1–4.

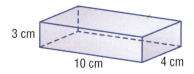

1. ¿Cuántos centímetros cúbicos se necesitarían para formar una capa en la parte inferior del prisma?
2. ¿Cuántas capas de centímetros cúbicos necesitarías para llenar el prisma?
3. ¿Cuántos centímetros cúbicos necesitarías para llenar el prisma?
4. Cada cubo tiene un volumen de 1 centímetro cúbico. ¿Cuál es el volumen del prisma?

5. Halla el volumen de un prisma rectangular de base de 10 centímetros, ancho de 10 centímetros y altura de 8 centímetros.
6. La base de un cilindro tiene un área de 5 centímetros cuadrados y una altura de 7 centímetros. ¿Cuál es su volumen?
7. Halla el volumen de un cilindro de 8.2 metros de altura, si su base tiene un radio de 2.1 metros. Redondea tu respuesta a la décima más cercana.
8. Halla el volumen de una pirámide de altura de 4 pulgadas y base rectangular de 6 pulgadas por 3.5 pulgadas.
9. Observa los siguientes cono y pirámide rectangular. ¿Cuál tiene el mayor volumen y por cuántas pulgadas cúbicas?

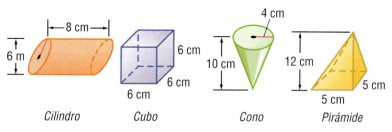

Cilindro     Cubo     Cono     Pirámide

10. Lista las figuras anteriores del menor al mayor volumen.

# 7•8 Círculos

## Partes de un círculo

Los círculos difieren de otras figuras geométricas de varias maneras. Por ejemplo, todos los círculos tienen la misma forma; los polígonos tienen formas variadas. Los círculos no tienen lados; los polígonos se nombran y clasifican según su número de lados. La *única* diferencia entre un círculo y otro es su tamaño.

Un círculo es un conjunto de puntos equidistantes a partir de un punto que es el centro del círculo. Un círculo se nombra según su punto central.

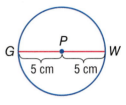

Círculo P

Un **radio** es cualquier segmento que tiene un extremo en el centro y el otro extremo en el círculo. En el círculo P, $\overline{PW}$ es el *radio* y también lo es $\overline{PG}$.

Un **diámetro** es cualquier segmento de recta que pasa por el centro del círculo y tiene ambos extremos en el círculo. $\overline{GW}$ es el diámetro del círculo P. Observa que la longitud del diámetro $\overline{GW}$ es igual a la suma de $\overline{PW}$ y $\overline{PG}$. El diámetro, $d$, es el doble del radio, $r$. Entonces, el diámetro del círculo P es 2(5) ó 10 centímetros.

**Revísalo**

**Resuelve.**

1. Halla el radio de un círculo de diámetro de 18 pulgadas.
2. Halla el radio de un círculo de diámetro de 3 metros.
3. Halla el radio de un círculo en el que $d = x$.
4. Halla el diámetro de un círculo de radio de 6 centímetros.
5. Halla el diámetro de un círculo de radio de 16 metros.
6. Halla el diámetro de un círculo en el que $r = y$.

## Circunferencia

La **circunferencia** de un círculo es la distancia del contorno del círculo. La razón de la circunferencia de todos los círculos a su diámetro siempre es la misma. La circunferencia de todos los círculos es de aproximadamente 3.14 veces su diámetro. El símbolo π, que se lee como *pi*, se usa para representar la razón $\frac{C}{d}$.

$\frac{C}{d} \approx 3.141592...$

Circunferencia = pi • diámetro, ó $C = \pi d$

Observa la siguiente ilustración. La circunferencia del círculo es un poco mayor que la longitud de tres diámetros. Esto es verdadero para cualquier círculo.

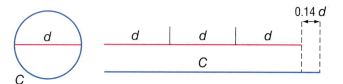

Dado que $d = 2r$, Circunferencia = 2 • pi • radio, o $C = 2\pi r$.

La tecla π de una calculadora da una aproximación para π a varios lugares decimales: π ≈ 3.141592... Sin embargo, para propósitos prácticos, π a menudo se redondea a 3.14 o se escribe simplemente como π.

**EJEMPLO** Encontrar la circunferencia de un círculo

Halla la circunferencia de un círculo con un radio de 13 metros.

$C = 2\pi r$ • Usa la fórmula de la circunferencia.
$C = 13 \cdot 2 \cdot \pi$ • Sustituye el radio.
$C = 26\pi$ • Simplifica.

La circunferencia exacta es de $26\pi$ metros.

$C = 26 \cdot 3.14$ • Sustituye $\pi$ con 3.14 por.
$\approx 81.64$ • Simplifica.

Entonces, la circunferencia es de 81.6 metros a la décima más cercana.

Si conoces la circunferencia, puedes hallar el diámetro. Divide ambos lados entre $\pi$.

$$C = \pi d$$
$$\frac{C}{\pi} = \frac{\pi d}{\pi}$$
$$\frac{C}{\pi} = d$$

### Revísalo
**Resuelve.**

**7** Halla la circunferencia de un círculo de diámetro de 5 pulgadas. Da la respuesta en función de $\pi$.

**8** Halla la circunferencia de un círculo de radio de 3.2 centímetros. Redondea a la décima más cercana.

**9** Halla el diámetro de un círculo cuya circunferencia mide 25 metros. Redondea a la centésima de un metro más cercana.

**10** Usando la tecla $\pi$ de tu calculadora o $\pi \approx 3.141592$, halla el radio de un círculo con una circunferencia de 35 pulgadas. Redondea tu respuesta a la media pulgada más cercana.

## Ángulos centrales

Un ángulo central es un ángulo cuyo vértice está en el centro de un círculo. La suma de los ángulos centrales de cualquier círculo es de 360°.

La parte de un círculo donde un ángulo central se interseca con el círculo se llama **arco**. La medida del arco, en grados, es igual a la medida del ángulo central.

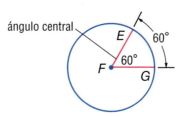

$\overset{\frown}{EG} = 60°$ y $m\angle EFG = 60°$.

 **Revísalo**

Usa el círculo B para responder los Ejercicios 11–13.

**11** Nombra un ángulo central del círculo B.

**12** ¿Cuál es la medida de $\overset{\frown}{AC}$?

**13** ¿Cuál es la medida de $\overset{\frown}{ADC}$?

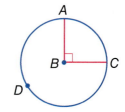

Usa el círculo M para responder los Ejercicios 14 y 15.

**14** ¿Cuál es la medida de $\angle LMN$?

**15** ¿Cuál es la medida de $\angle LMO + \angle OMN$?

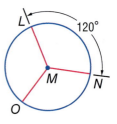

## Área de un círculo

Para hallar el área de un círculo, usa la fórmula $A = \pi r^2$. Al igual que el área de los polígonos, el área de un círculo se expresa en unidades cuadradas.

Para un repaso del *área* y las *unidades cuadradas*, consulta la página 344.

**EJEMPLO** Encontrar el área de un círculo

Halla el área del círculo Q al número entero más cercano.

$A = \pi \cdot 8^2$
$= 64\pi$
$\approx 200.96$
$\approx 201 \text{ cm}^2$

- Usa la fórmula $A = \pi r^2$.
- Eleva el radio al cuadrado.
- Multiplica por 3.14 o usa la tecla $\pi$ de la calculadora para obtener una respuesta más exacta.

Entonces, el área del círculo Q es de aproximadamente 201 centímetros cuadrados.

Si conoces el diámetro en lugar del radio, recuerda dividirlo entre 2.

### Revísalo

**Halla el área de cada círculo.**

**16** Halla el área de un círculo con un radio de 6.5 metros. Usa 3.14 para $\pi$ y redondea a la décima más cercana.

**17** El diámetro de un círculo es de 9 pulgadas. Halla el área. Da tu respuesta en función a $\pi$; después multiplica y redondea a la décima más cercana.

**18** Usa tu calculadora para hallar el área de un círculo con un diámetro de 15 centímetros. Usa 3.14 o la tecla $\pi$ de la calculadora y redondea al centímetro cuadrado más cercano.

# 7·8 Ejercicios

**Halla el diámetro de cada círculo con los radios dados.**

1. $r = 11$ pies
2. $r = 7.2$ cm
3. $r = x$

**Halla el radio con el diámetro dado.**

4. $d = 7$ pulg
5. $d = 2.6$ m
6. $d = y$

**Considerando $r$ o $d$, halla la circunferencia a la décima más cercana.**

7. $d = 1$ m
8. $d = 7.9$ cm
9. $r = 18$ pulg

**La circunferencia de un círculo es de 47 centímetros. Halla lo siguiente a la décima más cercana.**

10. el diámetro
11. el radio

**Halla la medida de cada arco.**

12. $\overset{\frown}{AB}$
13. $\overset{\frown}{CB}$
14. $\overset{\frown}{AC}$

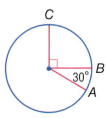

**Halla el área de cada círculo, considerando el radio $r$ o el diámetro $d$. Redondea al número entero más cercano.**

15. $r = 2$ m
16. $r = 35$ pulg
17. $d = 50$ cm
18. $d = 10$ pies

19. Un perro está atado a un poste. La cuerda mide 20 metros de largo, así que el perro puede caminar a 20 metros del poste. Halla el área dentro de la cual el perro puede caminar. (Si usas una calculadora, redondea al número entero más cercano).

20. Tony's Pizza Palace vende una pizza grande con un diámetro de 14 pulgadas. Pizza Emporium vende una pizza grande con un diámetro de 15 pulgadas al mismo precio. ¿Cuánta pizza más obtienes por tu dinero en Pizza Emporium?

# 7·9 Teorema de Pitágoras

## Triángulos rectángulos

La ilustración más pequeña de la derecha muestra un triángulo rectángulo en un *geoplano*. Puedes contar que el cateto *a* tiene 3 unidades de largo y el cateto *b* tiene 4 unidades de largo. La **hipotenusa**, el lado *c*, siempre es el lado opuesto al ángulo recto.

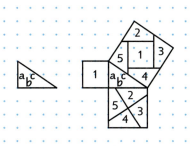

Ahora observa la ilustración más grande de la derecha. En cada uno de los tres lados del triángulo está dibujado un cuadrado.

De acuerdo con la fórmula del área de un cuadrado ($A = s^2$), el área del cuadrado del cateto *a* es de $A = 3^2 = 9$ unidades cuadradas. El área de cuadrado del cateto *b* es de $A = 4^2 = 16$ unidades cuadradas. Los dos cuadrados de los catetos *a* y *b* se combinan para formar el cuadrado del cateto *c*. El área del cuadrado del cateto *c* debe ser igual a la suma de las áreas de los cuadrados de los catetos *a* y *b*. El área del cuadrado del cateto *c* es de $A = 3^2 + 4^2 = 9 + 16 = 25$ unidades cuadradas.

Área del cuadrado *a* + Área del cuadrado *b* = Área del cuadrado *c*
Esta relación es verdadera para todos los triángulos rectángulos.

 **Revísalo**

Usa la siguiente ilustración para los Ejercicios 1 y 2.

1. ¿Cuál es el área de cada cuadrado?

2. La suma de las áreas de los dos cuadrados pequeños, ¿es igual al área del cuadrado grande?

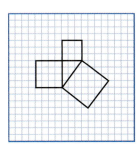

## Teorema de Pitágoras

En todos los triángulos rectángulos existe una relación entre el área del cuadrado de la hipotenusa (el lado opuesto al ángulo recto) y las áreas de los cuadrados de los catetos. Un matemático griego llamado Pitágoras observó esta relación hace aproximadamente 2,500 años y sacó una conclusión. Esa conclusión, conocida como el **teorema de Pitágoras**, se puede enunciar así: en un triángulo rectángulo, el cuadrado de la longitud de la hipotenusa es igual a la suma de los cuadrados de las longitudes de los catetos.

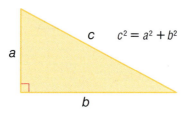

Puedes usar el teorema de Pitágoras para hallar la longitud del tercer lado de un triángulo rectángulo si conoces la longitud de dos de sus lados.

### EJEMPLO: Usar el teorema de Pitágoras para hallar la hipotenusa

Usa el teorema de Pitágoras para hallar la longitud de la hipotenusa, $c$, de $\triangle EFG$.

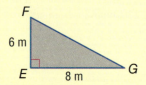

$c^2 = a^2 + b^2$

$c^2 = 6^2 + 8^2$ • Sustituye $a$ y $b$ con las dos longitudes conocidas.

$c^2 = 36 + 64$ • Eleva al cuadrado las dos longitudes conocidas.

$c^2 = 100$ • Halla la suma de los cuadrados de los dos catetos.

$c = 10$ m • Saca la raíz cuadrada de la suma.

Entonces, la longitud de la hipotenusa es de 10 metros.

> **EJEMPLO** Usar el teorema de Pitágoras para hallar la longitud de un lado

Usa el teorema de Pitágoras, $c^2 = a^2 + b^2$, para hallar la longitud del cateto $b$ de un triángulo rectángulo con una hipotenusa de 14 pulgadas y el cateto $a$ de 5 pulgadas.

| | |
|---|---|
| $14^2 = 5^2 + b^2$ | • Sustituye $a$ y $c$ con las dos longitudes conocidas. |
| $196 = 25 + b^2$ | • Eleva al cuadrado las longitudes conocidas. |
| $196 - 25 = (25 - 25) + b^2$ | • Resta para despejar la longitud desconocida. |
| $171 = b^2$ | • Usa tu calculadora para hallar la raíz cuadrada. |
| $13.1 = b$ | Redondea a la décima más cercana. |

Entonces, la longitud de lado desconocido es de 13.1 pulgadas.

### Revísalo

Usa el teorema de Pitágoras para hallar la longitud que falta.

 Al número entero más cercano, halla la longitud de la hipotenusa de un triángulo rectángulo con catetos de 9 centímetros y 11 centímetros.

④ Halla la longitud de $\overline{SR}$ al número entero más cercano.

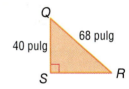

## Triples de Pitágoras

Los números 3, 4 y 5 forman un **triple de Pitágoras** porque $3^2 + 4^2 = 5^2$. Los triples de Pitágoras están formados por números enteros de manera que $a^2 + b^2 = c^2$. Hay muchos triples de Pitágoras. Éstos son tres:

5, 12, 13    8, 15, 17    7, 24, 25

Si multiplicas cada número de un triple de Pitágoras por el mismo número, formas otro triple de Pitágoras. 6, 8 y 10 es un triple porque es 2(3), 2(4) y 2(5).

## Distancia y el teorema de Pitágoras

Para hallar la distancia diagonal de dos puntos en el plano coordenado, conéctalos con una recta (la hipotenusa, c). Después dibuja los catetos horizontal y vertical (a y b) para completar el triángulo rectángulo. Usa el teorema de Pitágoras para resolver c.

### EJEMPLO  Encontrar la distancia en la cuadrícula de coordenadas

Halla la distancia c entre los puntos (4, −2) y (2, −6).

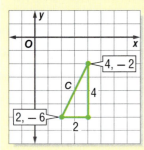

- Grafica los pares ordenados (4, −2) y (2, −6).
- Conecta los dos puntos para crear la hipotenusa (c).
- Dibuja los catetos horizontal y vertical (lados a y b).

$c^2 = a^2 + b^2$
$c^2 = 2^2 + 4^2$
$c^2 = 4 + 16$
$c^2 = 20$
$c \approx 4.5$

- Usando el teorema de Pitágoras, reemplaza a con 2 y b con 4.
- Resuelve para hallar la distancia c entre los dos puntos.

Entonces, los puntos están aproximadamente a 4.5 unidades de distancia.

 **Revísalo**

Halla la distancia que hay entre los puntos a la décima más cercana.

**5** (1, 2), (3, 5)

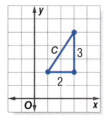

**6** (−2, 2), (−6, −4)

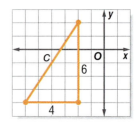

# 7·9 Ejercicios

Cada lado del triángulo contiene un cuadrado. Los cuadrados están rotulados como regiones I, II y III.

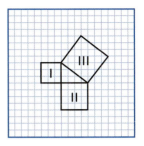

1. Halla las áreas de las regiones I, II y III.
2. ¿Qué relación existe entre las áreas de las regiones I, II y III?

**Halla la longitud que falta en cada triángulo rectángulo. Redondea a la décima más cercana.**

3.
4.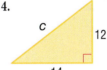
5.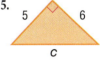

**¿Son los números triples de Pitágoras? Escribe *sí* o *no*.**

6. 3, 4, 5
7. 4, 5, 6
8. 24, 45, 51

9. Halla la longitud, a la décima más cercana, del cateto conocido de un triángulo rectángulo que tiene una hipotenusa de 16 pulgadas y un cateto de 9 pulgadas.

10. A la décima más cercana, halla la longitud de la hipotenusa de un triángulo rectángulo cuyos catetos miden 39 centímetros y 44 centímetros.

**Halla la distancia que hay entre los puntos a la décima más cercana.**

11. $(-5, -7), (-1, 0)$
12. $(2, 1), (4, 8)$

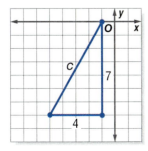
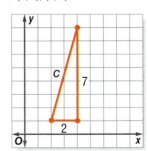

# Geometría

## ¿Qué has aprendido?

Puedes usar los siguientes problemas y lista de palabras para ver qué es lo que ya sabes de este capítulo. Si quieres saber más acerca de un problema o palabra en particular busca el número del tema (*por ejemplo*, Lección 7-2).

### Conjunto de problemas

**Consulta esta figura para responder los Ejercicios 1-3.** (Lección 7·1)

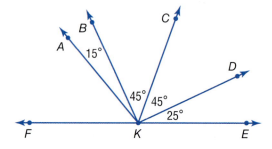

1. Nombra el ángulo adyacente a ∠BKE.
2. Nombra el ángulo recto de esta figura.
3. ∠FKE es un ángulo llano. ¿Qué es m∠FKA?

4. Halla la medida de cada ángulo de un hexágono regular.
   (Lección 7·2)

5. Halla el perímetro de un triángulo rectángulo con catetos de 3 centímetros y 4 centímetros. (Lección 7·4)

6. Halla el área de un triángulo rectángulo con catetos de 20 metros y 5 metros. (Lección 7·5)

7. Un trapecio tiene bases de 12 pies y 20 pies y altura de 6 pies. ¿Cuál es el área? (Lección 7·5)

8. Halla el área de superficie de un cilindro si $h = 10$ pies y $C = 4.5$ pies. Redondea al pie cuadrado más cercano. (Lección 7·6)

9. Halla el volumen de un cilindro que tiene un diámetro de 8 pulgadas y una altura de 6 pulgadas. Redondea a la pulgada cúbica más cercana. (Lección 7·7)

10. Un triángulo tiene lados de 15 centímetros, 16 centímetros y 23 centímetros. Usa el teorema de Pitágoras para determinar si es un triángulo rectángulo. (Lección 7·9)

11. Halla la longitud del cateto desconocido de un triángulo rectángulo que tiene una hipotenusa de 18 metros y un cateto de 10 metros. (Lección 7·9)

## Palabras Clave

Escribe las definiciones de las siguientes palabras.

ángulos alternos externos (Lección 7·1)
ángulos alternos internos (Lección 7·1)
ángulos complementarios (Lección 7·1)
ángulos correspondientes (Lección 7·1)
ángulos suplementarios (Lección 7·1)
ángulos verticales (Lección 7·1)
arco (Lección 7·8)
área de superficie (Lección 7·6)
base (Lección 7·2)
cara (Lección 7·2)
circunferencia (Lección 7·8)
congruente (Lección 7·1)
cuadrilátero (Lección 7·2)
cubo (Lección 7·2)
diagonal (Lección 7·2)
diámetro (Lección 7·8)
eje de simetría (Lección 7·3)
hipotenusa (Lección 7·9)
paralelogramo (Lección 7·2)
pi (Lección 7·7)
pirámide (Lección 7·2)

poliedro (Lección 7·2)
polígono (Lección 7·2)
polígono regular (Lección 7·2)
prisma (Lección 7·2)
prisma rectangular (Lección 7·2)
prisma triangular (Lección 7·6)
radio (Lección 7·8)
red (Lección 7·6)
reflexión (Lección 7·3)
rombo (Lección 7·2)
rotación (Lección 7·3)
segmento (Lección 7·2)
teorema de Pitágoras (Lección 7·9)
tetraedro (Lección 7·2)
transformación (Lección 7·3)
transversal (Lección 7·1)
trapecio (Lección 7·2)
traslación (Lección 7·3)
triple de Pitágoras (Lección 7·9)
volumen (Lección 7·7)

# TemaClave 8

## Medición

**¿Qué sabes?** Puedes usar los siguientes problemas y lista de palabras para ver qué es lo que ya sabes de este capítulo. Las respuestas a los problemas están en la sección de **SolucionesClave** que está al final del libro. Las definiciones de las palabras están en la sección de **PalabrasClave** que está al principio del libro. Si quieres saber más acerca de un problema o palabra en particular busca el número del tema (*por ejemplo*, Lección 8•2).

## Conjunto de problemas

**Da el significado de cada prefijo del sistema métrico.** (Lección 8•1)

1. centi-
2. kilo-
3. mili-

**Completa cada una de las siguientes conversiones. Redondea tus respuestas a la centésima más cercana.** (Lección 8•2)

4. 800 mm = ____ m
5. 5,500 m = ____ km
6. 3 mi = ____ pies
7. 468 pulg = ____ yd

**Para los Ejercicios 8–13, consulta el rectángulo. Redondea a la unidad entera más cercana.**

36 pulg

18 pulg

8. ¿Cuál es el perímetro en pulgadas? (Lección 8•2)
9. ¿Cuál es el perímetro en yardas? (Lección 8•2)
10. ¿Cuál es el perímetro en centímetros? (Lección 8•2)
11. ¿Cuál es el perímetro aproximado en metros? (Lección 8•2)

12. ¿Cuál es el área en pulgadas cuadradas? (Lección 8-3)
13. ¿Cuál es el área en centímetros cuadrados? (Lección 8-3)

**Convierte las siguientes mediciones de área volumen según las indicaciones.** (Lección 8-3)

14. $5 \text{ m}^2 = $ _____ $\text{cm}^2$
15. $10 \text{ yd}^2 = $ _____ $\text{pies}^2$
16. $3 \text{ pies}^3 = $ _____ $\text{pulg}^3$
17. $4 \text{ cm}^3 = $ _____ $\text{mm}^3$

18. Viertes 6 pintas de agua en un frasco de 1 galón. ¿Qué fracción del frasco llenaste? (Lección 8-3)
19. Una botella de perfume tiene una capacidad de $\frac{1}{2}$ onza líquida. ¿Cuántas botellas necesitarías para llenar 1 taza? (Lección 8-3)
20. Una lata de jugo tiene una capacidad de 385 mililitros. ¿Aproximadamente cuántas latas necesitarías para llenar un recipiente de 5 litros? (Lección 8-3)
21. Se te permite llevar una maleta de 20 kilogramos en un avión pequeño en África. ¿Aproximadamente cuántas libras pesará tu maleta? (Lección 8-4)
22. Según tu receta de galletas se necesita 4 onzas de mantequilla para hacer un lote. Si deseas hacer 12 lotes de galletas para vender, ¿cuántas libras de mantequillas deberás comprar? (Lección 8-4)

**Para hacer un póster se amplió una fotografía de 5 pulgadas de alto por 8 pulgadas de ancho. El ancho del póster es de 1.5 pies.**

23. ¿Cuál es la razón del ancho del póster con respecto al ancho de la fotografía original? (Lección 8-5)
24. ¿Cuál es el factor de escala? (Lección 8-5)

## PalabrasClave

área (Lección 8-3)
factor de escala (Lección 8-5)
figuras semejantes (Lección 8-5)

sistema métrico (Lección 8-1)
sistema usual (Lección 8-1)
volumen (Lección 8-3)

# 8·1 Sistemas de medición

El sistema de medición más común en el mundo es el **sistema métrico**. El **sistema usual** de medición se usa en Estados Unidos. Puede que sea útil hacer conversiones de una unidad de medición a otra dentro del mismo sistema; o hacer conversiones de una unidad a otra entre dos sistemas.

El sistema métrico se basa en potencias de diez, tales como 10, 100 y 1,000. Para convertir dentro del sistema métrico multiplica y divide entre potencias de diez.

Los prefijos del sistema métrico tienen significados consistentes.

| Prefijo | Significado | Ejemplo |
|---|---|---|
| mili- | una milésima | 1 *mili*litro es 0.001 litro. |
| centi- | una centésima | 1 *centi*metro es 0.01 metro. |
| kilo- | un millar | 1 *kilo*gramo es 1,000 gramos. |

El sistema usual de medición no se basa en potencias de diez. Se basa en números tales como 12 y 16, los cuales pueden tener muchos factores. Aunque el sistema métrico usa decimales, frecuentemente encontrarás fracciones en el sistema usual.

Desafortunadamente, no hay prefijos convenientes como en el sistema métrico, de manera que tendrás que memorizar las unidades equivalentes básicas: 16 onzas = 1 libra, 36 pulgadas = 1 yarda, 4 cuartos = 1 galón, etc.

### Revísalo

Usa las palabras *métrico* o *usual* para responder los Ejercicios 1-3.

1. ¿Qué sistema se basa en múltiplos de 10?
2. ¿Qué sistema usa fracciones?
3. ¿Qué sistema de medición es el más común en el mundo?

## 8•1 Ejercicios

**Da el significado de cada prefijo.**

1. centi-
2. kilo-
3. mili-

**Escribe el sistema de medición que se usa para lo siguiente.**

4. pulgadas
5. metros
6. cuartos
7. yardas
8. litros
9. libras
10. galones
11. gramos
12. toneladas
13. onzas
14. ¿Qué sistema de medición se basa en potencias de diez?

**Escribe las unidades que usarías para lo siguiente.**

15. dispensador de hilo dental
16. campo de fútbol americano
17. botella de gaseosa
18. pasta dental
19. harina
20. tablas de madera
21. gasolina
22. capacidad de almacenamiento en computadoras

# 8·2 Longitud y distancia

## Unidades métricas y usuales

Ambos sistemas de medición se pueden usar para medir longitud y distancia. Las medidas métricas que se usan frecuentemente para longitud y distancia son el milímetro, el centímetro, el metro y el kilómetro. El sistema usual usa la pulgada, el pie, la yarda y la milla.

### Equivalentes métricos

| | | | | | | |
|---|---|---|---|---|---|---|
| 1 km | = | 1,000 m | = | 100,000 cm | = | 1,000,000 mm |
| 0.001 km | = | 1 m | = | 100 cm | = | 1,000 mm |
| | | 0.01 m | = | 1 cm | = | 10 mm |
| | | 0.001 m | = | 0.1 cm | = | 1 mm |

### Equivalentes usuales

| | | | | | | |
|---|---|---|---|---|---|---|
| 1 mi | = | 1,760 yd | = | 5,280 pies | = | 63,360 pulg |
| $\frac{1}{1,760}$ mi | = | 1 yd | = | 3 pies | = | 36 pulg |
| | | $\frac{1}{3}$ yd | = | 1 pie | = | 12 pulg |
| | | $\frac{1}{36}$ yd | = | $\frac{1}{12}$ pie | = | 1 pulg |

### EJEMPLO — Cambiar unidades dentro de un sistema

¿Cuántas pulgadas hay en $\frac{1}{3}$ milla?

unidades que tienes
1 mi = 63,360 pulg
factor de conversión para unidades nuevas
$\frac{1}{3} \cdot 63,360 = 21,120$

- Halla las unidades que equivalen a 1 en la tabla de equivalentes.
- Halla el factor de conversión.
- Multiplica para obtener las unidades nuevas.

Entonces, hay 21,120 pulgadas en $\frac{1}{3}$ de milla.

### Revísalo
**Completa las conversiones.**

1. 8 m = ____ cm
2. 3,500 m = ____ km
3. 48 pulg = ____ pies
4. 2 mi = ____ pies

## Conversiones entre sistemas

Quizá necesites hacer conversiones entre los sistemas métrico y usual. Esta tabla de conversiones te puede ayudar.

| Tabla de conversiones | | | | | |
|---|---|---|---|---|---|
| 1 pulgada | = | 25.4 milímetros | 1 milímetro | = | 0.0394 pulgada |
| 1 pulgada | = | 2.54 centímetros | 1 centímetro | = | 0.3937 pulgada |
| 1 pie | = | 0.3048 metro | 1 metro | = | 3.2808 pies |
| 1 yarda | = | 0.914 metro | 1 metro | = | 1.0936 yarda |
| 1 milla | = | 1.609 kilómetro | 1 kilómetro | = | 0.621 milla |

Para calcular una conversión, halla el factor de conversión en la tabla anterior.

Tu amigo de Costa Rica dice que puede saltar 119 centímetros. ¿Te deberías sorprender? 1 centímetro = 0.39737 pulgada. Entonces, 119 • 0.3937 ≈ 46.9 pulgadas. ¿Cuán alto puedes saltar?

La mayoría de las veces tendrás que estimar la conversión de un sistema al otro para obtener una idea del tamaño del elemento. Redondea los números en la tabla de conversiones para simplificar tu razonamiento.

### Revísalo
**Usa una calculadora y redondea cada conversión a la décima más cercana.**

5. Convierte 28 pulgadas a centímetros.
6. Convierte 82 metros a yardas.
7. 9 kilómetros es aproximadamente ____.
   **A.** 9 mi  **B.** 6 mi  **C.** 15 mi

# 8·2 Ejercicios

**Completa las conversiones.**

1. 10 cm = _____ mm
2. 200 mm = _____ m
3. 3,000 mm = _____ cm
4. 2.4 km = _____ m
5. 11 yd = _____ pulg
6. 7 mi = _____ pies
7. 400 pulg = _____ pies
8. 3,024 pulg = _____ yd
9. 0.5 yd = _____ pies
10. 520 yd = _____ mi

**Usa una calculadora y redondea cada conversión a la décima más cercana.**

11. Convierte 6 pulgadas a centímetros.
12. Convierte 2 pies a centímetros.
13. Convierte 200 milímetros a pulgadas.

**Selecciona la estimación de conversión más cercana para las siguientes longitudes.**

14. 5 mm
    A. 5 pulg  B. 2 pulg  C. 5 yd  D. $\frac{1}{5}$ pulg
15. 1 pie
    A. 30 cm  B. 1 m  C. 50 cm  D. 35 mm
16. 25 pulg
    A. 25 cm  B. 1 m  C. 0.5 m  D. 63.5 cm
17. 300 m
    A. $\frac{1}{2}$ mi  B. 300 yd  C. 600 pies  D. 100 yd
18. 100 km
    A. 200 mi  B. 1,000 yd  C. 60 mi  D. 600 mi
19. 36 pulg
    A. 1 cm  B. 1 mm  C. 1 km  D. 1 m
20. 6 pies
    A. 6 m  B. 200 cm  C. 600 cm  D. 60 cm
21. 1 cm
    A. $\frac{1}{2}$ pulg  B. 1 pulg  C. 2 pulg  D. 1 pie
22. 2 mi
    A. 300 m  B. 2,000 m  C. 2 km  D. 3 km

# 8·3 Área, volumen y capacidad

## Área

El **área** es la medida de la región interna de una figura de 2 dimensiones. El área se expresa en unidades cuadradas.

El área se puede medir en unidades métricas o usuales. Quizá tengas que convertir las unidades dentro de un sistema de medición. A continuación está una tabla de conversiones en la que puedes ver las conversiones más comunes.

| Métrico | | | Usual | | |
|---|---|---|---|---|---|
| 100 mm$^2$ | = | 1 cm$^2$ | 144 pulg$^2$ | = | 1 pie$^2$ |
| 10,000 cm$^2$ | = | 1 m$^2$ | 9 pies$^2$ | = | 1 yd$^2$ |
| | | | 4,840 yd$^2$ | = | 1 acre |
| | | | 640 acres | = | 1 mi$^2$ |

Para convertir a una unidad nueva, halla el factor de conversión en la tabla de abajo.

### EJEMPLO  Cambiar unidades de área

El área de Estados Unidos es aproximadamente de 3,500,000 millas cuadradas. ¿Cuántos acres cubre la superficie de Estados Unidos?

640 acres = 1 mi$^2$
- Halla las unidades que equivalen a 1 en la tabla de conversiones.
- Halla el factor de conversión.

3,500,000 · 640
- Multiplica para obtener las unidades nuevas.

Entonces, la superficie de los Estados Unidos cubre 2,240,000,000 acres.

### Revísalo

**Resuelve.**

1. ¿A cuántos milímetros cuadrados equivalen 16 centímetros cuadrados?
2. ¿A cuántas pulgadas cuadradas equivalen 2 pies cuadrados?
3. ¿A cuántas yardas cuadradas equivalen 3 acres?

## Volumen

El **volumen** es el espacio ocupado por un sólido geométrico y se expresa en unidades cúbicas. Aquí están las relaciones básicas entre las unidades de volumen.

| Métrico | Usual |
|---|---|
| $1{,}000 \text{ mm}^3 = 1 \text{ cm}^3$ | $1{,}728 \text{ pulg}^3 = 1 \text{ pie}^3$ |
| $1{,}000{,}000 \text{ cm}^3 = 1 \text{ m}^3$ | $27 \text{ pies}^3 = 1 \text{ yd}^3$ |

### EJEMPLO — Convertir volúmenes dentro de un sistema de medición

Expresa el volumen del cartón en metros cúbicos.

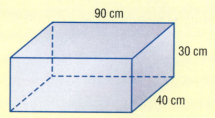

$V = \ell wh$
$\phantom{V} = 90 \cdot 40 \cdot 30$
$\phantom{V} = 108{,}000 \text{ cm}^3$

- Usa una fórmula para hallar el *volumen* usando las unidades de las dimensiones.

$1{,}000{,}000 \text{ cm}^3 = 1 \text{ m}^3$

- Halla el factor de conversión.

$108{,}000 \div 1{,}000{,}000 = 0.108 \text{ m}^3$

- Divide para convertir a unidades más grandes.
- Incluye la unidad de medición en tu respuesta.

Entonces, el volumen del cartón es de $0.108 \text{ m}^3$.

**Revísalo**

**Resuelve.**

④ Halla el volumen de una caja que mide 9 pies por 6 pies por 6 pies. Conviértele a yardas cúbicas.

⑤ Halla el volumen de un cubo que mide 8 centímetros de lado. Conviértele a centímetros cúbicos.

⑥ ¿A cuántas pulgadas cúbicas equivalen 15 pies cúbicos?

⑦ ¿A cuántos centímetros cúbicos equivalen 250 milímetros cúbicos?

## Capacidad

La capacidad está estrechamente relacionada con el volumen, pero hay una diferencia. La capacidad de un recipiente es una medida de la cantidad de líquido que puede contener. Un bloque de madera tiene volumen pero no capacidad para contener un líquido.

| Tabla de conversiones | |
|---|---|
| 1 litro (L) = 1,000 mililitros (mL) | 8 onzas líquidas (oz líq.) = 1 taza (tz) |
| 1 litro = 1.057 cuartos (ct) | 2 tazas = 1 pinta (pt) |
| | 2 pintas = 1 cuarto (ct) |
| | 4 cuartos = 1 galón (gal) |

Observa el uso de onza líquida (*oz líq.*) en la tabla. Esto es para distinguirla de onza (*oz*), la cual es una unidad de peso (16 oz = 1 lb). La onza líquida es una unidad de capacidad (16 oz líq. = 1 pinta). Hay una conexión entre onza y onza líquida. Una pinta de agua pesa aproximadamente una libra, de manera que una onza líquida de agua pesa una onza. Para agua, al igual que la mayoría de los líquidos que se emplean para cocinar, una *onza líquida* y una *onza* son equivalentes, y la parte "líquida" se omite algunas veces (por ejemplo, "8 oz = 1 taza"). Para ser correcto, usa *onza* para peso únicamente y *onza líquida* para capacidad. Para líquidos que pesan considerablemente más o menos que el agua, la diferencia es significativa.

### EJEMPLO  Cambiar unidades de capacidad

La gasolina tiene un precio de $0.92 por litro. ¿Cuál sería el precio por galón?

1 gal = 4 ct
- Halla las unidades que equivalen a 1 en la tabla de conversiones.

1 ct = 1.057 L
- Halla el factor de conversión.

4 · 1.057 = 4.228 L
- Multiplica para obtener el número de litros en un galón.

$0.92 · 4.228
- Multiplica para obtener el precio por galón.

Entonces, el precio de la gasolina es de $3.89 por galón.

### Revísalo
**Resuelve.**

 Si el litro de cola se vende por $0.99 la unidad y puedes comprar por $3.49 una lata de jugo concentrado para hacer 1 galón, ¿cuál de las dos opciones es más económica?

### APLICACIÓN   En la sopa

Cierta mañana, un camión semirremolque volcó en una autopista de California. El camión llevaba 43,000 latas de sopa crema de champiñones.

Si cada caja de cartón contenía 24 latas, ¿cuántas cajas de sopa llevaba el camión? Si cada caja de cartón tenía un ancho de 11 pulgadas, una longitud de 16 pulgadas y una altura de 5 pulgadas, ¿cuál era la capacidad de carga aproximada del camión en pies cúbicos? Ve **SolucionesClave** para obtener la respuesta.

# 8·3 Ejercicios

**Di si la unidad mide distancia, área o volumen.**

1. cm
2. pulg$^3$
3. acre
4. mm$^2$

**Calcula el volumen de las cajas de cartón en cada una de las siguientes unidades de medición.**

5. pies
6. pulg

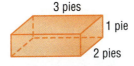

7. cm
8. m
9. mm

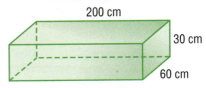

**Convierte a nuevas unidades.**

10. 1 gal = _____ tz
11. 2 ct = _____ oz líq.
12. 160 oz líq. = _____ ct
13. 4 gal = _____ ct
14. 3 pt = _____ gal
15. 4 oz líq. = _____ pt
16. 8 L = _____ mL
17. 24,500 mL = _____ L
18. 10 mL = _____ L

19. Krutika tiene una pecera con capacidad para 15 litros de agua. Se evaporó un litro de agua. Ella tiene una taza de medición de 200 mililitros. ¿Cuántas veces tendrá que llenar la taza hasta poder volver a llenar la pecera?

20. Estima al *dime* más cercano el precio por litro de gasolina que se vende a $3.68 por galón.

# 8·4 Masa y peso

La masa y el peso no son equivalentes. La masa es la cantidad de materia que hay en un objeto. El peso se determina por la masa de un objeto y el efecto de la gravedad sobre dicho objeto. En la Tierra, la masa y el peso son iguales; pero en la Luna, la masa y el peso son bastante diferentes. Tu masa sería la misma en la Luna como aquí en la Tierra. Pero, si pesas 100 libras en la Tierra, pesarás alrededor de $16\frac{2}{3}$ libras en la Luna. Eso sucede debido a que la atracción gravitacional en la Luna es tan sólo $\frac{1}{6}$ de la que hay en la Tierra.

| Métrico | | |
|---|---|---|
| 1 kg = | 1,000 g = | 1,000,000 mg |
| 0.001 kg = | 1 g = | 1,000 mg |
| 0.000001 kg = | 0.001 g = | 1 mg |

| Usual | | |
|---|---|---|
| 1 T = | 2,000 lb = | 32,000 oz |
| 0.0005 T = | 1 lb = | 16 oz |
| 0.0625 lb = | 1 oz | |

1 libra ≈ 0.4536 kilogramo
1 kilogramo ≈ 2.205 libras

Para convertir de una unidad a otra, primero halla el valor de 1 para las unidades que tienes en la lista de equivalentes. Luego usa el factor de conversión para calcular las nuevas unidades.

Si tienes 32 onzas de mantequilla de maní, ¿cuántas libras tienes? 1 oz = 0.0625 lb, entonces 32 oz = 32 • 0.0625 lb = 2 lb. Tienes 2 libras de mantequilla de maní.

### Revísalo

Completa las siguientes conversiones.

① 5 lb = ____ oz
② 7,500 lb = ____ T
③ 8 kg = ____ mg
④ 375 mg = ____ g

# 8·4 Ejercicios

**Convierte a las unidades indicadas.**

1. 1.2 kg = _____ mg
2. 250 mg = _____ g
3. 126,500 lb = _____ T
4. 24 oz = _____ lb
5. 8,000 mg = _____ kg
6. 2.3 T = _____ lb
7. 8 oz = _____ lb
8. 250 g = _____ oz
9. 100 kg = _____ lb
10. 25 lb = _____ kg
11. 200 oz = _____ lb
12. 880 oz = _____ kg
13. 880 g = _____ lb
14. 8 g = _____ oz
15. 16 oz = _____ kg
16. 1.5 T = _____ kg

17. Según tu receta de galletas se necesita 12 onzas de mantequilla para hacer un lote. Para tu fiesta necesitarás hacer 4 lotes de galletas. ¿Cuántas libras de mantequillas deberás comprar?
18. Hay dos marcas de jabón de lavar que están en oferta. La caja de 2 libras de Marca Y se vende a $12.50. La caja de 20 onzas de Marca Z se vende a $7.35. ¿Cuál es la mejor oferta?
19. Los chocolates franceses se venden a $18.50 el kilogramo. Una caja de 10 onzas de chocolates domésticos se vende a $7.75. ¿Cuál es la mejor oferta?
20. Si un elefante pesa unos 3,500 kilogramos en la Tierra, ¿cuántas libras pesará en la Luna? ¿Crees que podrás levantarlo? Redondea tu respuesta a la libra más cercana.

# 8·5 Tamaño y escala

## Figuras semejantes

Las **figuras semejantes** son aquellas que tienen exactamente la misma forma. Las figuras que son semejantes pueden tener tamaños iguales o diferentes. Sin embargo, todos los lados correspondientes de la figura tendrán la misma razón. Recuerda que cada razón deberá establecerse en el mismo orden.

### EJEMPLO  Decide si dos figuras son semejantes

¿Son semejantes estos dos rectángulos?

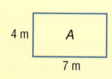

$\dfrac{7}{14} \stackrel{?}{=} \dfrac{4}{8}$

$56 = 56$

- Establece las razones: $\dfrac{\text{longitud } A}{\text{longitud } B} \stackrel{?}{=} \dfrac{\text{ancho } A}{\text{ancho } B}$
- Multiplica en forma cruzada para ver si las razones son iguales.
- Si todos los lados tienen razones iguales, las figuras son semejantes.

Entonces, los rectángulos son semejantes.

### Revísalo

Usa las figuras de abajo para responder el Ejercicio 1.

 ¿Son semejantes estas dos figuras?

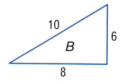

## Factores de escala

El **factor de escala** de dos figuras semejantes es la razón de las longitudes de los lados correspondientes.

El triángulo $A$ es semejante al triángulo $B$. $\triangle B$ es 3 veces más grande que $\triangle A$, entonces el factor de escala es 3.

**EJEMPLO**  **Halla el factor de escala**

¿Cuál es el factor de escala para los pentágonos semejantes?

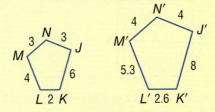

- Determina qué figura es la "figura original".
- Haz una razón de lados correspondientes:

$$\frac{K'J'}{KJ} = \frac{8}{6}$$

$$= \frac{4}{3}$$

$\dfrac{\text{figura nueva}}{\text{figura original}}$

- Simplifica, si es posible.

Entonces, el factor de escala de los dos pentágonos es $\frac{4}{3}$.

Cuando se amplía una figura, el factor de escala es mayor que 1. Cuando las figuras semejantes son de tamaños idénticos, el factor de escala es igual a 1. Cuando se reduce una figura en tamaño, el factor de escala es menor que 1 pero mayor que cero.

> **Revísalo**
> ¿Cuál es el factor de escala?
>
> ❷
>
>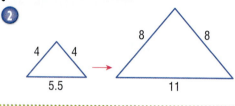

## Factores de escala y área

El factor de escala se refiere únicamente a la razón de las longitudes, no de las áreas.

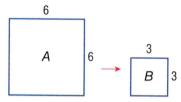

Para los cuadrados, el factor de escala es $\frac{1}{2}$ porque la razón de los lados es $\frac{3}{6} = \frac{1}{2}$. Observa que aunque el factor de escala es $\frac{1}{2}$, la razón de las áreas es $\frac{1}{4}$.

$$\frac{\text{Area de B}}{\text{Area de A}} = \frac{3^2}{6^2} = \frac{9}{36} = \frac{1}{4}$$

Para el rectángulo de abajo, el factor de escala es $\frac{1}{3}$. ¿Cuál es la razón de las áreas?

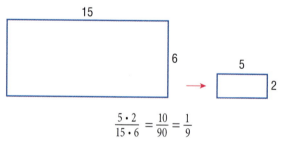

$$\frac{5 \cdot 2}{15 \cdot 6} = \frac{10}{90} = \frac{1}{9}$$

La razón de las áreas es $\frac{1}{9}$.

La razón de las áreas de figuras semejantes es el *cuadrado* del factor de escala.

**TAMAÑO Y ESCALA**

### Revísalo
**Resuelve.**

**3** El factor de escala de dos figuras semejantes es $\frac{3}{2}$. ¿Cuál es la razón de las áreas?

**4** La escala en el plano de un garaje es de 1 pie = 4 pies. ¿Qué área del piso del garaje representa un área de 1 pie cuadrado en el plano?

**5** Completa la siguiente tabla.

|  | Area |
|---|---|
| Factor de escala **2** | **4** veces |
| Factor de escala **3** |  |
| Factor de escala **4** |  |
| Factor de escala **5** |  |
| Factor de escala **X** |  |

## Factores de escala y volumen

Recuerda que el factor de escala se refiere a la razón de las longitudes.

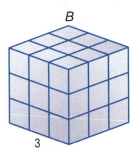

El cubo $A$ tiene un volumen de 1 cm³. El cubo $B$ es una ampliación del Cubo $A$ por un factor de escala de 3. El volumen cambia por un factor de $s^3$. Multiplica 3 • 3 • 3 para hallar el volumen del cubo ampliado.

$$\frac{\text{Volumen de } B}{\text{Volumen de } A} = \frac{3 \cdot 3 \cdot 3}{1 \cdot 1 \cdot 1} = \frac{27}{1}$$

El volumen del cubo ampliado es de 27 cm³.

Si el factor de escala es $\frac{2}{3}$, ¿cuál es la razón de los volúmenes?

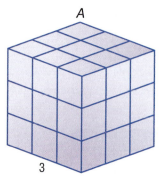
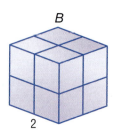

$$\frac{2 \cdot 2 \cdot 2}{3 \cdot 3 \cdot 3} = \frac{8}{27}$$

La razón de los volúmenes es $\frac{8}{27}$.

La razón del volumen de figuras semejantes es el *cubo* del factor de escala.

 **Revísalo**

**Resuelve.**

**6** El factor de escala de dos figuras semejantes es $\frac{3}{4}$. ¿Cuál es la razón de los volúmenes?

**7** Completa la siguiente tabla.

|  | Volumen |
|---|---|
| Factor de escala 2 | 8 veces |
| Factor de escala 3 |  |
| Factor de escala 4 |  |
| Factor de escala 5 |  |
| Factor de escala X |  |

# 8.5 Ejercicios

**Da el factor de escala.**

1.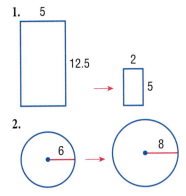

2. 

3. Se amplía una fotografía de 3 pulgadas por 5 pulgadas a un factor de escala de 3. ¿Cuáles son las dimensiones de la fotografía ampliada?

4. Se reduce un documento de 11 pulgadas de longitud por $8\frac{1}{2}$ pulgadas de ancho. El documento reducido tiene $5\frac{1}{2}$ pulgadas de longitud. ¿Cuál es su ancho?

5. Un mapa muestra una escala de 1 centímetro = 20 kilómetros. Si una ciudad se encuentra a 50 kilómetros de distancia con respecto a otra ciudad, ¿qué distancia de separación habrá en el mapa?

6. Si la escala de un mapa es 1 pulgada = 5 millas y el mapa es un rectángulo de 12 pulgadas por 15 pulgadas, ¿cuál es el área que el mapa cubre?

7. Se amplía una fotografía a un factor de escala de 1.5. ¿A cuántas veces el área de la fotografía más pequeña corresponde el área de la fotografía más grande?

8. En un mapa, una carretera parece tener una longitud de $2\frac{3}{4}$ pulgadas. La escala del mapa es de $\frac{1}{2}$ pulgada = 10 millas. ¿Aproximadamente cuántas millas tiene la carretera?

9. Los siguientes triángulos son semejantes. Halla los valores de $x$ y de $y$.

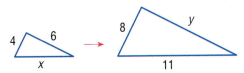

10. El factor de escala de dos figuras semejantes es $\frac{5}{2}$. ¿Cuál es la razón de los volúmenes?

# Medición

### ¿Qué has aprendido?

Puedes usar los siguientes problemas y lista de palabras para ver qué es lo que ya sabes de este capítulo. Si quieres saber más acerca de un problema o palabra en particular busca el número del tema (*por ejemplo,* Lección 8·2).

## Conjunto de problemas

**Da el significado de cada prefijo del sistema métrico.** (Lección 8·1)

1. centi-      2. kilo-      3. mili-

**Completa cada una de las siguientes conversiones. Redondea a la centésima más cercana.** (Lección 8·2)

4. 600 mm = _____ m
5. 367 m = _____ km
6. 2.5 mi = _____ pies
7. 288 pulg = _____ yd

**Para los Ejercicios 8–13, consulta el rectángulo. Redondea a la unidad entera más cercana.**

(rectángulo: 30 pulg por 12 pulg)

8. ¿Cuál es el perímetro en pulgadas? (Lección 8·2)
9. ¿Cuál es el perímetro en yardas? (Lección 8·2)
10. ¿Cuál es el perímetro en centímetros? (Lección 8·2)
11. ¿Cuál es el perímetro aproximado en metros? (Lección 8·2)
12. ¿Cuál es el área en pulgadas cuadradas? (Lección 8·3)
13. ¿Cuál es el área en pulgadas centímetros? (Lección 8·3)

**Convierte las siguientes mediciones de área volumen según las indicaciones.** (Lección 8·3)

14. $42.5 \text{ m}^2 = $ _____ $\text{cm}^2$
15. $7 \text{ yd}^2 = $ _____ $\text{pies}^2$
16. $10 \text{ pies}^3 = $ _____ $\text{pulg}^3$
17. $6.5 \text{ cm}^3 = $ _____ $\text{mm}^3$

**18.** Viertes 3 pintas de agua en un frasco de 1 galón. ¿Qué fracción del frasco llenaste? (Lección 8·3)

**19.** Una botella de perfume tiene una capacidad de $\frac{1}{2}$ onza líquida. ¿Cuántas botellas necesitas para llenar $\frac{1}{2}$ taza? (Lección 8·3)

**20.** Una lata de jugo tiene una capacidad de 1,250 mililitros. ¿Aproximadamente cuántas latas necesitarías para llenar un recipiente de 15 litros? (Lección 8·3)

**21.** ¿Aproximadamente cuántos kilogramos hay en 17 libras? (Lección 8·4)

**22.** ¿Cuántas onzas hay en 8 libras? (Lección 8·4)

**Para hacer un póster se amplió una fotografía de 5 pulgadas de alto por 3 pulgadas de ancho. El ancho del póster es de 1 pie.**

**23.** ¿Cuál es la razón del ancho del póster con respecto al ancho de la fotografía original? (Lección 8·5)

**24.** ¿Cuál es el factor de escala? (Lección 8·5)

**25.** Un cubo tiene un volumen de 216 pies cúbicos. Supón que el cubo se amplía a una razón de $\frac{2}{1}$. ¿Cuál es el volumen del cubo original?

**26.** ¿Cuál es el factor de escala de los siguientes rectángulos semejantes?

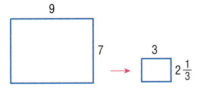

**Palabras Clave**

Escribe las definiciones de las siguientes palabras.

**área** (Lección 8·3)
**factor de escala** (Lección 8·5)
**figuras semejantes** (Lección 8·5)
**sistema métrico** (Lección 8·1)
**sistema usual** (Lección 8·1)
**volumen** (Lección 8·3)

# TemaClave 9

## Herramientas

**¿Qué sabes?** Puedes usar los siguientes problemas y lista de palabras para ver qué es lo que ya sabes de este capítulo. Las respuestas a los problemas están en la sección de **SolucionesClave** que está al final del libro y las definiciones de las palabras están en la sección de **PalabrasClave** que está al principio del libro. Si quieres saber más acerca un problema o palabra en particular busca el número del tema (*por ejemplo,* Lección 9·2).

### Conjunto de problemas

Usa una calculadora científica para los Ejercicios 1-6. Redondea las respuestas decimales a la centésima más cercana. (Lección 9·1)

1. $8.9^5$
2. Halla el recíproco de 3.4.
3. Halla el cuadrado de 4.5.
4. Halla la raíz cuadrada de 4.5.
5. $(8 \cdot 10^4) \cdot (4 \cdot 10^8)$
6. $0.7 \cdot (4.6 + 37)$

Usa el transportador para hallar la medida de cada ángulo. (Lección 9·2)

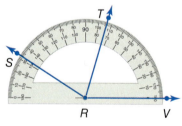

7. ¿Cuál es la medida de $\angle VRT$?
8. ¿Cuál es la medida de $\angle VRS$?
9. ¿Cuál es la medida de $\angle SRT$?
10. ¿Divide $\overrightarrow{RT}$ a $\angle VRS$ en dos ángulos iguales?

**11.** ¿Cuáles son las herramientas básicas de construcción en geometría? (Lección 9·2)

**Usa una regla, un transportador, un compás para copiar las figuras de abajo.**
(Lección 9·2)

**12.** 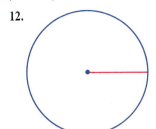   **13.**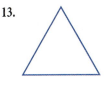

**14.** 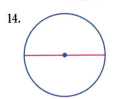   **15.**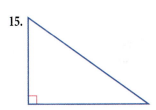

**Para los Ejercicios 16–18, consulta la siguiente hoja de cálculo de.** (Lección 9·3)

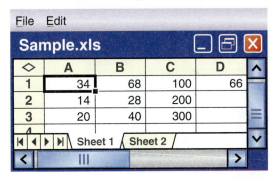

**16.** Nombra la celda que tiene 14.

**17.** Una fórmula para la celda C3 es 3 * C1. Menciona otra fórmula para la celda C3.

**18.** La celda D1 contiene el número 66 y no tiene fórmula. Después de usar el comando de *fill down* (rellenar hacia abajo), ¿qué número estará en la celda D10?

**celda** (Lección 9·3)  **hoja de cálculo** (Lección 9·3)
**fórmula** (Lección 9·3)

# 9•1 Calculadora científica

Los matemáticos y los científicos utilizan calculadoras científicas para resolver problemas de manera rápida y precisa. Las calculadoras científicas varían ampliamente, algunas tienen tan sólo unas pocas funciones y otras tienen más funciones. Algunas calculadoras pueden incluso programarse con las funciones que elijas. La calculadora de abajo muestra funciones que podrías encontrar en tu calculadora científica.

**2nd**
Oprime para obtener la segunda función de cada tecla. Las segundas funciones están listadas arriba de cada tecla.

**Raíz cuadrada**
Halla la raíz cuadrada de lo que aparece en la pantalla.

**Pantalla**

**π**
Automáticamente introduce π.

**Apagado/ Borrar todo**

**Borrar la entrada/ Borrar**

**Divide**
**Multiplica**
**Resta**
**Suma**
**Igual a**

**Porcentaje**
Convierte lo que está en la pantalla de porcentajes a decimales. Oprime 2nd %

**Punto decimal**

**Cambio de signo**
Cambia el signo de lo que aparece en la pantalla.

# Funciones de uso frecuente

Ya que cada calculadora está configurada de manera distinta, tu calculadora puede no funcionar exactamente como se indica abajo. Estas secuencias de teclas funcionan con la calculadora que se ilustra en la página 396. Usa el material de referencia que venía con tu calculadora para poder hacer funciones similares. Ve el índice para obtener más información acerca de las matemáticas que se mencionan aquí.

| Función | Problema | Pulsaciones de teclas |
|---|---|---|
| **Raíz cúbica** $\sqrt[3]{x}$<br>Halla la raíz cúbica de lo que aparece en la pantalla. | $\sqrt[3]{343}$ | 343 [2nd] [$\sqrt[3]{x}$] 7. |
| **Cubo** [$x^3$]<br>Halla el cubo de lo que aparece en la pantalla. | $17^3$ | 17 [2nd] [$x^3$] 4913. |
| **Factorial** [$x!$]<br>Halla el factorial de lo que aparece en la pantalla. | $7!$ | 7 [2nd] [$x!$] 5040. |
| **Fija** (*Fix*) el número de lugares decimales. [FIX] Redondea lo que aparece en la pantalla al número de lugares que determines. | Redondea 3.046 al lugar de las décimas. | 3.046 [2nd] [FIX] 2 3.05 |
| **Paréntesis** [(] [)]<br>Agrupa cálculos. | $12 \cdot (7 + 8)$ | 12 [×] [(] 7 [+] 8 [)] [=] 180. |
| **Potencias** [$y^x$]<br>Halla la potencia *x* de lo que aparece en la pantalla. | $56^5$ | 56 [$y^x$] 5 [=] 550731776. |
| **Potencias de diez** [$10^x$]<br>Eleva diez a la potencia mostrada. | $10^5$ | 5 [2nd] [$10^x$] 100000. |

| Función | Problema | Pulsaciones de teclas |
|---|---|---|
| **Recíproco** [1/x] Halla el recíproco de lo que aparece en la pantalla. | Halla el recíproco de 8. | 8 [1/x] 0.125 |
| **Raíces** [$\sqrt[x]{y}$] Halla la raíz x de lo que aparece en la pantalla. | $\sqrt[4]{852}$ | 852 [2nd] [$\sqrt[x]{y}$] 4 [=] 5.402688131 |
| **Cuadrado** [$x^2$] Halla el cuadrado de lo que aparece en la pantalla. | $17^2$ | 17 [$x^2$] 289. |

Algunas calculadoras tienen teclas con funciones especiales.

| Tecla | Función |
|---|---|
| [$\sqrt{x}$] | Halla la raíz cuadrada de lo que aparece en la pantalla |
| [$\pi$] | Automáticamente introduce pi en tantos lugares como lo permita tu calculadora. |

La tecla de [$\pi$] te ahorra tiempo al reducir el número de pulsaciones de teclas. La tecla [$\sqrt{x}$] te permite hallar las raíces cuadradas con mayor precisión, algo difícil de hacer con papel y lápiz.

Observa cómo se usan estas dos teclas en los ejemplos de abajo.

Problema: $7 + \sqrt{21}$
Pulsaciones de teclas: 7 [+] 21 [$\sqrt{x}$] [=]
Muestra final: 11.582575

Si tratas de hallar la raíz cuadrada de un número negativo, tu calculadora mostrará un mensaje de error. Por ejemplo, si ingresas 9 [+/−] [$\sqrt{x}$], la pantalla mostrará [E          3.]. No hay raíz cuadrada de −9, porque ningún número multiplicado por sí mismo puede resultar en un número negativo.

Problema: Halla el área de un círculo que tiene un radio de 3.
(Usa la fórmula $A = \pi r^2$.)
Pulsaciones de teclas: [$\pi$] [×] 3 [×] 3 [=]
Muestra final: 28.274333

Si tu calculadora no tiene la tecla  puedes usar 3.14 ó 3.1416 como una aproximación de π.

> **Revísalo**
>
> **Usa tu calculadora para hallar lo siguiente.**
>
> **1** 12!
>
> **2** $14^4$
>
> **Usa tu calculadora para hallar lo siguiente a la milésima más cercana.**
>
> **3** el recíproco de 27
>
> **4** $(10^3 + 56^5 - \sqrt[3]{512}) \div 7!$
>
> **5** la raíz cuadrada de 7,225

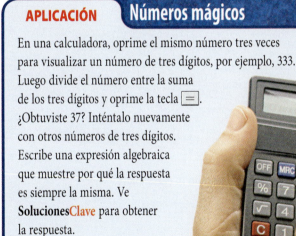

**APLICACIÓN** **Números mágicos**

En una calculadora, oprime el mismo número tres veces para visualizar un número de tres dígitos, por ejemplo, 333. Luego divide el número entre la suma de los tres dígitos y oprime la tecla =. ¿Obtuviste 37? Inténtalo nuevamente con otros números de tres dígitos. Escribe una expresión algebraica que muestre por qué la respuesta es siempre la misma. Ve **SolucionesClave** para obtener la respuesta.

## 9·1 Ejercicios

Usa tu calculadora científica para hallar lo siguiente. Redondea tus respuestas decimales a la centésima más cercana.

1. $69^2$
2. $44^2$
3. $13^3$
4. $0.1^5$
5. $\frac{60}{\pi}$
6. $9(\pi)$
7. $\frac{1}{9}$
8. $\frac{1}{\pi}$
9. $(15 - 4.4)^3 + 6$
10. $25 + (8 \div 6.2)$
11. $5! \cdot 4!$
12. $9! \div 4!$
13. $11! + 6!$
14. $5^{-3}$
15. $\sqrt[4]{1{,}336{,}336}$
16. recíproco de 0.0625
17. recíproco de 25

**Halla el valor de cada expresión, usando tu calculadora.**

18. $\sqrt{804} \div 17.35 + 620$
19. $\sqrt{68} \cdot 7 + 4$
20. Halla el perímetro del rectángulo si $x = 11.9$ cm.
21. Halla el área del rectángulo si $x = 9.68$ cm.

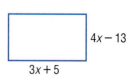

22. Halla la circunferencia del círculo si $a = 3.7$ pulg.
23. Halla el área del círculo si $a = 2$ pulg.

# 9·2 Herramientas de geometría

## El transportador

Los ángulos se miden con un *transportador*. Hay muchos tipos distintos de transportadores. La clave es encontrar el punto central en cada transportador al que debes alinear el vértice del ángulo.

**EJEMPLO** Medir ángulos con un transportador

Halla $m\angle CDE$ y $m\angle FDC$.

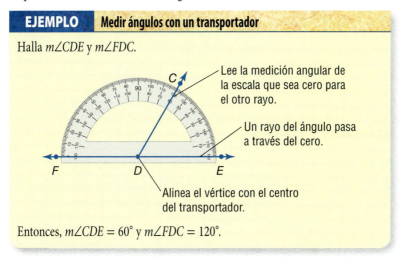

Entonces, $m\angle CDE = 60°$ y $m\angle FDC = 120°$.

Para dibujar un ángulo, dibuja primero un rayo y coloca el centro del transportador en el extremo. (El extremo corresponde al vértice del ángulo). Luego traza un punto sobre la medición deseada y dibuja un rayo a través de ese punto hasta llegar al extremo.

**EJEMPLO** Dibujar ángulos

Usa un transportador para dibujar un ángulo de 45°.

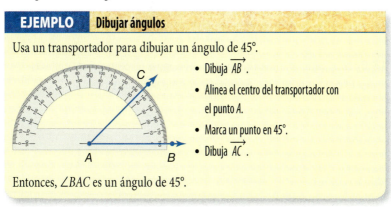

- Dibuja $\overrightarrow{AB}$.
- Alinea el centro del transportador con el punto A.
- Marca un punto en 45°.
- Dibuja $\overrightarrow{AC}$.

Entonces, $\angle BAC$ es un ángulo de 45°.

**Revísalo**

Usa tu transportador para medir cada ángulo al grado más cercano.

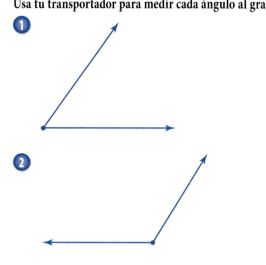

## El compás

El *compás* se usa para construir círculos y arcos. Para construir un círculo o un arco, coloca la punta del compás en el centro y sostenla en esa posición. Gira el brazo del compás con el lápiz para dibujar un arco o un círculo.

La distancia entre la punta estacionaria del compás (el centro) y el lápiz es el radio. El compás te permite determinar el radio de manera precisa.

Para un repaso sobre *círculos*, ve la página 359.

Para dibujar un círculo de radio de $1\frac{1}{2}$ pulgada, determina la distancia entre la punta estacionaria del compás y el lápiz a $1\frac{1}{2}$ pulgada. Dibuja un círculo.

**Revísalo**

Usa un compás para dibujar estos círculos.

**3** Dibuja un círculo con radio de 2.5 centímetros.

**4** Dibuja un círculo con radio de 2 pulgadas.

## Problema de construcción

En geometría, una construcción es un dibujo en el que sólo se permite usar la regla y el compás. Cuando haces una construcción usando una regla y compás, tienes que poner en práctica lo que sabes de geometría.

Sigue las indicaciones paso a paso para inscribir un triángulo equilátero en un círculo.

- Dibuja un círculo cuyo centro sea $K$.
- Dibuja un diámetro $\overline{SJ}$.
- Dibuja un arco que se interseque con el círculo, usando $S$ como centro y $\overline{SK}$ como radio. Rotula los puntos de intersección $L$ y $P$.
- Conecta $L$, $P$ y $J$ para formar el triángulo.

Herramientas de geometría **403**

Puedes crear un diseño más complejo al inscribir otro triángulo en tu círculo, usando J como centro para dibujar otro arco intersecante.

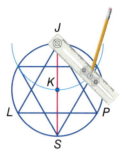

Una vez que tengas la estructura, puedes llenar las distintas secciones para crear una variedad de diseños basados en esta construcción.

### Revísalo
**Construye.**

**5** Dibuja la estructura basada en cuatro triángulos inscriptos en dos círculos concéntricos. Llena las secciones para copiar el diseño de abajo.

**6** Crea tu propio diseño basado en uno o dos triángulos inscriptos en un círculo.

# 9·2 Ejercicios

Usa un transportador para medir cada ángulo de △ABC.

1. ∠A
2. ∠B
3. ∠C

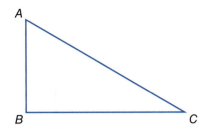

4. Cuando usas un transportador para medir un ángulo, ¿cómo sabes cuál de las dos escalas leer?

**Escribe la medida de cada ángulo.**

5. ∠GFH
6. ∠GFI
7. ∠HFI
8. ∠JFH
9. ∠HFJ

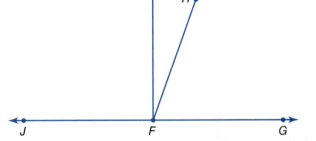

**Une cada herramienta con la función.**

| Herramienta | Función |
|---|---|
| 10. compás | A. medir distancias |
| 11. transportador | B. medir ángulos |
| 12. regla | C. dibujar círculos y arcos |

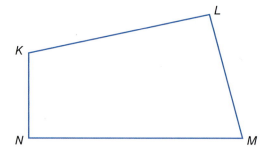

**Halla la medida de cada ángulo.**

13. ∠KLM

14. ∠MNK

15. ∠LMN

16. ∠NKL

17. Usa un transportador para copiar ∠LMN.

**Usa una regla, un transportador y un compás para copiar las figuras de abajo.**

18.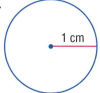

19.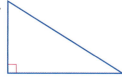

20.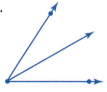

21.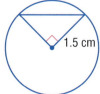

22.

# 9.3 Hojas de cálculo

## ¿Qué es una hoja de cálculo?

Las personas usan las **hojas de cálculo** como herramientas para llevar un registro de la información, como en el caso de las finanzas. Las hojas de cálculo fueron herramientas matemáticas de papel y lápiz antes de que se computarizaran. Quizá estés familiarizado con programas de cómputo de hojas de cálculo.

Un programa de cómputo de hojas de cálculo calcula y organiza la información en **celdas** dentro de una cuadrícula. Cuando el valor de una celda se cambia, todas las otras celdas que dependen de ese valor cambiarán automáticamente.

Las hojas de cálculo se organizan en filas y columnas. Las filas están en posición horizontal y están numeradas. Las columnas están en posición vertical y se identifican por letras mayúsculas. Las celdas se nombran de acuerdo a la columna y fila en la que se encuentran.

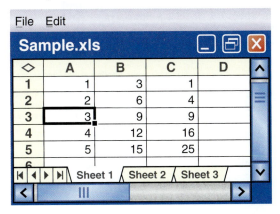

Una celda A3 está en la Columna A, Fila 3. En esta hoja de cálculo, hay un 3 en la celda A3.

### Revísalo

¿Qué número aparece en cada una de las celdas de la hoja de cálculo de arriba?

1. A2
2. B1
3. C5

# Fórmulas de hojas de cálculo

Una celda puede contener un número o una fórmula. Una **fórmula** genera un valor que depende de otras celdas que están en la hoja de cálculo. La forma en que las fórmulas se escriben depende del programa de computadora para hojas de cálculo que estés usando. Aunque tú introduces una fórmula en la celda, la celda muestra el valor generado por la fórmula. La fórmula queda guardada detrás de la celda.

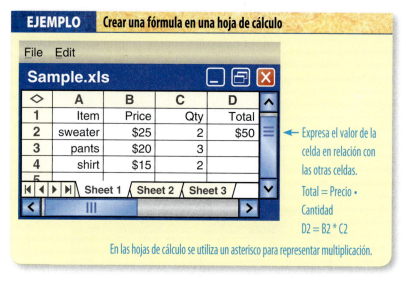

En las hojas de cálculo se utiliza un asterisco para representar multiplicación.

Si tú cambias el valor de una celda y una fórmula depende de ese valor, el resultado de la fórmula cambiará.

En la hoja de cálculo de arriba, si introdujiste 3 suéteres en lugar de 2 (C2 = 3), la columna total automáticamente cambiará a $75.

### Revísalo

Usa la hoja de cálculo de arriba. Si el total se obtiene siempre de la misma forma, escribe la fórmula para:

**4** D3

**5** D4

**6** Si D5 corresponde al total de la columna D, escribe la fórmula para D5.

## Rellenar hacia arriba y rellenar hacia la derecha

Los programas de hojas de cálculo están diseñados también para llevar a cabo otras tareas. *Fill up (rellenar hacia arriba)* y *fill right (rellenar hacia la derecha)* son dos comandos útiles en las hojas de cálculo.

Para usar *fill down*, selecciona una porción de la columna. El comando de *fill down* tomará la celda superior que haya sido seleccionada y la copiará al resto de las celdas resaltadas. Si la celda superior del rango seleccionado contiene un número, como el 5, el comando de *fill down* generará una columna de con varios 5.

Si la celda superior del rango seleccionado contiene una fórmula, la característica de *fill down* automáticamente actualizará la fórmula cuando vas de celda en celda.

Las columnas seleccionadas están resaltadas.

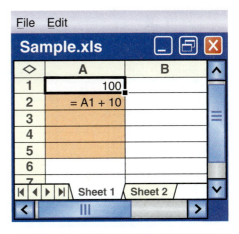

La hoja de cálculo rellena la columna y ajusta la fórmula.

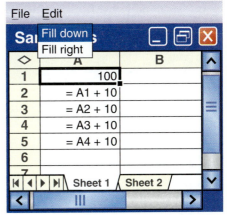

Hojas de cálculo **409**

Estos son los valores que aparecen en realidad.

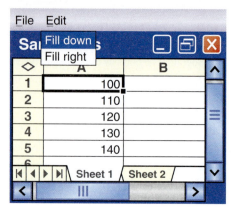

El comando *fill right (reenar hacia la derecha)* funciona de manera similar. Éste copia el contenido de la celda de la extrema izquierda del rango seleccionado en cada celda seleccionada dentro de una fila.

Se selecciona la fila 1.

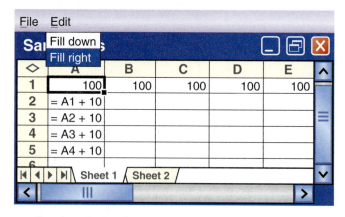

El 100 se rellena hacia la derecha.

Si seleccionas A1 a E1 y *fill right*, todas las celdas tendrán 100. Si seleccionas A2 a E2 y *fill right*, "copiarás" la fórmula A1 + 10 como se indica.

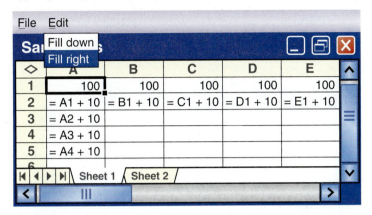

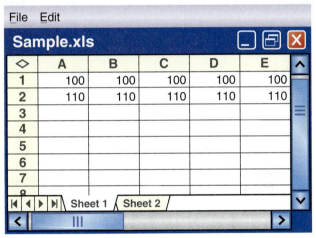

La hoja de cálculo llena la fila y ajusta las fórmulas.

 **Revísalo**

Usa la hoja de cálculo de arriba.

**7** "Selecciona" A2 a A8 y *fill down*. ¿Qué fórmula estará en A7? ¿Qué número?

**8** "Selecciona" A3 a E3 y *fill right*. ¿Qué fórmula estará en D3? ¿Qué número?

## Gráficas de hojas de cálculo

También puedes hacer gráficas a partir de una hoja de cálculo. Por ejemplo, usa una hoja que cálculo que compara el perímetro de un cuadrado con la longitud de su lado.

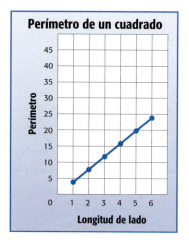

La mayoría de las hojas de cálculo tienen una función que muestra las tablas como gráficas. Ve tu hoja de cálculo de referencia para obtener más información.

### Revísalo

Usa la hoja de cálculo de arriba.

9. ¿Qué celdas te dan el punto (1, 4)?
10. ¿Qué celdas te dan el punto (4, 16)?
11. ¿Qué celdas te dan el punto (2, 8)?

# 9•3 Ejercicios

| | A | B | C | D |
|---|---|---|---|---|
| 1 | 1 | 1 | 200 | 1 |
| 2 | 2 | 3 | 500 | 6 |
| 3 | 3 | 5 | 800 | 15 |
| 4 | 4 | 7 | 1100 | 28 |

**¿En qué celda aparece cada número?**

1. 15
2. 7
3. 800
4. Si la fórmula que está detrás de la celda A2 es A1 + 1 y se copia hacia abajo, ¿qué fórmula está detrás de la celda A3?
5. La fórmula detrás de la celda D2 es A2 * B2. ¿Qué fórmula está detrás de la celda D4?
6. Si se incluyera la fila 5 en la hoja de cálculo, ¿qué números estarían en esa fila?

**Usa la hoja de cálculo que está abajo para responder los Ejercicios 7–9.**

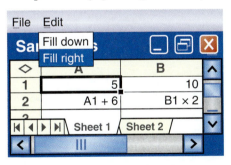

7. Si seleccionas de A2 a A45 y *fill down*, ¿qué fórmula aparecerá en A3?
8. Si seleccionas de A3 a A5 y *fill down*, ¿qué números aparecerán de A3 a A5?
9. Si seleccionas de B1 a E1 y *fill right*, ¿qué aparecerá en C1, D1 y E1?

# Herramientas

## ¿Qué has aprendido?

Puedes usar los siguientes problemas y lista de palabras para ver qué es lo que ya sabes de este capítulo. Si quieres saber más acerca de un problema o palabra en particular busca el número del tema (*por ejemplo,* Lección 9·2).

### Conjunto de problemas

Usa una calculadora científica para los Ejercicios 1–6. Redondea las respuestas decimales a la centésima más cercana. (Lección 9·1)

1. $2.027^5$
2. Halla el recíproco de 4.5.
3. Halla el cuadrado de 4.5.
4. Halla la raíz cuadrada de 5.4.
5. $(4 \cdot 10^3) \cdot (7 \cdot 10^6)$
6. $0.6 \cdot (3.6 + 13)$

Usa el transportador para hallar la medida de cada ángulo. (Lección 9·2)

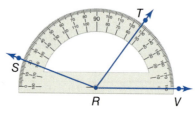

7. ¿Cuál es la medida de ∠VRT?
8. ¿Cuál es la medida de ∠VRS?
9. ¿Cuál es la medida de ∠SRT?
10. ¿Acaso $\overrightarrow{RT}$ divide a ∠VRS en 2 ángulos iguales?

**Usa un compás.** (Lección 9•2)

11. Dibuja un círculo con radio de 3 centímetros.
12. Dibuja un círculo con radio de 1 pulgada.

**Para los Ejercicios 13–15, consulta la hoja de cálculo de abajo.** (Lección 9•3)

13. Nombra la celda que tiene 28.
14. Una fórmula para la celda C3 es C1 + C2. Menciona otra fórmula para la celda C3.
15. La celda D1 contiene el número 77 y no tiene fórmula. Después de usar el comando de *fill down*, ¿qué número estará en la celda D10?

### Palabras Clave

Escribe las definiciones de las siguientes palabras.

**celda** (Lección 9•3)
**fórmula** (Lección 9•3)
**hoja de cálculo** (Lección 9•3)

# Tercera parte 3

# Soluciones Clave

| | | |
|---|---|---|
| **1** | Números y cómputo | 418 |
| **2** | Números racionales | 419 |
| **3** | Potencias y raíces | 422 |
| **4** | Datos, estadística y probabilidad | 424 |
| **5** | Lógica | 430 |
| **6** | Álgebra | 432 |
| **7** | Geometría | 440 |
| **8** | Medición | 443 |
| **9** | Herramientas | 444 |
| **Índice** | | 447 |

# SolucionesClave

## Capítulo 1 Números y cómputo

**p. 72**
1. $(4 + 7) \cdot 3 = 33$   2. $(30 + 15) \div 5 + 5 = 14$
3. no   4. no   5. sí   6. no   7. $2^3 \cdot 5$   8. $2 \cdot 5 \cdot 11$
9. $2 \cdot 5 \cdot 23$   10. 4   11. 5   12. 9   13. 60   14. 120
15. 90   16. 60

**p. 73**
17. 7, 7   18. 15, −15   19. 12, 12   20. 10, −10
21. >;

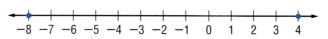

22. <;

23. >;
24. >;
25. 2   26. −4   27. −11   28. 16   29. 0   30. 6
31. 42   32. −4   33. 7   34. 24   35. −36   36. −50
37. Será un entero negativo.
38. Será un entero positivo.

## 1•1 Orden de las operaciones

**p. 74**   1. 12   2. 87

## 1•2 Factores y múltiplos

**p. 76**   1. 1, 2, 4, 8   2. 1, 2, 3, 4, 6, 8, 12, 16, 24, 48
**p. 77**   3. 1, 2   4. 1, 5   5. 2   6. 6   7. 14   8. 12
**p. 78**   9. sí   10. no   11. sí   12. sí

**p. 79**  13. sí  14. no  15. sí  16. no
17. Respuestas posibles: (17, 19); (29, 31); (41, 43)

**p. 80**  18. $2^4 \cdot 5$  19. $2^3 \cdot 3 \cdot 5$

**p. 81**  20. 6  21. 8  22. 14  23. 12

**p. 82**  24. 18  25. 140  26. 36  27. 75

## 1•3 Operaciones de enteros

**p. 84**  1. $-6$  2. $+200$  3. 12, 12  4. 5, $-5$  5. 0, 0

**p. 85**  6. >; 
     −6 −5 −4 −3 −2 −1  0  1  2

7. <;
     −5 −4 −3 −2 −1  0

8. $-4, -1, 3, 6$  9. $-5, -2, 4, 7$

**p. 87**  10. $-2$  11. 0  12. $-5$  13. $-3$

**p. 88**  14. 10  15. $-3$  16. 3

# Capítulo ❷ Números racionales

**p. 92**  1. aproximadamente 9 días  2. 10 porciones
3. segundo partido  4. 85%  5. C  6. B. $\frac{4}{3} = 1\frac{1}{3}$

**p. 93**  7. $1\frac{1}{6}$  8. $1\frac{3}{4}$  9. $3\frac{1}{4}$  10. $8\frac{3}{10}$  11. $\frac{2}{5}$  12. $\frac{1}{2}$
13. $\frac{3}{4}$  14. 3
15. 16.154  16. 1.32  17. 30.855  18. 7.02
19. $\frac{33}{200}$; 1.065; 1.605; $1\frac{13}{20}$  20. irracional
21. racional  22. 30%  23. 27.8  24. 55

## 2•1 Fracciones

**p. 95**
1. Respuestas posibles: $\frac{2}{8}$ y $\frac{3}{12}$
2. Respuestas posibles: $\frac{1}{2}$ y $\frac{5}{10}$
3. Respuestas posibles: $\frac{8}{10}$ y $\frac{40}{50}$
4. Respuestas posibles: $\frac{2}{2}$, $\frac{5}{5}$ y $\frac{50}{50}$

**p. 95**
5. $\neq$   6. =   7. $\neq$

**p. 96**
8. $\frac{4}{5}$   9. $\frac{3}{4}$   10. $\frac{2}{5}$

**p. 97**
11. $7\frac{1}{6}$   12. $11\frac{1}{3}$   13. $6\frac{2}{5}$   14. $9\frac{1}{4}$

**p. 98**
15. $\frac{37}{8}$   16. $\frac{77}{6}$   17. $\frac{49}{2}$   18. $\frac{98}{3}$

## 2•2 Operaciones con fracciones

**p. 100**
1. $1\frac{1}{5}$   2. $1\frac{3}{34}$   3. $\frac{1}{2}$   4. $\frac{1}{2}$

**p. 101**
5. $1\frac{2}{5}$   6. $1\frac{3}{14}$   7. $\frac{1}{20}$   8. $\frac{11}{24}$

**p. 102**
9. $9\frac{5}{6}$   10. $34\frac{5}{8}$   11. 61

**p. 103**
12. $23\frac{39}{40}$   13. $20\frac{1}{24}$   14. $22\frac{7}{15}$   15. $10\frac{5}{9}$

**p. 104**
16. $3\frac{4}{11}$   17. $5\frac{1}{2}$   18. $-7\frac{3}{4}$

**p. 105**
19. $7\frac{1}{2}$   20. $3\frac{37}{70}$   21. $11\frac{1}{8}$

**p. 106**
22. $\frac{1}{3}$   23. $\frac{1}{12}$   24. 2   25. $\frac{77}{5}$ ó $15\frac{2}{5}$

**p. 107**
26. $\frac{1}{10}$   27. $\frac{8}{15}$   28. 2   29. $\frac{7}{3}$   30. $\frac{1}{3}$   31. $\frac{5}{22}$

**p. 108**
32. $1\frac{1}{2}$   33. $\frac{1}{14}$   34. $\frac{1}{4}$

## 2•3 Operaciones con decimales

**p. 110**
1. 7.1814   2. 96.674   3. 38.54   4. 802.0556

**p. 111**
5. 59.481   6. 80.42615   7. 62.95383

**p. 112**
8. 900   9. 4   10. 50   11. 21.6   12. 5.23
13. 92   14. 25.8

p. 113   **15.** 10.06   **16.** 24.8   **17.** 307.625

p. 114   **18.** 0.07   **19.** 0.65   **20.** 1.64   **21.** 0.78

## 2•4 Fracciones y decimales

p. 117   **1.** 0.8   **2.** 0.55   **3.** 0.875   **4.** 0.41$\overline{6}$   **5.** −0.75
**6.** −0.625   **7.** 3.875   **8.** 2.3125

p. 118   **9.** $2\frac{2}{5}$ ó $\frac{12}{5}$   **10.** $\frac{7}{125}$   **11.** $-\frac{3}{5}$   **12.** $-1\frac{3}{8}$   **13.** $\frac{4}{9}$
**14.** $-3\frac{2}{11}$   **15.** $-\frac{5}{6}$   **16.** $7\frac{8}{25}$

## 2•5 El sistema de números reales

p. 121   **1.** entero, racional   **2.** racional   **3.** irracional
**4.** irracional   **5.** racional   **6.** irracional

p. 122   **7.** 3.3

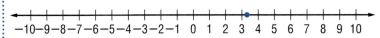

**8.** −5.4

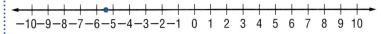

**9.** 4.2

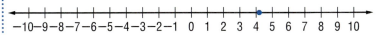

## 2•6 Porcentajes

p. 123   **1.** 150   **2.** 100   **3.** 150   **4.** 250

p. 124   **5.** $1   **6.** $6   **7.** $9.50   **8.** $10

p. 125   **9.** 80%   **10.** 65%   **11.** 45%   **12.** 38%

p. 126   **13.** $\frac{11}{20}$   **14.** $\frac{29}{100}$   **15.** $\frac{17}{20}$   **16.** $\frac{23}{25}$   **17.** $\frac{89}{200}$   **18.** $\frac{43}{125}$

p. 127   **19.** 8%   **20.** 66%   **21.** 39.8%   **22.** 74%

p. 128   **23.** 0.145   **24.** 0.0001   **25.** 0.23   **26.** 0.35

## 2•7 Usar y encontrar porcentajes

**p. 130**  1. 60  2. 665  3. 11.34  4. 27
**p. 132**  5. 665  6. 72  7. 130  8. 340
**p. 133**  9. $33\frac{1}{3}$%  10. 450%  11. 400%  12. 60%
**p. 134**  13. 104  14. 20  15. 25  16. 1,200
**p. 135**  17. 25%  18. 95%  19. 120%  20. 20%
**p. 136**  21. 11%  22. 50%  23. 16%  24. 30%
**p. 137**  25. descuento: $162.65; precio de venta: $650.60
26. descuento: $5.67; precio de venta: $13.23
27. descuento: $12; precio de venta: $67.99
**p. 138**  28. 100  29. 2  30. 15  31. 30
**p. 139**  32. $I =$ $1,800; cantidad total = $6,600
33. $I =$ $131.25; cantidad total = $2,631.25

## Capítulo 3 Potencias y raíces

**p. 144**  1. $5^7$  2. $a^5$  3. 4  4. 81  5. 36  6. 8  7. 125
8. 343  9. 1,296  10. 2,187  11. 512  12. 1,000
13. 10,000,000  14. 100,000,000,000  15. 4  16. 7
17. 11  18. 5 y 6  19. 3 y 4  20. 8 y 9
**p. 145**  21. 3.873  22. 6.164  23. 2  24. 4  25. 7
26. muy pequeño  27. muy grande  28. $7.8 \cdot 10^7$
29. $2.0 \cdot 10^5$  30. $2.8 \cdot 10^{-3}$  31. $3.02 \cdot 10^{-5}$
32. 8,100,000  33. 200,700,000  34. 4,000
35. 0.00085  36. 0.00000906  37. 0.0000007
38. 12  39. 13  40. 18

## 3•1 Potencias y exponentes

**p. 146**  1. $4^3$  2. $6^9$  3. $x^4$  4. $y^6$
**p. 147**  5. 25  6. 100  7. 9  8. $\frac{1}{16}$

p. 148  **Elevar triángulos al cuadrado** 21, 28; Es la sucesión de cuadrados.

p. 149  9. 64   10. −216   11. 27   12. −512

p. 150  13. −128   14. 59,049   15. 81   16. 390,625

p. 152  17. 1   18. $\frac{1}{216}$   19. 1   20. $\frac{1}{81}$

p. 153  21. 0.0001   22. 1,000,000   23. 1,000,000,000
24. 0.00000001

p. 154  25. 324   26. 9,765,625   27. 33,554,432   28. 20,511,149

## 3·2 Raíces cuadradas y cúbicas

p. 156  1. 4   2. 7   3. 10   4. 12

p. 157  5. entre 7 y 8   6. entre 4 y 5
7. entre 2 y 3   8. entre 9 y 10

p. 159  9. 1.414   10. 7.071   11. 8.660   12. 9.950   13. 4
14. 7   15. 10   16. 5

## 3·3 Notación científica

p. 161  1. muy pequeño   2. muy grande   3. muy pequeño

p. 162  4. $6.8 \cdot 10^4$   5. $7.0 \cdot 10^6$   6. $7.328 \cdot 10^7$   7. $3.05 \cdot 10^{10}$
**Insectos** $1.2 \cdot 10^{18}$

p. 163  8. $3.8 \cdot 10^{-3}$   9. $4.0 \cdot 10^{-7}$   10. $6.03 \cdot 10^{-11}$
11. $7.124 \cdot 10^{-4}$

p. 164  12. 53,000   13. 924,000,000   14. 120,500
15. 8,840,730,000,000

p. 165  16. 0.00071   17. 0.000005704   18. 0.0865
19. 0.000000000030904

## 3•4 Leyes de exponentes

**p. 167**  1. 23  2. 17  3. 18  4. 19

**p. 168**  5. $3^9$  6. $2^{18}$  7. $8^3$  8. $30^2$

**p. 169**  9. $2^1$  10. $5^3$  11. $2^4$  12. $3^2$

**p. 170**  13. $3^8$  14. $3^{18}$  15. $64a^3b^3$  16. $27x^3y^{18}$

## Capítulo 4 Datos, estadística y probabilidad

**p. 174**  1. al final de la mañana  2. séptimo  3. no  4. gráfica de barras

**p. 175**  5. positiva  6. 34  7. moda  8. 21  9. $\frac{2}{15}$

## 4•1 Recolectar datos

**p. 177**  1. adultos de más de 45 años; 150,000  2. alces en Roosevelt National Forest; 200  3. conductores de automóviles en California en 2007; 500

**p. 178**  4. No, está limitada a las personas que son amigos de sus padres y podrían tener creencias semejantes.

5. Sí, si la población es la clase. Cada estudiante tiene la misma posibilidad de ser elegido.

**p. 179**  6. Sí, la muestra está sesgada porque favorece a parte de la población y sólo se aplicó a clientes que escuchaban la estación de música country.

7. La muestra no está sesgada. Todos los estudiantes participaron en la encuesta.

**p. 180**  8. Porque supone que te gusta la pizza.  9. Porque no supone que ves televisión después de la escuela.
10. ¿Reciclas los periódicos?  11. 6  12. panecillos
13. pizza; Los estudiantes eligieron la pizza más que cualquier otro alimento.

## 4•2 Mostrar datos

**p. 182**
1. Una de las palabras tiene 11 letras.
2. Olimpiadas de invierno de 1994

| Nro. de medallas de oro | 0 | 1 | 2 | 3 | 4 | 5 | 6 | 7 | 8 | 9 | 10 | 11 |
|---|---|---|---|---|---|---|---|---|---|---|---|---|
| Nro. de países | 8 | 4 | 2 | 2 | 1 | 0 | 1 | 1 | 0 | 1 | 1 | 1 |

**p. 183**
3. 25 g   4. 11.5 g   5. 50%

**p. 185**
6. aproximadamente la mitad   7. aproximadamente un cuarto

8. **Ganancias de la clase**

Venta de pasteles 13% $128
Lavado de autos 36% $355
Reciclaje 16% $155
Venta de libros 35% $342

**p. 186**
9. 8:00 A.M.   10. 6

11. Letras por palabra

**p. 187**
12. Gabe   13. Gabe   14. 7   15. 37.1; 27.2

**p. 188**  **16.** septiembre  **17.** Respuesta posible: Las ganancias de Kirti aumentaron de mayo a julio.

**18.**

**p. 189**  **19.** $120,000,000,000  **20.** Respuesta posible: Aumentó ligeramente durante los tres primeros años y después permaneció constante.

**p. 191**  **21.** 16

**22.** 13;

## 4•3 Analizar datos

**p. 194** 1. Sí, a medida que los precios aumentan, el número de ventas disminuye.

2. **Tiempos ganadores de la prueba de 100 metros en las Olimpiadas**

**p. 195** 3. Edad y letras en el nombre  4. negativa
5. Millas recorridas en bicicleta y horas

**p. 196** ¿Qué tan riesgoso es?

La esperanza de vida ha estado aumentando de manera constante durante el último siglo. Posibles respuestas: mejor nutrición y cuidado de la salud, transportes más seguros, mayor conciencia sobre condiciones laborales seguras, mejores herramientas para el trabajo.

p. 197  6. 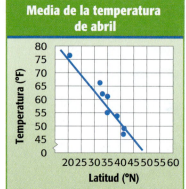  7. aproximadamente 65°F

p. 199  8. plana   9. normal   10. polarizada a la derecha
11. bimodal   12. polarizada a la izquierda

## 4•4 Estadística

p. 202   1. 8   2. 84   3. 27°   4. 92 puntos

p. 203   5. 11   6. 2.1   7. 18   8. 23,916

p. 205   9. 7   10. 1.6   11. 10   12. 49

**Decimales olímpicos** mérito técnico 9.52; composición y estilo 9.7

p. 206   13. 37   14. 6.8

p. 207   15. 5.1   16. 52°   17. 34 puntos

p. 209   18. 246.5; 290.5   19. 58; 68   20. 3.10; 3.34

p. 210   21. 44   22. 10   23. 0.24

p. 211   24. 2   25. 42   26. 36.1

## 4·5 Combinaciones y permutaciones

**p. 215**    **1.** 216 números de tres dígitos    **2.** 36 rutas    **3.** 12;

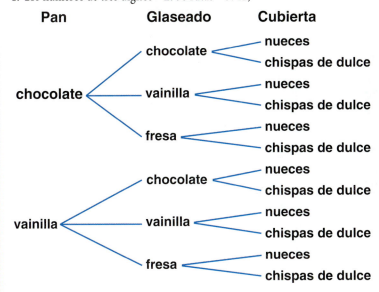

**p. 217**    **4.** 210    **5.** 720    **6.** 40,320    **7.** 1,190    **8.** 6
   **9.** 120    **10.** 362,880

**p. 219**    **11.** 84    **12.** 91    **13.** 220
   **14.** Hay el doble de permutaciones que de combinaciones.

## 4·6 Probabilidad

**p. 222**    **1.** $\frac{1}{2}$    **2.** $\frac{1}{20}$    **3.** Respuesta posible: $\frac{2}{50}$ ó $\frac{1}{25}$

**p. 223**    **4.** $\frac{3}{4}$    **5.** 0    **6.** $\frac{1}{6}$    **7.** $\frac{4}{11}$

**p. 224**    **8.** $\frac{1}{4}$, 0.25, 1:4, 25%    **9.** $\frac{1}{8}$, 0.125, 1:8, 12.5%
   **10.** $\frac{1}{8}$, 0.125, 1:8, 12.5%    **11.** $\frac{1}{25}$, 0.04, 1:25, 4%

**p. 225**    **Fiebre de lotería** de que me caiga un rayo; $\frac{260}{260,000,000}$ es aproximadamente 1 en 1 millón comparada con la posibilidad de 1 en 16 millones de ganar una lotería de 6 de 50 números.

**p. 227**

12. Segundo giro

|  | R | Az | V | Am |
|---|---|---|---|---|
| **R** | RR | RAz | RV | RAm |
| **Az** | AzR | AzAz | AzV | AzAm |
| **V** | VR | VAz | VV | VAm |
| **Am** | AmR | AmAz | AmV | AmAm |

(Primer giro)

13. $\dfrac{7}{16}$

**p. 228**

14. Punto en $\dfrac{1}{2}$ entre 0 y 1.

15. Punto en $\dfrac{1}{3}$ entre 0 y 1 (con marcas en $\dfrac{1}{3}$, $\dfrac{1}{2}$, $\dfrac{2}{3}$).

16. Punto en $\dfrac{1}{4}$ entre 0 y 1 (con marcas en $\dfrac{1}{4}$, $\dfrac{1}{2}$).

17. Punto en $\dfrac{1}{4}$ entre 0 y 1 (con marcas en $\dfrac{1}{4}$, $\dfrac{1}{2}$).

**p. 229**

18. $\dfrac{1}{4}$; independientes   19. $\dfrac{91}{190}$; dependientes

**p. 230**

20. $\dfrac{1}{16}$   21. $\dfrac{13}{204}$   22. $\dfrac{3}{14}$   23. $\dfrac{36}{105}$

# Capítulo 5 Lógica

**p. 234**

1. falso   2. falso   3. verdadero   4. verdadero
5. verdadero   6. verdadero   7. Si es martes, entonces el avión vuela a Bélgica.   8. Si es domingo, entonces el banco está cerrado.   9. Si $x^2 = 49$, entonces $x = 7$.
10. Si un ángulo es agudo, entonces tiene una medida menor que 90°.

**p. 235**

11. El patio de recreo no cerrará al atardecer.
12. Estas dos rectas no forman un ángulo.
13. Si estas dos rectas no se intersecan, entonces no forman cuatro ángulos.   14. Si un pentágono no es equilátero, entonces no tiene cinco lados iguales.   15. jueves
16. cualquier trapecio que no sea isósceles   17. {a, c, d, e, 3, 4}
18. {e, m, 2, 4, 5}   19. {a, c, d, e, m, 2, 3, 4, 5}   20. {e, 4}

## 5•1 Enunciados de si..., entonces

**p. 237**  1. Si las rectas son perpendiculares, entonces se encuentran para formar ángulos rectos.   2. Si un entero termina en 0 ó 5, entonces es un múltiplo de 5.   3. Si eres un corredor, entonces participas en maratones.   4. Si un entero es impar, entonces termina en 1, 3, 5, 7 ó 9.   5. Si Jacy es demasiado joven para votar, entonces tiene 15 años de edad.   6. Si ves un cúmulo de nubes, entonces está lloviendo.

**p. 238**  7. Un rectángulo no tiene cuatro lados.   8. Las donas no se comieron antes del mediodía.   9. Si un entero no termina en 0 ó 5, entonces no es un múltiplo de 5.   10. Si no estoy en Seattle, entonces no estoy en el estado de Washington.

**p. 239**  11. verdadero   12. Si un ángulo no es un ángulo recto, entonces no tiene una medida de 90°.   13. Si $2x = 6$, entonces $x = 3$.   14. Si la escuela no se cancela, entonces no nevará.   15. Si no compras un boleto de adulto, entonces no tienes más de 12 años de edad.   16. Si no pagaste menos por tus boletos, entonces no los compraste con anterioridad.

## 5•2 Contraejemplos

**p. 241**  1. verdadero; falso; contraejemplo: líneas polarizadas
2. verdadero, falso

**p. 242**  **150,000…, pero ¿quién está contando?** Si tu cuidad tiene 150,002 habitantes o más, hay dos personas con el mismo número de cabellos en su cabeza. Si tu ciudad tiene 150,001 habitantes o menos, no puedes probar si dos personas tienen el mismo número de cabellos. Ésta es la misma lógica que la de la página 242.

## 5•3 Conjuntos

**p. 244**  1. falso   2. verdadero   3. verdadero   4. {1}; {4}; {1, 4}; ∅
5. {m}; ∅   6. {a}; {b}; {c}; {a, b}; {b, c}; {a, c}; {a, b, c}; ∅

**p. 245**  7. {1, 2, 9, 10}   8. {m, a, p, t, h}
9. {∞, %, $, #, ▲, ♪, ★}   10. {9}   11. ∅   12. {∞, %, $}

**p. 246**  13. {1, 2, 3, 4, 5, 6}   14. {1, 2, 3, 4, 5, 6, 9, 12, 15}
15. {6, 12}   16. {6}

# Capítulo 6 Álgebra

**p. 250** 1. $4(n + 2) = 2n - 4$  2. $a + 3b$  3. $11n - 10$
4. 3 hrs.  5. $y = 54$  6. $n = 4$  7. 16 niñas

8.

```
←——●———+———+———+→
  -3  -2  -1   0
```
$x < -2$

9.
```
+———+———+———+———●———+———+→
0   1   2   3   4   5   6
```
$x \geq 4$

10.
```
+———+———○———+→
0   1   2   3
```
$n > 2$

**p. 251** 13–16.

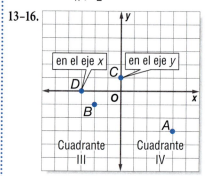

17. $y = x - 4$

## 6•1 Escribir expresiones y ecuaciones

**p. 252** 1. 2  2. 1  3. 3  4. 2

**p. 253** 5. $7 + x$  6. $n + 10$  7. $y + 3$  8. $n + 1$

**p. 254** 9. $14 - x$  10. $n - 2$  11. $y - 8$  12. $n - 9$

**p. 255** 13. $3x$  14. $7n$  15. $0.35y$  16. $12n$

**p. 256** 17. $\dfrac{x}{7}$  18. $\dfrac{16}{n}$  19. $\dfrac{40}{y}$  20. $\dfrac{a}{11}$

**p. 257** 21. $8n - 12$  22. $\dfrac{4}{x} - 1$  23. $2(n - 6)$  24. $x - 8 = 5x$
25. $4n - 5 = 4 + 2n$  26. $\dfrac{x}{6} + 1 = x - 9$

## 6•2 Simplificar expresiones

**p. 259**    1. no   2. sí   3. no   4. sí

**p. 260**    5. $5 + 2x$   6. $7n$   7. $4y + 9$   8. $6 \cdot 5$   9. $4 + (8 + 11)$
10. $5 \cdot (2 \cdot 9)$   11. $2x + (5y + 4)$   12. $(7 \cdot 8)n$

**p. 261**    13. $5(100 - 4) = 480$   14. $4(100 + 3) = 412$
15. $9(200 - 1) = 1{,}791$   16. $4(300 + 10 + 8) = 1{,}272$
17. Propiedad de identidad de la multiplicación
18. Propiedad de identidad de la suma
19. Propiedad cero de la multiplicación

**p. 262**    20. $14x + 8$   21. $24n - 16$   22. $-7y + 4$   23. $9x - 15$

**p. 263**    24. $7(x + 5)$   25. $3(6n - 5)$   26. $15(c + 4)$
27. $20(2a - 5)$

**p. 265**    28. $11y$   29. $5x$   30. $14a$   31. $-3n$   32. $3y + 8z$
33. $13x - 20$   34. $9a + 4$   35. $9n - 4$

## 6•3 Evaluar expresiones y fórmulas

**p. 267**    1. 22   2. 1   3. 23   4. 20

**p. 268**    5. $3,000   6. $253,125   7. $7,134.40

**p. 269**    8. 36 mi   9. 1,875 km   10. 440 mi   11. 9.2 pies
**Maglev** $1\frac{1}{4}$ hr; $2\frac{1}{4}$ hr; $3\frac{3}{4}$ hr

## 6•4 Resolver ecuaciones lineales

**p. 271**    1. $-4$   2. $x$   3. 35   4. $-10y$

**p. 272**    5. $x = 9$   6. $n = 16$   7. $y = -7$

**p. 273**    8. $x = 7$   9. $y = 32$   10. $n = -3$

**Horas de mayor audiencia**   162,037,037

**p. 275**    11. $x = 3$   12. $y = 50$   13. $n = -7$   14. $a = -6$
15. $m = -9$   16. $n = 4$   17. $x = -2$   18. $a = 6$

**p. 277**    19. $n = 5$   20. $t = -2$   21. $x = -6$   22. $w = \dfrac{A}{\ell}$
23. $y = \dfrac{3x + 8}{2}$   24. $b = \dfrac{9 - 3a}{6}$ ó $\dfrac{3 - a}{2}$

## 6•5 Razón y proporción

**p. 279** 1. $\frac{3}{9} = \frac{1}{3}$  2. $\frac{9}{12} = \frac{3}{4}$  3. $\frac{12}{3} = \frac{4}{1} = 4$

**p. 280** 4. sí  5. no  6. sí

**p. 281** 7. 5.5 gal  8. $450  9. 970,000  10. 22,601,000

## 6•6 Desigualdades

**p. 284** 1.

2.

3.

4.

5. sea $a$ = edad para conducir; $a \geq 16$  6. sea $c$ = costo de teléfono celular; $c > \$19.99$  7. sea $t$ = edad; $t \leq 57$
8. sea $n$ = un número; $n - 9 \leq 3$

**p. 285** 9. $x > -3$  10. $n \leq 20$

¡Uy! Si $a$ puede ser positiva, negativa, o cero, entonces $2 + a$ puede ser mayor, igual, o menor que 2.

**p. 286** 11. $x < 4$  12. $x \geq 7$  13. $x < -4$  14. $x \geq -3$

## 6•7 Graficar en el plano coordenado

**p. 288** 1. eje $y$  2. Cuadrante II  3. Cuadrante IV  4. eje $x$

**p. 289** 5. $(-2, 4)$  6. $(1, -3)$  7. $(-4, 0)$  8. $(0, 1)$

**p. 290** 9–12.

**434** SolucionesClave

**p. 291**  13. $(n+1)(-6)$; $-36, -42, -48$   14. $\dfrac{1}{n^2}$; $\dfrac{1}{25}, \dfrac{1}{36}, \dfrac{1}{49}$

15. $3n + 1$; 16, 19, 22

**p. 293**  16. 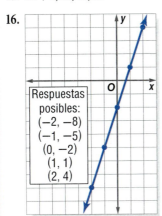   17.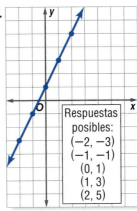

18.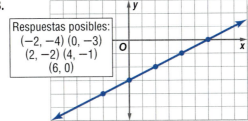

19.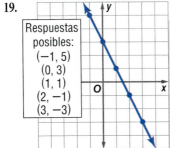

## 6•8 Pendiente e intersección

**p. 296**  1. $\dfrac{2}{3}$   2. $-\dfrac{5}{1} = -5$

**p. 297**  3. $-1$   4. $\dfrac{3}{2}$   5. $-\dfrac{1}{2}$   6. 5

**p. 298**  7. 0   8. no hay pendiente   9. no hay pendiente   10. 0   11. 0   12. $-\dfrac{1}{3}$   13. 1   14. no hay intersección $y$

**p. 299**  15.

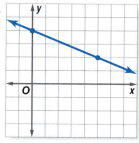

16.

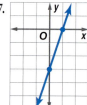   17.   18.

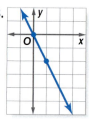

**p. 300**  19. pendiente $= -2$, intersección $y$ en 3

20. pendiente $= \dfrac{1}{5}$, intersección $y$ en $-1$

21. pendiente $= -\dfrac{3}{4}$, intersección $y$ en 0

22. pendiente $= 4$, intersección $y$ en $-3$

**p. 301**  23.

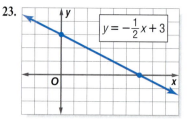

24.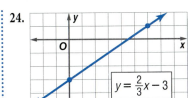

25.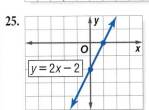

26.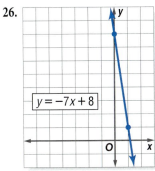

27.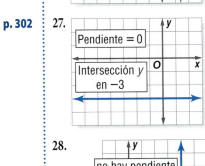

28.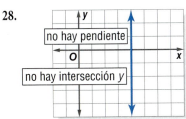

29.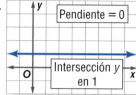

30.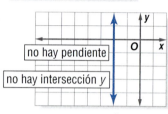

**p. 303**    **31.** $y = -2x + 4$    **32.** $y = \frac{2}{3}x - 2$    **33.** $y = 3x - 4$

**p. 304**    **34.** $y = x - 2$    **35.** $y = -2x + 5$    **36.** $y = \frac{3}{4}x - 3$
   **37.** $y = 2$

## 6•9 Variación directa

**p. 307**    **1.** 413.1 kph    **2.** $3.94    **3.** Las razones no son iguales, así que la función no es una variación directa.

## 6•10 Sistemas de ecuaciones

**p. 309**    **1.** $(-4, -1)$    **2.** $(2, -2)$

**p. 310**    **3.** no hay solución

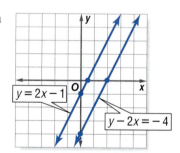

**4.** (1, 0)

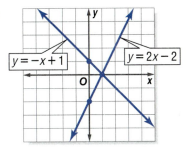

**5.** no hay solución

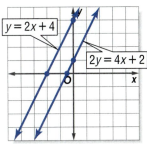

**p. 311**

**6.** todos los pares ordenados de los puntos de la línea $y = 3x - 2$

**7.** todos los pares ordenados de los puntos de la línea $y = 4x + 6$

**p. 312**

**8.** $x = y + 3$; $x + y = 9$; (6, 3)

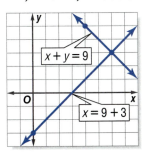

SolucionesClave **439**

# Capítulo 7 Geometría

**p. 316**    **1.** ángulos correspondientes; 131°    **2.** 108°    **3.** 30 cm    **4.** 65 pies$^2$    **5.** 386.6 cm$^2$

**p. 317**    **6.** 118 pulg$^3$    **7.** 157 pies y 1,963 pies$^2$

**8.** 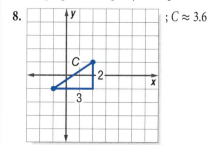 ; $C \approx 3.6$

## 7·1 Clasificar ángulos y triángulos

**p. 318**    **1.** ángulo reflejo    **2.** ángulo llano    **3.** ángulo agudo    **4.** ángulo obtuso

**p. 320**    **5.** 30°    **6.** 100°

**p. 322**    **7.** ángulos correspondientes    **8.** ángulos alternos internos    **9.** ∠1 y ∠7 ó ∠2 y ∠8    **10.** Los pares posibles incluyen cualquier par de ángulos obtusos: ∠1, ∠3, ∠5 ó ∠7, o cualquier par de ángulos agudos: ∠2, ∠4, ∠6 ó ∠8.

**p. 323**    **11.** m∠Z = 90°    **12.** m∠M = 60°    **13.** 39°    **14.** 97°

## 7·2 Nombrar y clasificar polígonos y poliedros

**p. 326**    **1.** Respuestas posibles: *RSPQ; QPSR; SPQR; RQPS; PQRS; QRSP; PSRQ; SRQP*    **2.** 360°    **3.** 105°

p. 327    **4.** no; sí; no; sí; no   **5.** sí, porque tiene cuatro lados que tienen la misma longitud y lados opuestos que son paralelos   **6.** no, porque todos los lados del rectángulo podrían no tener la misma longitud   **7.** no, porque podría no tener 4 ángulos rectos

p. 329    **8.** sí; cuadrilátero   **9.** no   **10.** sí; hexágono

p. 330    **11.** 1,440°   **12.** 108°

p. 331    **13.** prisma triangular
**14.** pirámide triangular o tetraedro

## 7•3 Simetría y transformaciones

p. 335   **1.**

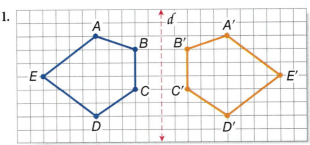

**2.**

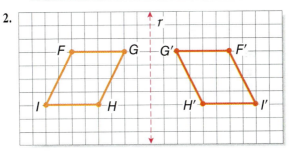

p. 336    **3.** no   **4.** sí; dos   **5.** no   **6.** sí; cuatro   **7.** 180°
**8.** 270°

p. 337    **9.** sí   **10.** no   **11.** no

## 7•4 Perímetro

p. 339    **1.** 29 cm   **2.** 39 pulg   **3.** 6 m   **4.** 20 pies

p. 340    **5.** 60 cm   **6.** 48 cm   **7.** 5.2 m

p. 341    **8.** 35.69 pulg   **9.** 38.58 m

## 7•5 Área

**p. 345** 1. $6\frac{2}{3}$ pies$^2$ ó 960 pulg$^2$  2. 36 cm$^2$
3. 54 m$^2$  4. 8 m

**p. 346** 5. 60 pulg$^2$  6. 540 cm$^2$

**p. 347** 7. 12 pies$^2$  8. 30 pies$^2$

## 7•6 Área de superficie

**p. 350** 1. 126 m$^2$  2. 88 cm$^2$

**p. 351** 3. 560 cm$^2$  4. A  5. 1,632.8 cm$^2$

## 7•7 Volumen

**p. 353** 1. 3 cm$^3$  2. 6 pies$^3$

**p. 354** 3. 896 pulg$^3$  4. 27 cm$^3$

**p. 355** 5. 113.04 pulg$^3$  6. 56.52 cm$^3$

**p. 357** 7. 9.4 m$^3$  8. 2,406.7 pulg$^3$

**Buenas noches Tiranosaurio Rex** aproximadamente 1,176,000 mi$^3$

## 7•8 Círculos

**p. 360** 1. 9 pulg  2. 1.5 m  3. $\frac{x}{2}$  4. 12 cm  5. 32 m  6. 2$y$

**p. 361** 7. 5$\pi$ pulg  8. 20.1 cm  9. 7.96 m  10. $5\frac{1}{2}$ pulg

**p. 362** 11. $\angle ABC$  12. 90°  13. 270°  14. 120°  15. 240°

**p. 363** 16. 132.7 m$^2$  17. 20.25$\pi$ pulg$^2$; 63.6 pulg$^2$  18. 177 cm$^2$

## 7•9 Teorema de Pitágoras

**p. 365** 1. 9, 16, 25  2. sí

**p. 367** 3. 14 cm  4. 55 pulg

**p. 368** 5. $c \approx 3.6$  6. $c \approx 7.2$

# Capítulo 8 Medición

**p. 372**  1. una centésima  2. mil  3. una milésima  4. 0.8
5. 5.5  6. 15,840  7. 13  8. 108 pulg  9. 3 yd
10. 274 cm  11. 3 m

**p. 373**  12. 684 pulg$^2$  13. 4,181 cm$^2$  14. 50,000  15. 90
16. 5,184  17. 4,000  18. $\frac{6}{8}$ ó $\frac{3}{4}$
19. 16 botellas  20. aproximadamente 13 latas
21. aproximadamente 4.4 lb  22. 3 lb  23. 9:4
24. 2.25 ó $\frac{9}{4}$

## 8•1 Sistemas de medición

**p. 374**  1. métrico  2. tradicional  3. métrico

## 8•2 Longitud y distancia

**p. 377**  1. 800  2. 3.5  3. 4  4. 10,560  5. 71.1 cm
6. 89.7 yd  7. B

## 8•3 Área, volumen y capacidad

**p. 380**  1. 1,600 mm$^2$  2. 288 pulg$^2$  3. 14,520 yd$^2$

**p. 381**  4. 324 pies$^3$ = 12 yd$^3$  5. 512 cm$^3$ = 512,000 mm$^3$
6. 25,920 pulg$^3$  7. 0.25 cm$^3$

**p. 382**  8. el jugo

¡En la sopa!  1,792 envases; 912.6 pies$^3$

## 8•4 Masa y peso

**p. 384**  1. 80  2. 3.75  3. 8,000,000  4. 0.375

## 8•5 Tamaño y escala

**p. 386**  1. sí

**p. 388**  2. 2

**p. 389**  3. $\frac{9}{4}$  4. 16 pies$^2$  5. Completa la siguiente tabla.

|  | Área |
|---|---|
| factor de escala 2 | 4 veces |
| factor de escala 3 | 9 veces |
| factor de escala 4 | 16 veces |
| factor de escala 5 | 25 veces |
| factor de escala X | $x^2$ veces |

**p. 390**  6. $\frac{27}{64}$  7. Completa la siguiente tabla.

|  | Volumen |
|---|---|
| factor de escala 2 | 8 veces |
| factor de escala 3 | 27 veces |
| factor de escala 4 | 64 veces |
| factor de escala 5 | 125 veces |
| factor de escala X | $x^3$ veces |

# Capítulo 9 Herramientas

**p. 394**  1. 55,840.59  2. 0.29  3. 20.25  4. 2.12  5. $3.2 \cdot 10^{13}$
6. 29.12  7. 74°  8. 148°  9. 74°  10. sí

**p. 395**  11. regla y compás
12–15. Compruebe que los dibujos de los estudiantes coincidan con las figuras originales.  16. A2  17. C1 + C2  18. 66

## 9•1 Calculadora científica

**p. 399**  1. 479,001,600  2. 38,416  3. 0.037  4. 109,272.375
5. 85

**Números mágicos**  $\dfrac{100a + 10a + 1a}{a + a + a} = \dfrac{111a}{3a} = 37$

## 9•2 Herramientas de geometría

**p. 402**  1. 54°   2. 122°

**p. 403**  3.

4.

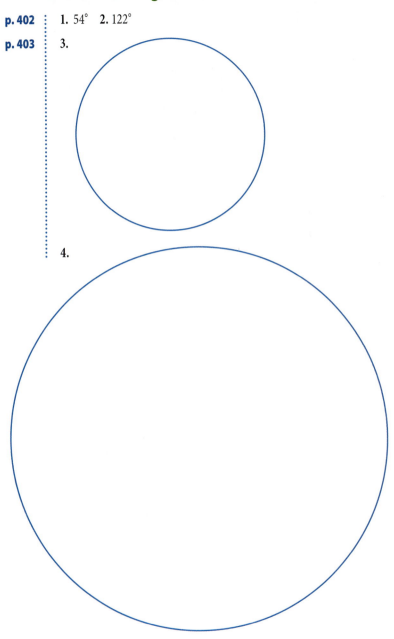

**p. 404** 5.

6. Respuesta posible:

## 9•3 Hojas de cálculos

**p. 407**  1. 2   2. 3   3. 25

**p. 408**  4. B3 * C3   5. B4 * C4   6. D2 + D3 + D4

**p. 411**  7. A6 + 10; 160   8. D2 + 10; 120

**p. 412**  9. A2, B2   10. A5, B5   11. A3, B3

# Índice

## A

Actividades aeróbicas, 131
Analizar datos, 193-199, 201-211
   con diagramas de dispersión, 193
   con medidas de tendencia central, 201-204
   correlación, 185-186, 194-195
   distribución de datos, 198-199
   línea de ajuste óptimo, 197
Ángulos, 318-321
   adyacentes, 318
   agudos, 318
   alternos externos, 321
   alternos internos, 321
   centrales de un círculo, 362
   clasificación, 318-321
   complementarios, 319
   congruentes, 319, 328
   correspondientes, 321
   de polígonos, 328, 329-330
   internos, 326, 327
   llano, 318
   medir, 401
   obtusos, 318
   pares especiales de, 319
   rectos, 318
   reflejo, 318
   relaciones con rectas, 320-321
   suma de ángulos centrales de un círculo, 362
   suma de cuadriláteros, 325
   suma de triángulos, 323
   suplementarios, 319
   verticales, 319
Ápice de pirámides, 331
Arcos, 362
Área, 344-347, 379
   de rectángulos, 344
   de trapecios, 347
   de triángulos, 346
   de un círculo, 363
   de un paralelogramo, 345
   factores de escala y, 388
   unidades de medidas de, 379
Área de superficie, 349-351
   de pirámides, 350
   de un cilindro, 351
   de un prisma rectangular, 349
   de un prisma triangular, 350
Aumento, porcentajes de, 135, 140

## B

Barras circulares, 184
Bases, 146

## C

Calculadora, 136
   científica, 396-399
   estimar números irracionales, 122
   estimar raíces cuadradas con, 158
   evaluar potencias con, 153-154
   función FIX, 113, 397
   hallar descuentos y precios de venta, 137
   hallar el volumen de un cono, 356
   hallar porcentajes de aumento, 135
   hallar porcentajes de disminución, 136
   redondear cocientes decimales, 113
   tecla de cuadrado en, 398
   tecla de pi en, 396, 398-399
   tecla de potencias, 153-154, 397
   tecla de raíz cuadrada en, 158, 398
   teclas especiales en, 153, 158, 396-398
Cálculo mental, 124
Capacidad, 381
Caras de poliedros, 331
Carrera, 295
Celdas de hojas de cálculos, 407
Centro de rotación, 336
Cero
   como exponente, 151
   como posibilidad de un evento imposible, 227
   en división de decimales, 112
   en potencias de diez, 153
   Propiedad de identidad de la suma y, 261
Cilindros, 330
   área de superficie de, 351
   volumen de, 355
Círculos
   áreas de, 363
   dibujar con un compás, 402-403
   partes de, 359
   triángulo dentro de, 402-403
Circunferencia
   de un círculo, 360-361
Clasificación
   ángulos, 318-321
   polígonos, 325
   triángulos, 322-323

Cocientes, 255
    con exponentes, 169
    redondeo de decimales, 113
Coeficientes, 259
Colectar datos, 176–179
Columnas en hojas de cálculo, 407
Comandos *ver* Hojas de cálculo
Combinaciones, 217–219
Comparación
    enteros, 85
    números racionales, 119
Compás, 402–403
Conjuntos, 244–246
    área de, 244, 246
    intersección de, 245–246
    vacío, 244
Conos, 330
    volumen de, 355–356
Constante de una variación, 306–307
Contraejemplos, 241
Coordenada *x*, 289
    pendiente de una recta y, 295
Coordenada *y*, 289
    pendiente de una recta y, 295
Correlación, 194–195
Cuadrados, 326, 327, 331
    de un número, 147–148
        perfectos, 158
        tecla en una calculadora, 153, 398
Cuadrantes, 288
Cuadrar triángulos, 148
Cuadrículas de resultados, 226
Cuadriláteros, 325–327, 328
    área de, 344–347
    hallar el cuarto ángulo de, 325
    suma de ángulos, 325
    tipos de, 326–327
Cuartil inferior, 208–209
Cuartiles, 183, 208–209
    rango intercuartil, 210
Cubo, 330–331
    de un número, 149
Cuestionarios, 179

## D

Datos bimodales, 199, 204
Decágonos, 328
Decimales
    conversión
        a fracciones, 117
        a porcentajes, 127
        fracciones a, 116
        números mixtos a, 117
        porcentajes a, 128
    de suma, 110
    división de, 112

    finitos, 116
    fracciones y, 116–118
    multiplicación de, 111
    periódicos, 116, 118
        convertir a fracciones, 118
        probabilidad expresada como, 224
        repetir, 116
    resta de, 110
Denominadores
    comunes o semejantes, 100
        restar números mixtos con, 104
        suma y resta de fracciones con, 100
        sumar números mixtos con, 102
    distintos
        restar fracciones con, 101
        restar números mixtos con, 105
        sumar fracciones con, 100, 101
        sumar números mixtos con, 103
    en recíprocos de números, 107
Descuentos, 136–137
Desigualdades, 283–286
    escribir, 284
    gráficar, 283
    resolver
        con números negativos, 286
        por multiplicación y división, 285–286
        por suma y resta, 284–285
Deslizamientos, 337
Diagonales de polígonos, 328
Diagrama
    de árbol, 213–216
    de caja, 182, 183
    de dispersión, 188, 193–195
        línea de ajuste óptimo, 197
    de tallo y hojas, 187
    de Venn, 245–246
    lineal, 185
Diámetro, 359
Diez, potencias de, 152
Diferencia común, 291
Distancia, 376
    hallar con el teorema de Pitágora, 368
    hallar la distancia recorrida, 268–269
    unidades de medidas de, 376
Distribución
    bimodal, 199
    de datos, 198–199
    normal, 198
    plana, 199

## E

Ecuaciones
    de la recta
        escribir a partir de dos puntos, 303–304
        forma pendiente-intersección, 300–302
    escribir, 257

equivalentes, 275
graficar con dos variables, 311-312
lineales, 271-277, 292-293, 300-302
    forma pendiente-intersección, 300-302
    resolver, *ver* Resolver ecuaciones
sistemas de, 309-312
soluciones de, 292
Eje $x$, 288
Eje $y$, 288
Elementos de un conjunto, 244
Elevación, 295
Encuestas, 176-179
Enteros, 84-88
    gráfica circular que muestra las partes de, 184
    hallar con proporción de porcentajes, 134
    negativos, 84
    porcentaje de, 133
    positivos, 84
Enunciados condicionales, 236
    contra positivos de, 239
    contraejemplos de, 241
    converso de, 237
    inverso de, 238
    negación de, 238
Equivalentes
    en el sistema métrico, 379
    usuales, 379
Esferas, 330
Espacio muestral, 213
Estadística, 196, 201-211
    cuartiles, 183, 208-210
    media, 196
    mediana, 183, 201-203, 208-209
    moda, 199, 204
    promedios ponderados, 205, 206
    rango, 207, 210
    rango intercuartil, 210
    valores atípicos, 210-211
Estimar, 156
    porcentajes de números, 123-124, 138
    productos decimales, 111
    raíces cuadradas, 157, 158
Evaluar
    cubo de un número, 149
    exponente cero y exponentes negativos, 151
    expresiones, 267
    expresiones con exponentes, 167
    fórmulas, 268-269
    potencias más elevadas, 150
Eventos, 213
    dependientes, 229
    igualmente probables, 227
    imposibles, 227
    independientes, 229
Exponentes, 146-154
    cero como, 151
    cuadrado de un número, 147-148

de diez, 152
división con, 169
en la factorización prima, 80
evaluar expresiones con, 167
leyes de, 167-170
multiplicación con, 146, 168
número negativo como, 151
orden de las operaciones, 74, 75, 167
potencia de una potencia, 170
potencias más elevadas, 149
Expresiones, 252
    equivalentes, 257, 262, 263
    escribir, 253-256
    evaluar, 267
    con exponentes, 167
    para secuencias aritméticas, 291
    simplificar, 263-265

## F

Factores, 76
    comunes o semejantes, 76
    factorizar, 263
    máximos comunes divisores (MCD), 77, 81, 96, 263
    Propiedad distributiva con, 263
    de escala, 387
    áreas y, 388
    volumen y, 389-390
    simplificar, 107-108
Factorización prima, 80
    al hallar el máximo común divisor, 81
    al hallar el mínimo común múltiplo, 82
Figuras semejantes, 386-390
Filas horizontales de hoja de cálculos, 407
Forma estándar
    con exponentes negativos, 165
    convertir notación científica a, 164-165
Forma pendiente-intersección, 300-302
    de rectas horizontales y verticales, 302
    escribir ecuaciones en, 300-301
Forma reducida, 96
    escribir fracciones en, 96
Fórmulas, 268
    de distancia recorrida, 269
    de la circunferencia de un círculo, 363
    de la probabilidad teórica de un evento, 222
    del volumen de cilindros, 355
    del volumen de pirámides y conos, 356
    del volumen de prismas, 354
    en hojas de cálculo, 408
    evaluar, 268-269
    resolver variables en, 277
Fracciones, 94-108
    conversión
        a decimales, 116
        a porcentajes, 125

Índice **449**

decimales a, 117
porcentajes a, 126
decimales y, 116–118
división de, 108
equivalentes, 94–95
escribir, en forma reducida, 96–101
impropias, *ver* Fracciones impropias
máximos comunes divisores, 77
multiplicación de, 106
porcentajes y 125–126
probabilidad expresada como, 224
productos cruzados de, 95
resta de, 100–101
suma de, 100–101
Fracciones equivalentes, 94–95
Fracciones impropias, 97–98
convertir a números mixtos, 97
números mixtos a, 98
Funciones
gráficar, 293
lineales, 292–293, 306–307
soluciones de, 292
Funciones lineales, 292–293
gráficar, 293
variación directa, 306–307

·········· **G** ··········

Giros, 336
Gráficar
con una hoja de cálculo, 412
datos en un plano coordenado, 193
desigualdades, 283
ecuación en una recta, 293
ecuaciones con dos variables, 311–312
en plano coordenado, 288–289
números reales, 122
rectas que usan la pendiente y
la intersección *y*, 299
sistemas de, 311–312
Gráficas
de barras, 187, 188
dobles, 189
de frecuencia, 185
lineales, 186

·········· **H** ··········

Heptágonos, 328
Herramientas de geometría, 401
Hexágonos, 328, 330
ángulos de, 330
Hipotenusa, 365, 367
Hipótesis de enunciados condicionales, 236, 237

Histrogramas, 190–198
Hojas de cálculo, 407–412
comandos para llenar hacia arriba
y llenar a la derecha, 409–411
fórmulas en, 408
graficar con, 412

·········· **I** ··········

Impares, 196
Interés, 139
compuesto, 140
simple, 139
Intersección de conjuntos, 245
Intersección *y*, 298–303
graficar rectas usando la intersección *y*, 299
rectas verticales y, 298
Inverso de enunciados condicionales, 238
Inversos
aditivos, 271
multiplicativos, 107, 151

·········· **L** ··········

Lados congruentes, 322–323
de cuadriláteros, 326
Leyes de exponentes, 167–170
de cocientes, 169
de productos, 168
potencia de una potencia, 170
Líneas y rectas
de simetría, 334
de variación directa, 306
escribir ecuaciones
de forma pendiente-intersección, 300–302
desde dos puntos, 303–304
forma pendiente-intersección, 300–302
graficar con la pendiente y la intersección, 299
graficar ecuación de, 293
intersección *y* de, 300
línea de ajuste óptimo, 197
línea de probabilidad, 227–228
paralelas, 310
pendiente de, 295–298
relaciones con ángulos, 320–321

·········· **M** ··········

Marcas de conteo, 180
Masa, 384
Máximo, 183
Máximo común divisor (MCD), 77, 96, 96, 263
factorización prima al encontrar, 81
Mayor que (>), 264

Mayor que o igual a (≥), 283
Media, 201
　promedios ponderados, 206
Mediana, 183, 202–203
　de un número par de datos, 203, 208
　cuartiles y, 208–209
Medición, sistemas de, 374–377, 379–384
Medidas de tendencia central, 269
　media, 201
　mediana, 183, 202–203, 208–209
　moda, 199, 204
　promedios ponderados, 206
Medidas de una variación, 207–211
　cuartiles, 183, 208–209
　rango, 207
　rango intercuartil, 210
　valores atípicos, 210–211
Medir ángulos, 401
Menor que (<), 283
Menor que o igual a (≤), 283
Método de proporciones para hallar porcentajes de números, 132
Mínimo común denominador (MCD), 119
Mínimo común múltiplo (MCM), 81–82
Moda, 204
　bimodales, 199, 204
Mostrar datos, 182–197
Muestras, 176
　aleatorias, 177
　sesgadas, 178–179
Muestreo con o sin reemplazo muestral, 229–230
Múltiplos, mínimo común múltiplo, 81–82

## N

Negación de enunciados, 238
Nonágonos, 328
Notación científica, 161–166
　convertir a notación estándar, 164–165
　con exponentes negativos, 165
　escribir números grandes con, 161–162
　escribir números pequeños con, 163
Notación factorial, 217
　científicas, 161–162
Numeradores, 107
Números, *ver también* Decimales; Fracciones; Porcentajes
　compuestos, 79
　cuadrados de, 147–148
　enteros, 94, 121
　factores comunes de, 76, 77
　factorización prima de, 80
　grandes, 161–162
　hallar porcentajes de, 130
　inversos multiplicativos de, 107
　irracionales, 121

máximos comunes divisores (MCD), 77, 81, 96, 263
mínimos comunes múltiplos de, 81–82
Mixtos, *ver* Números mixtos
múltiplos de, 81–82
negativos, 84
positivos, 84
potencias más elevadas de, 150
primos, 79
racionales, 94, 118, 119
raíz cuadrada de, 156
raíz cúbica de, 156
recíprocos de, 107
Reglas de divisibilidad para, 78
relativamente primo, 79
Números mixtos
　conversión
　　a decimales, 117
　　a fracciones impropias, 98
　　decimales a, 118
　　fracciones impropias a, 97
　resta de, 104–105
　suma de, 102–103

## O

Octágonos, 328, 339
Operaciones, 85
　con decimales, 110–114
　con enteros, 86–88
　con fracciones, 102–108
　escribir expresiones de, 253–256
　orden de, 74, 75
　propiedades de, 259–261, 271–273
Opuestos de enteros, 84
Orden de las operaciones, 74, 75
Ordenar
　enteros, 85
　números racionales, 119
Origen, 289

## P

Paralelogramos, 326–327
　área de, 345
　como caras de prismas, 331
Paréntesis
　en calculadoras, 397
　orden de las operaciones, 74, 75, 167
Pares ordenados
　coordenadas de un punto, 289
　solución de un sistema de ecuaciones, 309
PEMDAS acrónimo, 75
Pendiente de una recta, 295–298
　calcular a partir de dos puntos, 296–297
　de rectas horizontales y verticales, 297–298

ÍNDICE

de variación directa, 306
graficar rectas usando la intersección y, 299
Pentágono, 328
Perímetro de polígonos, 339–341
de rectángulos, 340
de un triángulo rectángulo, 340
Permutaciones, 216–217
Peso, 384
Pi (π), 94, 360, 363
tecla en una calculadora, 396, 398–399
Pirámides, 330, 331
área de superficie de, 350
cuadradas, 331
cuadrangulares, 331
rectangulares, 331, 350
volumen de, 355–356
Plano coordenado, 193, 288–290
pares ordenados de puntos en, 289–290
Poliedros, 330–331
área de superficie de, 349–350
volumen de, 354–356
Polígonos, 322–330
ángulos de, 328, 329–330
área de, 344–347
clasificación, 325
como caras de poliedros, 331
lados de, 328
perímetro de, 339–341
regulares, 326, 328, 329–330
ángulos de, 330
perímetro de, 339
triángulos, 322–323
Porcentajes, 123–128
conversión
a decimales, 128
a fracciones, 126
decimales a, 127
fracciones a, 125
de aumento, 135
de disminución, 136
decimales y, 127–128
descuento, 136–137
estimar, 123–124, 138
fracciones y, 125–126
Interés, 139
Interés simple, 139
maneras de expresar, 123
métodos para hallar, 130, 131
precio de venta de, 137
probabilidad expresada como, 224
puntos de referencia en, 123
significado de, 123, 128
Potencias, 146, 152, 167–170
de números, 146–149
de una potencia, 170
división con, 169

evaluar con una calculadora, 153–154
frecuentemente, 152–153, 374
multiplicación de, 168
potencia más elevada, evaluar, 150
tecla en una calculadora, 153–154, 397
Prefijos de medidas en el sistema métrico, 374
Principal, 139
Prismas, 330, 331
área de superficie de, 349, 350
pentagonales, 331
piramidales, 331
rectangulares, 331
área de superficie de, 349
regulares, 331
triangulares, 331
área de superficie de, 350
volumen de, 354
Probabilidad, 221–230
cuadrículas de resultados, 226
de eventos dependientes, 229
de eventos independientes, 229
experimental, 221
expresar, 224
línea de probabilidad, 227–228
muestreo con o sin reemplazo muestral, 229
teórica, 222–223
Problemas de construcción, 403
Productos, 255
con exponentes, 168
cruzados, 280
escribir con exponentes, 146
estimar, decimales, 111
puntos decimales, 111
Promedios, 201, 206
ponderados, 205, 206
Propiedad
asociativa de la suma y la multiplicación, 260
conmutativa de la suma y la multiplicación, 259, 260–261
con factores comunes, 263
escribir expresiones equivalentes con, 262
resolver ecuaciones con, 276
de cero de la multiplicación, 261
de identidad de la multiplicación, 261
de identidad de la suma, 261
de igualdad de la división, 272
de igualdad de la multiplicación, 273
de igualdad de la resta, 271
de igualdad de la suma, 272
Proporción de porcentaje, 132–134
hallar el entero con, 134
hallar el porcentaje de un entero con, 133
Proporciones, 238–281
resolver problemas con, 281
Puntos de referencia, 123
Puntos decimales, 111

## R

Radio, 359
Raíces
  cuadradas, 156-157
    estimar, 157, 158
    tecla en la calculadora, 158, 398
  cúbicas, 159
Rango, 207
  rango intercuartil, 210
Razón, 279
  de la constante de una variación, 306-307
  factores de escala, 387-390
  pendiente como, 295
  porcentajes como, 123
  probabilidad expresada como, 224
  proporción de porcentaje, 132-134
  proporciones como, 280
Recíproco de un número, 107
Recta
  horizontal
    forma pendiente-intersección, 302
    pendiente de, 297-298
  numérica, 85
    comparar números racionales en, 119
    graficar números irracionales en, 122
    horizontal, 288
    vertical, 288
  perpendicular, 320
  vertical
    forma pendiente-intersección, 302
    intersección *y* de, 298
    pendiente de, 297-298
Rectángulos, 326, 327, 328
  área de, 344
  perímetro de, 340
Redes, 349-351
Reflexiones, *ver* Inversiones, 335
Reglas de divisibilidad para números, 78
Resolver
  desigualdades, 284-286
    con multiplicación y división, 285-286
    con números negativos, 286
    con suma y resta, 284-285
  ecuaciones lineales, 271-277
    con multiplicación y división, 272-273
    con suma y resta, 271-272
    con variables a cada lado, 275
    de dos pasos, 274
    de la propiedad distributiva, 276
  fórmulas de variables, 277
  problemas con proporciones, 281
  sistemas de ecuaciones, 311-312
    con un número infinito de soluciones, 311
    con una solución, 309
    sin solución, 310

Resultados, 21-215, 222-223
Rombo, 327, 328
Rotaciones, *ver* Giros, 336
Ruletas, 213-214

## S

Secuencias aritméticas, 291
Segmentos de recta, 328
Simetría
  de reflexión, 335-336
  ejes de, 334
Simplificar expresiones, 263-265
Simplificar fracciones, 96
Sistema de número reales, 121 *ver también*
  Decimales, Fracciones, Enteros
  números decimales, 121
  números racionales, 119
Sistema lineal de ecuaciones
  de la misma recta, 311
  de rectas intersecantes, 309
  de rectas paralelas, 310
Sistema métrico, 374-384
Sistemas de ecuaciones, 309-312
  con una solución, 309
Sólidos geométricos, 330-331
  área de superficie de, 349-351
  volumen de, 354, 355, 355-356
Soluciones
  de ecuaciones, 292
  de funciones, 292
  de sistemas de ecuaciones
    de ecuaciones con la misma pendiente e intersección, 311
    de rectas intersecantes, 309
    de rectas paralelas, 310
Subconjuntos, 244

## T

Tablas, 180-181
  de datos, 193
  frecuencia, 180, 190
Tallos, 187
Tasas, 279
  de cambio, 295-298
  constante de variación de, 306
  de variación directa, 306
  interés, 139
Tecla
  de la función de raíces, 398
  de la función recíproca, 398
  especiales en calculadoras, 396-398
Teorema de Pitágoras, 341, 366-368
  hallar la distancia en un plano coordenado con, 368

Términos
    constantes, 259
    distintos, 264
    semejantes, 264
        Propiedad distributiva con, 264–265
Tetraedros, 331
Transformaciones, 334–337
Transportadores, 401
Transversales, 321
Trapecios, 327, 328
    área de, 347
Traslaciones, *ver* Deslizamientos, 337
Triángulos, 322–323, 328
    agudos, 322
    área de, 346
    clasificación, 322–323
    como caras de pirámides, 331
    cuadrar, 148
    dentro de un círculo, 402–403
    equiláteros, 322
    escaleno, 322
    hallar la medida de un ángulo desconocido, 323
    isósceles, 322
    obtusos, 322
    rectángulos, 365–368
        perímetro de, 340
        Teorema de Pitágoras y, 366–368
    suma de la medida de los ángulos, 323
Triples de Pitágoras, 367

Unidades
    cuadradas, 344, 349
    cúbicas, 353
    de medición, *ver* Sistema usual, Sistema métrico
Unión de conjuntos, 244, 246

Valor absoluto de enteros, 84
Valor verdadero
    contraejemplos de, 241
    contrapositivos de, 239
    de la inversa de condicionales, 237
    de la negación de condicionales, 238
Valores atípicos, 210–211
Valores de resultados, 292–293
Variables, 252
    coeficientes de, 259
    en sistemas de ecuaciones, 309
    graficar ecuaciones con dos, 311–312
    resolver ecuaciones con variables en ambos lados, 275
    resolver fórmulas de, 277
    resolver problemas y, 271
Variación directa, 306–307
Venn, diagrama de, 245–246
Vértices
    de cuadriláteros, 325
    de polígonos, 328
Volumen
    de pirámides, 355–356
    de prismas, 354
    de un cilindro, 355
    de un cono, 355–356
    factores de escala y, 389
    unidades de medidas de, 380

Zona de entrenamiento aeróbico, 131

# Créditos fotográficos

All coins photographed by United States Mint.
**002-003** CORBIS; **070-071** Jupiterimages; **131** Larry Dale Gordon/Getty Images; **140** Janis Christie/Getty Images; **162** Getty Images; **196** Dale O'Dell/Alamy; **205** CORBIS; **225** Alamy; **242** David R. Frazier/Alamy; **269** Paul Souders/Getty Images; **273** Yasuhide Fumoto/Getty Images; **285** PictureQuest; **357** U.S. Geological Survey; **382** Alamy; **399** SuperStock; **416-417** Alamy.